KB272782

인터넷 활용과 실습

인터넷 활용과 실습

이 관 형 저

한국학술정보㈜

목 차

그림 제목

1. 인터넷 개요

1.1 인터넷의 정의

인터넷(Internet)은 Inter와 Network의 합성어로 네트워크와 네트워크들이 모인 거대한 네트워크(Network of Networks) 이다. 여기에서 네트워크라는 것은 컴퓨터를 기반으로 하는 네트워크로 컴퓨터 통신망에 해당한다. 즉, 인터넷은 네트워크를 통해 연결된 컴퓨터 통신망으로 작게는 소규모 컴퓨터 통신망이고 크게는 전 세계 규모로 구축되어 있는 컴퓨터 통신망을 의미한다.

이러한 인터넷은 컴퓨터로 처리된 정보를 다수의 사람들과 공유하기 위해 일정한 규칙으로 연결되어 있는 정보의 보고로 누구나 접근할 수 있는 열려있는 공간이다. 인터넷을 이용하면 다양한 전문지식과 관심분야의 최신정보 등을 시간이나 공간의 제약 없이 실시간으로 제공받을 수 있을 뿐 만 아니라 전 세계의 사람들을 만날 수 있는 기회를 가진다.

1.2 인터넷 역사

1.2.1 국제 인터넷의 역사 ■ 인터넷은 1969년에 미 국방성에서 소련의 핵폭격이나 그에 준하는 긴급사태시에도 장애를 받지 않고 작동하는 매우 신뢰성이 높은 컴퓨터 네트워크를 연구 개발하였는데, 이것이 미국방송의 최초의 연구목적의 네트워크인 ARPANET이다. 이 네트워크의 가장 큰 특징은 한 컴퓨터에서 다른 컴퓨터로 정보를 전송하는 경로가 미리 정해진 것이 아니라 그때그때의 상황에 따라서 변한다는 것이다. 이후 연구 목적의 미 과학재단 네트워크인 NSFNET이 연결(1986)되었고,

그 이후에는 일반 상업적인 목적의 네트워크가 연결(1990년 이후)되고, WWW(World Wide Web)이 개발되면서 현재의 인터넷으로 발전하였다. 특히 Mosaic이라는 Web Browser의 등장으로 당시까지 대학 및 연구소등 일부 사람들만이 사용하던 인터넷이 전 세계 사람 누구나 이용할 수 있는 공간이 되었다.

현재 인터넷은 미국의 MIT, 하버드, 스탠포드 대학을 비롯해 NASA, Bell 연구소 등 세계 유수 연구기관 및 기업 망 등 100여개 국가, 24만여 개의 망이 온라인으로 접속되어 다양한 전산자원을 공유하고, 과학, 기술, 경영, 사회, 교육, 기상 등 전 분야에 걸친 정보를 교환하고 있다.

- 1969.9.2 ARPANet(Advanced Research Projects Agency : ARPA) 개통.
  : 스탠포드연구소(SRI)-UC 산타바바라-UCLA-Utah 대학.
- 1972 E-mail 프로그램 개발. Telnet 표준안.(RFC 318)
- 1973 FTP 표준안.(RFC 454)
- 1977 Mail 표준안.(RFC 733)
- 1979 Usenet (User's Network) 시작.
- 1982 TCP/IP 도입.(인터넷 개념 정립)
- 1983 ARPANet이 ARPANet과 MILNet으로 분리. 인터넷 시작.
- 1984 DNS(Domain Name System) 제시.
- 1986 미국과학재단(NFS: National Science Foundation)의 NSFNET 개통 NNTP(Network News Transfer Protocol) 개발.
- 1988 IRC(Internet Relay Chat) 개발.
- 1990 ARPANet 폐지. Archie시작. Hytelnet 시작.
- 1991 Wais 시작. Gopher 시작.
- 1992 NSFNET에서 비영리 조직인 ANSNET(Advanced Networking Service NETwork)로 발전, WWW(World Wide Web) 시작. Veronica 시작.
- 1993 InterNIC 창설. Mosaic 개발.(인터넷의 폭발적인 증가의 원인)

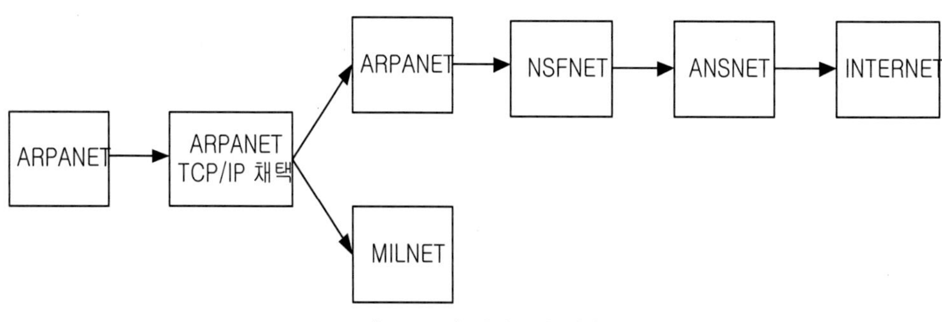

그림1.1 국제 인터넷의 역사

1.2.2 국내 인터넷의 역사 ■ 우리나라는 1982년 서울대학교와 전자통신연구소(KEIT)가 SDN(System Development Network)을 연결한 것이 시초이다. 그 후 미국과 유럽과의 연결이 이루어지다가 1990년 3월 HANA망을 통해 KAIAT의 컴퓨터와 하와이 대학의 컴퓨터가 접속할 수 있게 되어 인터넷의 모든 기관에 접속할 수 있게 되면서 본격적인 인터넷 시대가 시작되었다. 또한 1994년에는 한국통신의 코넷(KORNET), 데이콤 인터넷, 아이넷트가 전용선을 미국에 직접 설치하고 상업 서비스를 시작하면서 일반인도 인터넷에 쉽게 접속할 수 있게 되면서 인터넷이 빠르게 성장하였다.

- 1982 서울대-KIET(전자통신기술연구소의 전신)간 TCP/IP로 SDN
     (System Development Network: 하나망 전신) 구축.
- 1983-84 미국, 유럽에 UUCP 연결 사용.
- 1987-89 교육연구망 구성.(ARPANet, BITNet 연결)
- 1990-91 연구망에서 인터넷 연결.(HANA/SDN : 56Kbps)
- 1994 상용망 서비스(ISP : Internet Service Provider) 시작

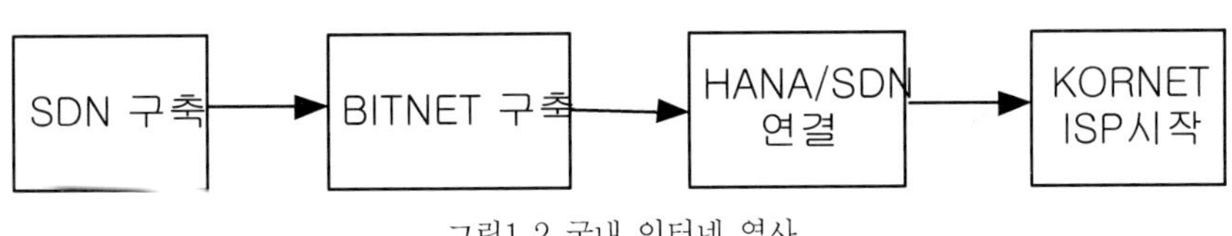

그림1.2 국내 인터넷 역사

1.2.3 인터넷 발전현황 ■ 1986년 이후, 전자우편과 뉴스그룹을 이용한 정보교환 및 정보공유 등의 새로운 서비스가 제공되면서 향후 전망을 예측하기 힘들 정도로 네트워크의 수, 인터넷에 연결된 컴퓨터 수, 네트워크 트래픽량이 기하급수적으로 증가하고 있다. 1983년 약 200대 정도의 호스트 컴퓨터수가 1997년에는 천구백만대를 넘고 있다. 기존 ISP(Internet Service Provider)외에 MCI, A&T와 같은 망 사업자도 인터넷 사업에 참여하고 있으며, 영국(British Telecom), 프랑스 (FRANCe Telecom), 독일 (Deutsche Telecome), 스웨덴(Swedish Telcom) 등에서도 기간 전화망 사업자가 계속해서 인터넷 서비스를 발표하고 있는 실정이다. 아래의 그림들은 인터넷의 여러 통계를 나타낸 것으로 인터넷의 발전 동향을 알 수 있다.[자료:한국 인터넷 정보센터(KRNIC) 인터넷 통계]

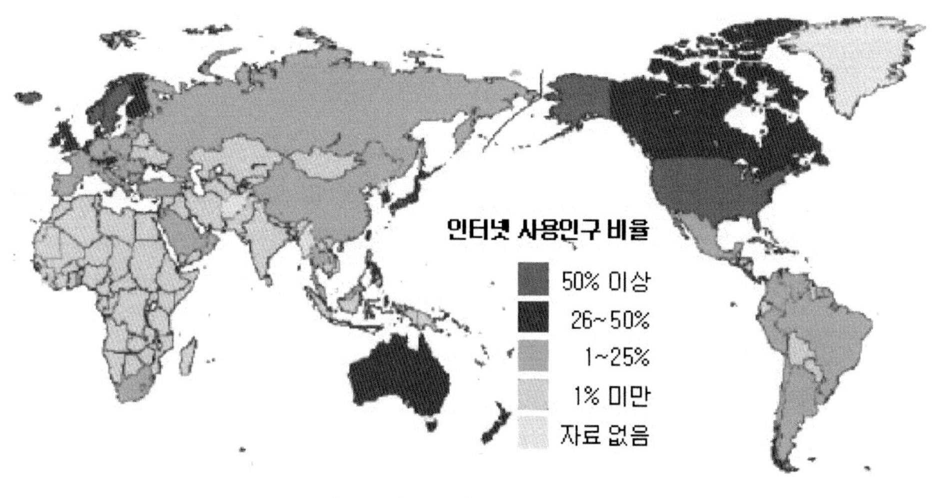

그림1.3 세계 인터넷 사용인구 비율

Yearly .kr Domain Counts(1993~2002.2)

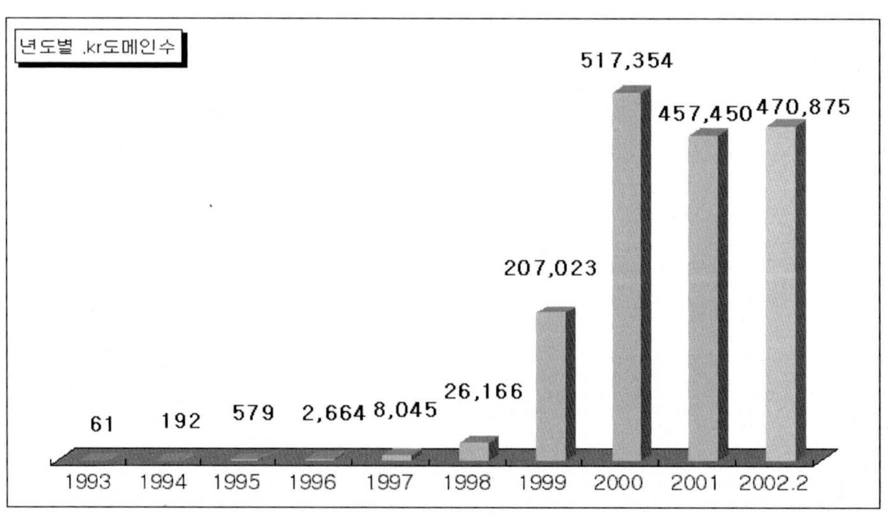

그림1.4 연도별 .KR도메인수 (2000.4)

연도별 국내 호스트수 (1993 ~ 2001)

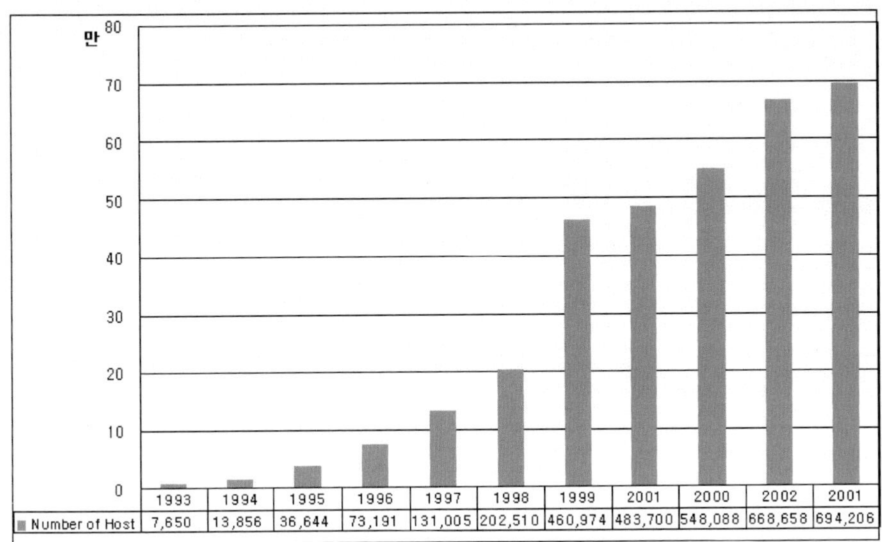

그림1.5 연도별 국내 호스트수

Number of IP Addresses (2001.3~2002.2)

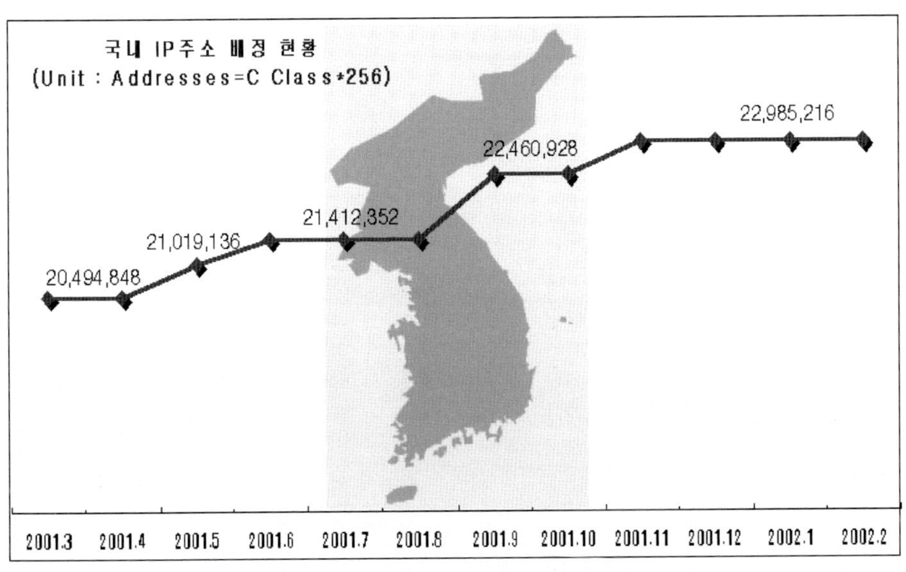

그림1.6 C class IP주소 보유현황 (2000.4)

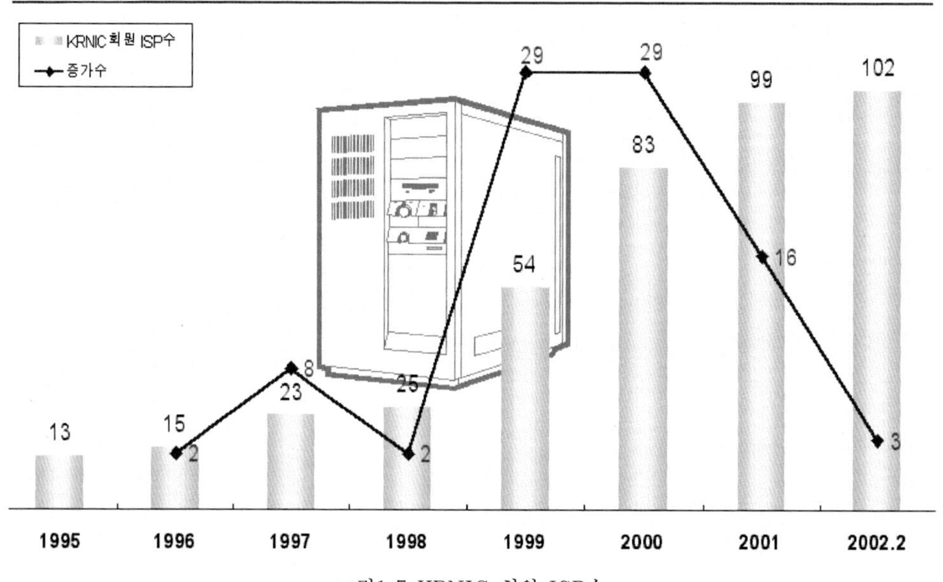

그림1.7 KRNIC 회원 ISP수

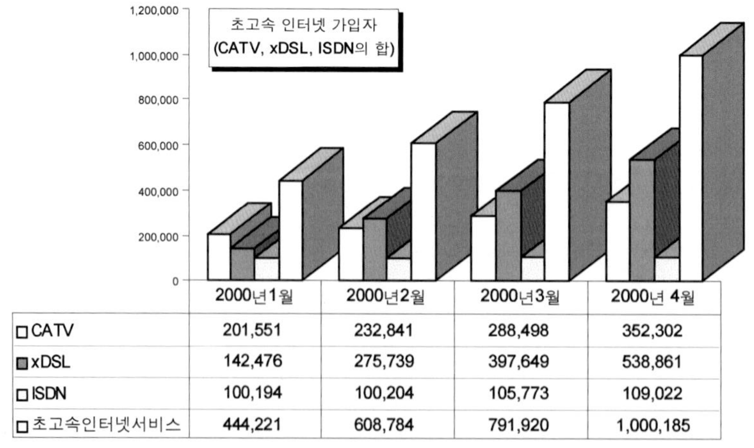

	2000년1월	2000년2월	2000년3월	2000년4월
CATV	201,551	232,841	288,498	352,302
xDSL	142,476	275,739	397,649	538,861
ISDN	100,194	100,204	105,773	109,022
초고속인터넷서비스	444,221	608,784	791,920	1,000,185

그림1.8 초고속 인터넷 서비스 가입자 현황 (2000.4)

The Number of Internet Users in Korea (By year)

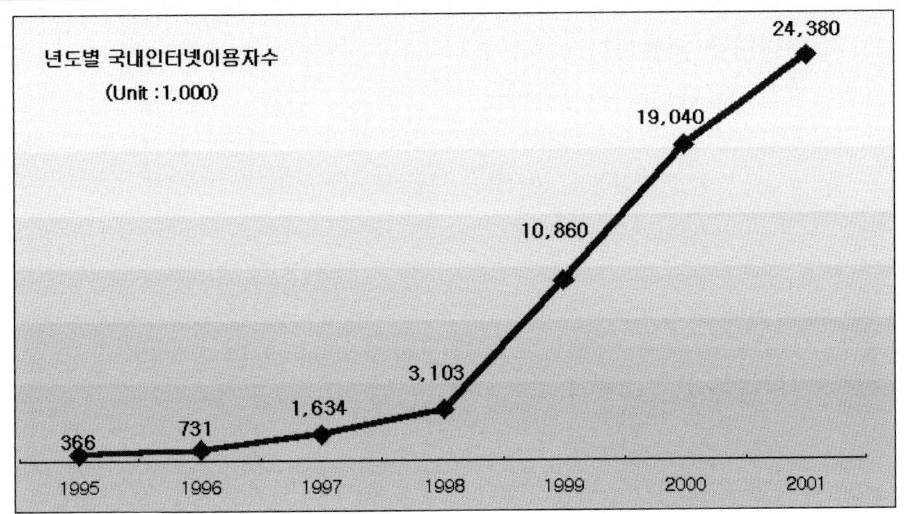

Year	1994	1995	1996	1997	1998	1999	2000	2001
Users	138	366	731	1,634	3,103	10,860	19,040	24,380

그림1.9 연도별 인터넷이용자수

1.3 인터넷 관련기관

1.3.1 국외 인터넷 관련기관 ■ 인터넷은 여러 통신망들의 집합체이기 때문에 인터넷을

네트워크의 네트워크(Network of Networks)라고 부른다. 인터넷에 연결된 많은 컴퓨터들은 일정한 규칙으로 연결되어 있으며 이러한 규칙을 유지, 관리하는 기구가 필요하다. 이러한 기구들은 데이터 통신망들을 관리하고, 기술들을 지원하기 위한 표준화기구로서 ISOC(internet Society), IAB (Internet Architecture Board), IESG(Internet Engineering Steering Group), IETF(Internet Engineering Task Force)로 구성되어 있다. 인터넷에 연결되는 네트워크들은 ISOC(Internet SOCiety) 산하 IAB(Internet Architecture Board)에서 결정되는 표준으로 연결되고, InterNIC을 통하여 도메인 네임을 부여받아 인터넷에 등록하여 사용한다. 또한 미국의 국립과학 재단(NSF : National Science Foundation)은 물리적인 연결, 즉 백본(Backbone)을 관리한다.

인터넷과 관련되는 기관들의 구성도와 역활을 아래에 나타냈으며 이 자료들의 일부는 한국전산원 망정보 센터(Krnic)에서 제공하는 것을 발췌하였다.

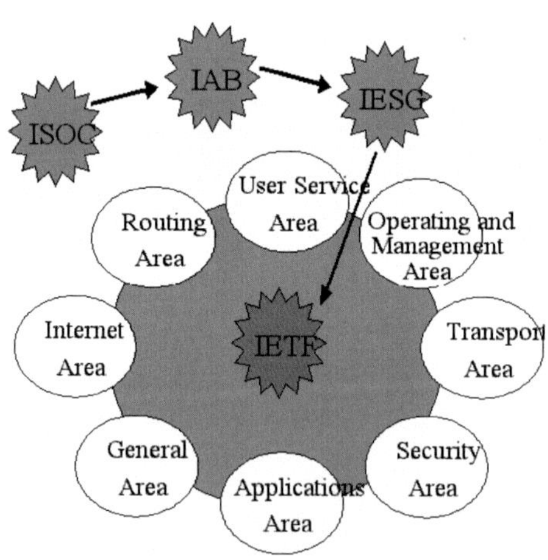

그림1.10 인터넷 기구 개념도

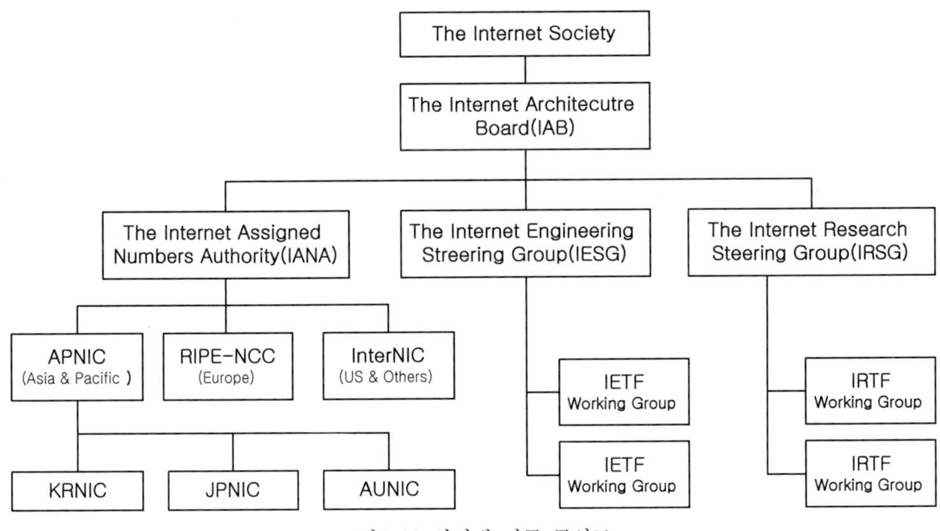

그림1.11 인터넷 기구 구성도

[1] ISOC(Intenet Society) 전세계의 인터넷의 발전 및 진화와 관련된 기술을 위해 결성된 전문적인 기구로서 1992년 1월에 조직된 인터네트의 새로운 전문적 비영리 기구로 인터네트의 바람직한 사용과 관심 및 발전을 진작시키기 위한 단체이다. ISOC는 1983년에서 ISOC가 조직되기 전까지 IAB와 ICCB 란 기구에서 관장히던 인터네트의 구조와 프로토콜에 대한 업무를 포함하여 새롭게 확대 개편된 대표적인 인터네트 기구이다. ISOC는 IAB, IETF 및 IRTF의 기능을 자체 활동에 임하고 있는데, 인터네트 표준에 관련한 ISOC 뉴스를 정기적으로 발간하고 1년에 2번씩 인터네트 표준 현황에 대한 리포트를 발간한다. ISOC는 인터넷의 번영을 조장하고 관심을 유지하며 인터넷의 발전과 사용이라는 일반적인 목표를 가진 상대적으로 새롭고 전문적인 체로서 아래의 목표를 가지고 활동하고 있다.

- 연구 및 교육의 기반 구조로서 인터넷의 기술적인 발전을 용이하게 하고 지원하며 인터넷의 발전에 있어 과학자 공동체, 산업체, 정부 그리고 또 다른 이들의 참여를 고무하는 것.
- 인터넷의 Applicatio을 사용하여 과학자 공동체, 산업체 그리고 기술에 지대한 관심을 가진 대중을 교육하는 것.
- 정부 대학, 그리고 대학교 산업체 및 대중의 이익에 대한 인터넷 기술의 교육적 Application의 증진.
- 새로운 인터넷 Application의 탐구에 대한 공개토론의 장을 제공하고 글러벌 인터넷의 운용적인 사용에 있어 기관들 간의 공동작업을 고무하기.

비록 ISOC 및 산하 기구들이 TCP/IP 프로토콜 발전의 중요한 파트를 담당하고 있지만, 회의주관, 회의 참석 및 RFC 발간 등과 같은 ISOC과 산하의 기구들의 대부분의 활동은 개개인의 자원을 기반으로 이루어진다. ISOC의 조직은 계속 바뀌고 있는데 그림1.11은 ISOC조직 구성도이다.

[2] IAB(Intenet Architecture Board)   IAB는 인터네트 구조 발전에 관련된 기술적이고 정책적인 문제를 다루는 위원회로서 가입된 위원들은 인터네트 기능을 향상하고 장래에 인터네트를 대규모적이고 고속인 전세계망으로 발전시키는 데 깊히 관여하고 있다. 위원장은 2년 임기로 IAB 위원들에 의하여 선출된다. IAB는 ISOC와 관련되어 기술적인 자문을 위한 그룹으로 인터넷 구조, 프로토콜(TCP/IP 중점)을 검토하고, IESG에서 동의할 만한 새로운 인터넷 표준들을 제시한다.

IAB는 다음과 같은 기능을 한다.

- 인터넷 표준을 정한다.
- RFC 출판 과정을 관리한다.
- IETF와 IRTF의 활동을 검토한다.
- 인터넷에 대한 전략적인 기획, 장기적인 문제점들과 기회들을 선별하는 일을 수행한다.
- 국제적인 기술정책 섭외 및 인터넷 공동체에 대한 대표로서 행동
- IETF와 IRTF의 주요 작업에서 다루지 못한 기술적인 이슈들을 해결한다.

그리고, IAB에는 IETF와 IRTF 두 개의 산하 기관을 가지고 있다.

[3] IETF(Intenet Engineering Task Force)   Internet의 운영, 관리 및 발전을 돕기 위해 IAB가 설립한 조직으로 몇 개의 기술적인 분야로 구성되어 있다. IETF에서는 변화하는 망 환경에 따라 새로운 기술들을 제시하고, 인터넷 표준안을 제정하기 위한 기술 위원회로서 여러 개의 영역으로 구성되며 영역은 한 명 이상 의 영역 의장에 의해 조정되고 있다. 각 영역은 다시 몇 개의 Working Group(WG)로 구성되어 Working Group 단위로 표준 및 절차에 관한 협의가 이루어진다. IETF는 매년 3번의 회의를 통해 인터넷 관련 기술들을 논의하고, 일반적으로 E-mail을 통하여 의견교환 및 수렴을 하므로 표준화 절차가 매우 빠른 장점을 가지고 있다.

IETF는 인터넷 표준화 작업을 관리하는 IESG와 주제별로 나뉘어진 각 영역에서 실제 기술적인 일을 담당하는 WG으로 구성되며, 구성은 아래 그림과 같다.

- Applicatins Area
- General Area
- Internet Area
- perations and Management Area
- Routing Area
- Security Area
- Transport Area
- User Services Ares

[4] IRTF(Internet Research Task Force)   컴퓨터 통신망에 관한 연구를 촉진하고 새로운 기술을 개발하기 위해 IAB에서 설립한 조직으로 IRTF는 일반적으로 인터넷에 초점을 둔 컴퓨터통신망 연구자들의 공동체이다. 다음은 IRTF에 속한 연구그룹들이다.

- End-to-End 연구 그룹
- Autonomous 통신망 연구 그룹
- 사생활 보호 및 보완 연구 그룹
- 전자 도서관 연구 그룹
- 인터네 구조 워크샵
- 전자 Communities 연구 그룹
- 자원 탐험(발견) 연구 그룹

[5] IESG(Internet Engineering Steering Group)   IETF의 활동과 인터넷 표준 등의 기술적인 관리를 책임진다.

[6] IANA(Internet Assigned Numbers Authority)   프로토콜의 변수들에 대해 어떤 값을 부여하는 것을 관장하는 임무가 IAB로부터 IANA로 위임되었다. 이들 프로토콜 변수들은 op-codes, type fields, terminal types, system 이름, object identifiers 등을 포함하고 있다. RFC-1인 "Assigned Numbers"에 네트웍 프로토콜 구현에 사용된 몇 가지 일련의 숫자들로부터 현재 배정된 값들을 배정하고 있다. 인터넷 주소와 Autonomous System number들은 Network Solution, Inc. 의 NIC에 의해 배정된다. 이 책임은 Internet Registry로 봉사하고 있는 DDN NIC으로 IANA에 의해 위임되었다. IANA는 USC/Information Sciences Institute에 위치하고 있다.

[7] InterNIC   INTERNIC은 아세아·태평양지역(APNIC)과 유럽지역(RIPE)를 제외한 미주 및 그 외의 지역을 담당하는 대륙 NIC(Network Informaion Center)이다.

[8] APNIC(Asia Pacific NIC)   APNIC은 아·태지역의 주요국가가 함께 운영하는 조직으로서, NIC 기능 중 디렉토리서비스는 일본이, WWW서비스는 한국이, Inverse-address 서비스는 호주가, Gopher서비스는 대만이 운영했으며, 핵심기능인 IP 주소할당, mailing list 운영 및 ftp 서비스는 APNIC CORE에서 David conrad라는 미국인에 의해 운영되고 있었다.

1.3.2 국내 인터넷 관련기관 ▪

[1] KNC(Korea Networking Council) : 한국전산망협의회   국내 전산망 조직간의 운영 및 관리를 체계적으로 정립하고 국내 인터넷 관련 범국가적인 이용활성화와 전산망간 상호연동 및 조정역할을 수행하여 전산망의 기술에 기여함을 목적으로 하는 협의회로 본 협의회는 의장과 20인 이내의 국가기간 전산망의 총괄 기관 또는 전담 사업자, 인터넷 운영자, PC통신 사업자 및 부가 통신망 사업자 등의 단체 기관과 인터넷 및 컴퓨터 통신 관련 전문가로 구성되는 의원들로 구성되며 다음의 기능을 가지고 있다.

- 국내 전산망의 네이밍 및 주소 할당
- 국내 전산망의 연동조정 및 보급확산정책 수립
- 해외 전산망과의 연결 조정
- 국제 인터넷 관련 기구에서의 한국대표역할 수행
- 국내 전문위원회의 구성 및 운영
- 인터넷 관련 표준안의 제정

[2] Korea Network Information Center): 한국망정보센터   한국망정보센터 (KRNIC)에서는 국내 인터넷의 기능유지와 이용활성화를 위하여 인터넷 이용기관을 위해 IP주소 및 도메인 등 록 서비스를 수행하고, 주요 정보 서비스를 제공하고 있다. 또한 국제적으로는 한국을 대표한 인터넷 공식기구로, 상위 인터넷정보 센터 (APNIC, InterNIC)와의 정보교환, 업무협력, 기술교류 등의 활동을 수행하며, 현재 한국전산원에서 담당하고 있다.

- 등록서비스 : IP 주소 할당, 도메인 이름 등록, Inverse Address 등록
- 정보서비스 : 국내 ISP 리스트, 메일링리스트, 그래픽 정보, KRNIC ftp등 국내의 네트워크에 관한 정보로서 DNS의 통계, 네트워크의 지도 등을 만들어 유지
- 디렉토리서비스 : 도메인/IP 주소에 대한 검색

[3] CERT-Korea(Computer Emergency Response Team)

CERT-KOREA는 세계 각국에서 벌어지고 있는 인터넷상의 해커나 침입자의 문제를 해결하고자 하는 것을 목적으로 구성되었으며, CERT- KOREA와 그 가입기관은 상호 합의된 바에 의해 보안 사고에 대한 명백한 관점으로 협력하여 침입자를 추적하고 예방 노력에 기할 수 있다.

- 사후 서비스로서 보안 사고의 접수와 이의 처리
- 사후 서비스로서 해외 보안사고의 협조 및 공조 처리
- 사전 서비스로서 국내 보안사고 예방을 위한 정보서비스 및 교육과 세미나
- 각종 인터넷 보안 관련 연구개발 및 지원
- 국내 인터넷 가입기관 보안 관련 자문 및 지원
- WWW 서비스 : CERT-KOREA 소개 및 해외 WWW 연결
- FTP 서비스 : 관련 정보 및 도구 서비스

[4] MBone-KR(Multicast Backbone)

IETF는 지난 1992년 3월 샌디에고 회의에서 서로 모이지 않고도 보다 원활한 정보교환과 협의를 위하여 오디오를 이용한 음성 회의를 제안하였으며 이에 따라, 20개의 호스트간 최초의 오디오캐스트(audiocast)가 이루어졌고 2년 후 시애틀 회의에서 15개국 약 567 호스트간에 2개의 병행 브로드캐스팅 채널(오디오, 비디오)의 조정 작업과 오디오를 통한 토론이 이루어졌다. 이러한 IETF 회의에 따른 고정적인 음성, 화상 회의의 촉진을 위해 반영구적인 MBone(Multicast Backbone)이라는 멀티캐스트망이 구축되었고, 멀티 캐스트 그룹 통신을 위한 프로토콜과 오디오-비디오 회의 관련 응용 프로그램들이 개발되었거나 개발 중에 있다. MBONE-KR은 국내의 MBONE 활성화를 위해 국내 MBONE 가입망 확산, MBONE을 통한 주요 회의나 이벤트의 음성-화상 정보의 멀티캐스팅, 그리고 MBONE 관련 프로토콜의 개발, 분석 등을 주 활동으로 하는 사용자 그룹이다.

- 1년에 3번의 회의를 통한 인터넷상의 기술표준(RFC)을 제정
- Mbone 관련 프로토콜의 개발, 분석 등

[5] SG-INET(전산망기술자협의회)   SG-INET은 한국내 인터넷 운영기관을 중심으로 한 엔지니어 그룹으로, KNC 산하단체이다. KNC 산하에 KRNIC과 같이 운영 및 활동중이며, 각 망(KREN, KREONet, HANA, KORNET, Dacom-Internet, NuriNet, Aminet)의 실무 책임자, 국내 인터넷관련 모임의 대표자, 기술자들이 아래와 같은 주제를 가지고 매 2개월마다 모여 현안 사항에 대한 해결방안을 도출하기 위해 제반 활동을 수행하고 있다.

- Technical Coordination
- Routing
- Network Operation
- Network Management
- Security
- Training
- Hangul Mail Encoding

[6] WWW-KR(World Wide Web Korea)   한국 World Wide Web의 활성화를 주도하며 이를 통해 WWW관련 연구개발을 꾀하고 유관기관의 연구개발을 지원하며 궁극적으로 국내 인터넷 세계의 발전과 활성화를 촉진시키기 위하여 창립된 WWW-KR은 몇 개의 Working Group으로 나누어 WC3 가입, 정기/비정기 세미나 및 워크샵 개최, 인터넷 관련 정보개발, 제공 등의 활동을 하고있다.

- 사용자 그룹의 활성화 및 확대
- 서비스제공자에게 서비스 개발 정보제공
- 개발과 관련한 의견 수렴 및 정보교환
- 학술대회, 워크샵, 세미나 개최를 통한 저변확대 및 연구개발 토대 제공
- WWW 개발의 국제적 협력그룹인 W3C에 가입하여 개발 정보 공유
- 사용자에 대한 각종 한글 문서 서비스

1.4 인터넷 서비스

1.4.1 전자메일(E-mail) ■ 전자메일은 컴퓨터망을 통하여 편지를 주고받을 수 있는 서비스로 고전적 의미의 우편에 비해 편리하며 비용을 절감할 수 있을 뿐만 아니라, 무엇보다도 목적지의 거리에 관계없이 즉시 편지를 주고받을 수 있어 가장 많은 사람들이 이용하는 서비스중 하나이다. 또한 편지에 덧붙여 파일을 서로 주고받을 수 있어 파일 전송 수단으로 사용하기도 한다. 전자메일 서비스를 이용하기 위해서는 집 주소와 같은 E-mail 주소가 있어야 하며, E-mail주소는 여러 싸이트에서 무료로 나누어주고 있다. 전자우편, 이메일, 전자메일은 모두 같은 말이다.

1.4.2 FTP(File Transfer Protocol) ■ 세계의 수많은 컴퓨터에는 많은 유용한 정보들이 저장되어있다. 이러한 정보들을 필요로 하는 사람들에게 제공하는 서비스를 FTP서비스라고 한다. 즉 PC통신상의 공개자료실과 같은 것으로 인터넷에 연결되어 있는 FTP서버로부터 필요한 파일을 안전하고 빠르게 주고받을 수 있는 서비스이다.

1.4.3 Telnet ■ 인터넷에 연결되어 있는 컴퓨터를 원거리에서 접속하여 제어하거나 조작할 수 있는 서비스이다. 인터넷보다 우리에게 친숙한 하이텔, 나우누리, 천리안 능의 PC 통신도 텔넷을 이용한 것이다. 텔넷으로 멀리 있는 컴퓨터에 접속하여 그 컴퓨터에 저장되어 있는 파일을 본다든지 데이터 베이스를 검색하는 등 접속된 컴퓨터가 제공하는 다양한 서비스를 이용할 수 있다.

1.4.4 WWW(World Wide Web) ■ 인터넷에서 제공하는 여러 가지 서비스 중 대부분을 차지하는 서비스로 현재 인터넷이라 하면 WWW을 뜻하기도 한다. WWW는 기존의 문자 중심의 서비스에서 탈피해 영상, 소리까지도 제공하는 서비스로 하이퍼텍스트(HyperText) 기능을 이용한다. 하이퍼텍스트는 다른 자료로의 링크를 포함하고 있는 자료를 말하는데 이 링크를 클릭하면 다른 자료를 읽어 표시한다. 웹(Web)이란 '거미줄'이라는 뜻으로, 전세계에 퍼져 있는 인터넷 내의 정보들을 하이퍼텍스트를 이용하여 서로 "거미줄처럼" 연결해 놓았다고 해서 붙여진 이름이다. Web서버 뿐만아니라 기존의 FTP, 고퍼, 뉴스서버도 연결되어 있다.

1.4.5 News Group(USENET) ■ 뉴스그룹이란 인터넷을 통해 의견을 주고받는 행위, 또는 그에 필요한 자원들을 통칭하는 말로 천리안, 하이텔 등의 PC 통신에서의 전자게시판과

유사한 개념이다. 뉴스그룹들은 계층적 구조로 되어있으며 컴퓨터, 과학, 종교, 비즈니스, 오락 등 주제별로 다양한 뉴스그룹들이 존재한다. 이 중에서 자신이 원하는 주제의 뉴스그룹을 선택하여 전세계 많은 사람들이 보내오는 최신의 정보를 받아 볼 수 있다.

1.4.6 Gopher ▪ 웹이 개발되기 전까지 가장 활발히 사용하던 서비스로 인터넷에 존재하는 수많은 자원이나 정보를 메뉴를 이용하여 간결하고 일관된 방식으로 검색하여 주는 인터넷의 새로운 자원 검색 도구이다. 즉, 앞에서 설명한 다른 서비스와는 달리, 단지 메뉴를 선택함으로써, 우리가 원하는 서비스를 제공받을 수 있다.

1.4.7 최신 인터넷 서비스 ▪ 최근 인터넷에는 새롭고 다양한 서비스들이 속속 등장하고 있다. 머드 게임이라 불리는 인터넷 온라인 게임을 비롯하여, 컴퓨터를 이용하여 인터넷상에서 전화를 걸 수 있는 인터넷 전화, 물건을 사기위해 백화점이나 가게에 가는 수고를 덜 수 있는 전자 상거래 서비스, 신문과 방송등의 엔터테인먼트 정보등 일상생활에 필요한 모든 분야의 서비스가 이루어지고 있다.

[1] 인터넷 방송 ┃ 인터넷의 보급이 급속도로 확산되면서 통신과 방송을 결합해 인터넷을 통해 프로그램을 내보내는 새로운 개념의 방송매체가 등장했는데, 이것이 바로 인터넷방송이다. 기존의 공중파방송과는 달리 인터넷 전용으로 콘텐츠를 제작 중계하며, 자국(自國)뿐 아니라 전세계 네티즌을 시청 가시권으로 한다는 점에서 무한한 가능성을 가지고 있는 뉴미디어로 주목받고 있다. 현재 미국의 CNN(24시간 뉴스 전문 유선 텔레비전 방송망)이나 MSNBC는 물론, 국내의 한국방송(KBS), 문화방송(MBC), 서울방송(SBS) 등도 이미 자체 제작한 콘텐츠를 디지털 정보로 바꾸어 홈페이지에 담아 중계함으로써 인터넷방송을 실시하고 있다. 그밖에 증권전문방송, 음악전문방송, 기업방송 등 각 분야에서 인터넷방송이 활성화되고 있다.

[2] 인터넷 신문 ┃ 웹(Web)에서 볼 수 있는 전자신문으로 세계 각국의 주요 일간지와 국내의 일간지와 지방신문까지도 서비스를 제공하고 있다. 또한 주류 언론에 대항하는 새로운 개념의 언론으로, 주로 대안(代案) 언론을 표방하며, 중산층 위주의 보수적 시각에서 벗어나 소집단이나 특정지역의 목소리를 대변하는 인터넷 중심의 신문이 등장하여 인기를 끌고 있다. 대표적인 인터넷 신문으로는 패러디 신문《딴지일보》가 있고, 《오마이뉴스》, 《인터넷신문》 등이 있다.

[3] 인터넷 쇼핑 백화점이나 시내의 매장에 갈 필요 없이 인터넷을 통하여 물품을 구매하는 서비스로 다양한 물품을 비교검토 할 수 있을 뿐만 아니라 인터넷의 발달로 인하여 상품의 가격정보가 공개되어 저렴한 가격에 구매할 수 있다.
인터넷은 진열과 보관에 필요한 공간이 필요없으므로 유통에 드는 비용이 절약됨으로써 가격이 저렴해져 물품구입의 주요 수단으로 이용된다.
또한 가격비교를 서비스해주는 사이트를 이용하면 원하는 물품을 아주 저렴한 가격으로 구입할 수 있다. 주의할 점은 사이트의 신뢰성에 대한 검토가 필요하며, 반품 여부, 배송비 등에 대하여 꼼꼼이 살펴보아야 한다.

[4] 인터넷 동창 인터넷을 통하여 몇 년간 소식을 모르던 초등학교, 중학교, 고등학교 동창생을 찾을 수 있다. 대표적인 사이트가 '아이러브 스쿨(www. iloveschool.co.kr)'이다.

[5] 지도(지하철, 자동차, 버스 검색) 인터넷에서 제공되는 지도 서비스를 이용하면 찾고자하는 지역의 건물과 도로 뿐만 아니라 연결되는 지하철과 버스에 대한 정보도 얻을 수 있다.

[6] 전화번호 서비스 전화번호를 찾기 위해 전화번호 책을 뒤적이는 수고와 114을 이용하여 부담하게되는 비용도 절약할 수 있다. 전화번호와 함께 지도를 같이 제공하는 사이트도 있다.

[7] 웹메일 사용하기 이메일 관리 프로그램을 이용하여 관리할 수 없으며 메일 서비스를 제공하는 사이트에 로그인하여만 메일을 보내고 받을 수 있는 서비스를 이메일과 차별하기 위해 웹메일이라고 한다. 이러한 서비스를 제공하는 사이트는 다음(www.daum.net), 오르지오(www.orgio.net)등이 있다.

[8] 인터넷 뱅킹 은행에 가지 않고도 인터넷을 통하여 이체, 대출 등의 업무를 할 수 있는 서비스로 대부분의 은행들이 인터넷 뱅킹 서비스를 제공하고 있다. 인터넷 뱅킹을 이용하면 수수료가 인하되므로 금전적인 혜택도 받을 수 있다.

[9] 인터넷 게임 인터넷에서 가장 활발하게 이용되는 서비스중의 하나로 특히 네트워크게임이 주를 이룬다. 이제 게임은 컴퓨터와 사람의 대결에서 사람과 사람의 대결로 발달하고 있다. 대표적인 네트워크 게임은 스타크레프트, 리니지 등이 있다.

[10] 인터넷 메신저 인터넷 메신저는 실시간 메시지전송, 파일전송, 음성채팅 등의 서비스를 제공하는 것으로 여러종류의 메신저가 있으며 대표적인 것이 MSN 메신저이다.

[11] 인터넷 경매 이제 경매는 일부 특정 사람만의 전유물이 아니다. 인터넷 경매를 이용하면 품질이 좋으면서 싼 값에 물건을 구입할 수 있다. 인터넷 경매는 주택, 대지, 임야, 자동차, 옷 등 거의 모든 물건들을 다루고 있다. 대표적인 사이트로는 옥션(www. Auction.co.kr)이 있다.

[12] 채팅 인터넷은 지역, 인종, 직업이 다른 다양한 사람들이 이용한다. 이런 사람들과 대화를 통한 공감대를 형성할 수 있는 것이 채팅이다. 채팅은 일부 문제가 제기되기도 하지만 인터넷 서비스중에서 가장 많이 이용되는 서비스이다.

[13] 사이버 교육 사이버교육이란 컴퓨터와 네트워크(인터넷, 인트라넷)상의 사이버공간을 통하여 교육을 실시하는 새로운 교육공학적 방법으로 다양한 형태의 디지털 교육 컨텐츠를 활용하여 교육자와 학습자간의 커뮤니케이션을 가능케 하는 온라인 학습체계이다.

[14] 인터넷 전화 인터넷 전화는 인터넷을 통하여 국제전화, 시내외, 휴대폰에 전화를 걸 수 있는 기능(PC to PHONE)으로 인터넷 전화를 이용하기 위해서는 음성 송수신이 가능한 사운드카드, 마이크, 스피커(해드폰)가 있어야 한다. 인터넷 전화기능을 제공하는 사이트로는 다이얼패드(www.dialpad.co.kr)와 와우콜(www.wowcall.com) 등이 있다.

1.4.8 통합되는 서비스 ■ WWW, FTP, USENET, E-mail 등의 다양한 인터넷 서비스는 서로 경계가 무의미해져가고 있다. 각각의 인터넷 서비스가 서로 통합하면서 발전되고 있기 때문에 하나의 프로그램만으로 다양한 서비스를 즐길 수 있도록 개선되어가는 추세이다.

2. 인터넷 기본 개념

2.1 네트워크

N(network)세대라는 용어가 나올 만큼 Network는 우리의 생활속에 깊숙히 자리잡고 있다. 공유라는 개념에서 시작한 네트워크는 이제 생활에 가장 많은 영향을 미치는 요소가 되었으며 특히 인터네트워크(인터넷)는 우리의 생활을 지배하다시피 하고 있다.

2.1.1 네트워크의 정의 ▪ 네트워크란 무엇인가? 단어를 살펴보면 'Not'와 'Work'의 두 단어로 이루어진 합성어이다. Net는 본래 뜻이 '그물'이고 Work는 '작업'이므로 그대로 직역한다면 '그물작업'이라고 할 수 있겠다. 즉 '작업자들이 그물처럼 서로 연결된 구조에서 자원을 공유하며 일을 한다'는 뜻으로 해석하면 무난할 듯 하다. 우리가 다루려는 네트워크는 정확히 말하면 'Computer Network"이므로 '어떤 연결을 통하여 컴퓨터들의 자원을 공유하는것'이라 정의할 수 있겠다.
IEEE(Institute of Electrical and Electronics Engineers:국제 전기 전자 공학회)에서는 네트워크, 그 중에서도 LAN을 다음과 같이 정의하였다. "몇 개의 독립적인 장치가 적절한 영역내에서 적당히 빠른 속도의 물리적 통신 채널을 통하여 서로가 직접 통신할 수 있도록 지원해 주는 데이타 통신 체계". 라고 정의하고 있다. 차이는 있어도 서로가 연결되어있고 통신을 통하여 자원을 공유한다는 요지는 같다.

2.1.2 네트워크의 종류 ▪

[1] LAN(Local Area Network) LAN은 Local Area Network의 약자로 흔히 근거리 통신망이라고 부른다. LAN은 여러 대의 PC와 주변장치가 전용의 통신회선을

통하여 연결되어 있는 통신 네트워크로서 그 규모가 한 사무실, 한 건물, 한 학교 등
과 같이 비교적 가까운 지역에 한정되어 있는 것을 말한다. LAN의 사전적인 의미를
살펴보면 '반경 수 Km 이내에서 수Mbps에서 수백 Mbps까지 고속통신이 가능하며,
사유기관에 속하는 통신 네트워크'라고 정의되어 있다.

LAN의 특징은 다음과 같다.

- 연결성 : 다양한 통신장치와의 연결
- 높은 신뢰도
- 확장 및 재배치의 용이
- 다양한 DATA처리 : 일반 데이터, 음성신호, 영상신호 등
- 단일 기관의 소유
- 광대역 전송 매체의 사용으로 고속통신
- 네트워크내의 어떤 기기간에도 전송이 가능
- 매우 낮은 에러율
- 통합적인 정보처리 능력

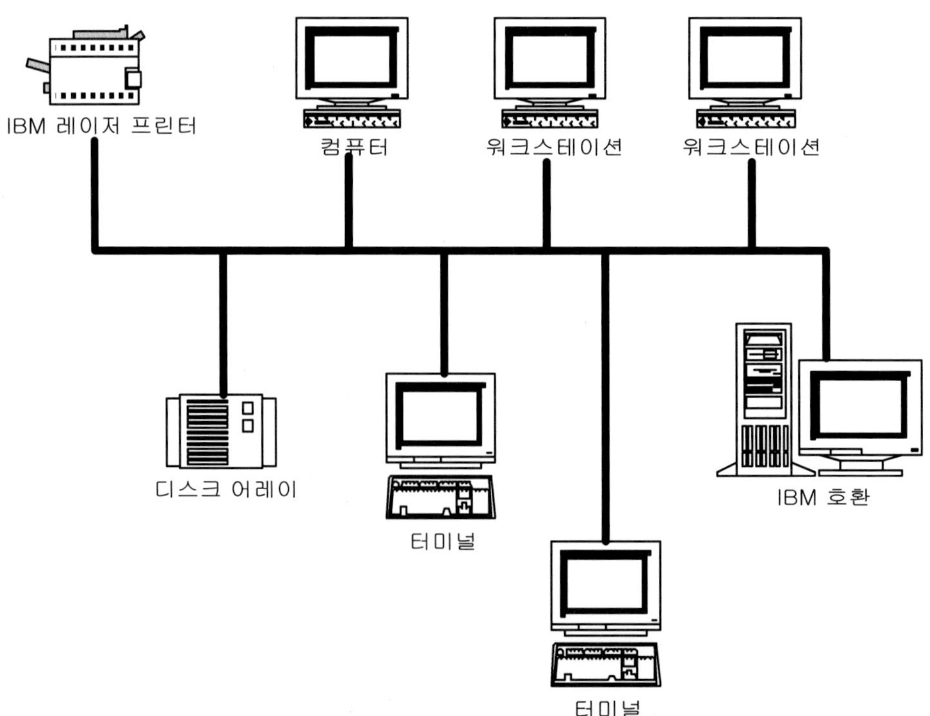

그림2.1 LAN의 구조

[2] MAN(Metropolitan Area Network) MAN은 몇 개의 건물로부터 도시 전체에 이르는, LAN보다 더 큰공간에 대한 네트워크이지만 현재는 잘 표현되지 않는 개념이다. 근거리 통신망에서와 마찬가지로 MAN은 높은 데이터 전송률의 통신채널에 근거하므로 빠른 속도의 백본(Backbon)을 이용하여 연결한다.

[3] WAN(Wide Area Network) WAN (Wide Area Network)광역통신망으로 한 국가, 한 대륙, 또는 전세계에 걸친 넓은 지역의 수많은 컴퓨터가 연결되어 있는 광역 통신망을 의미한다. 광역 통신망은 세계적인 규모의 통신망이므로 이질적인 컴퓨터 시스템 및 통신 시스템간의 연결, 장거리의 데이터 전송, 복잡한 네트워크 구조의 효과적인 관리, 위성 통신이나 해저 케이블을 이용한 대륙간 통신 등의 고급 기술이 필요한 분야로서 컴퓨터 통신에서 매우 중요한 부분이다. 일반적으로 LAN을 광범위하게 연결해 놓은 네트워크로 인식되고 있으나 LAN의 발달로 구분이 명확하지 않다. 인터넷도 이 범주에 속한다.

2.2 호스트와 터미널

호스트(Host)와 터미널(Terminal)은 인터넷에서 계속해서 등장하는 용어로서 다음에 설명하는 클라이언트와 서버만큼 자주 등장하는 용어이다.

호스트의 개념에는 보는 관점에 따라 두 가지로 분류할 수 있다.

첫 번째로 인터넷에서 연결되어 있는 각각의 컴퓨터를 호스트라 칭한다. 이것은 노드(node)에 해당하는 것으로서 연결되어 있는 각각의 점들을 의미하는 것이다. 즉 인터넷의 내부의 관점에서 보면 연결되어 있는 모든 컴퓨터가 호스트로 될 수 있다.

두 번째 개념은 우리에게 친숙한 개념이다. 이것은 시스템의 구성에 따른 개념으로 컴퓨터를 혼자 사용하느냐 혹은 여러 명이 같이 사용하느냐 하는 관점에서 분류되는 것이다. 하나의 컴퓨터를 혼자 사용하는 경우에는 그 컴퓨터는 작업장의 개념으로 워크스테이션(workstation)으로 불린다. 그러나 여러 명이 동시에 사용 가능한 컴퓨터 시스템이 있는데 이러한 시스템을 호스트 컴퓨터라고 부른다.

중·대형 시스템에서 볼 수 있는 것으로 은행의 예를 들 수 있다. 은행의 주컴퓨터는 창구에 앉아 있는 사람들에게 각종 정보의 입출력을 할 수 있게 해주며, 입출력된 정보를 근거로 하여 정보처리를 행한다. 이때 주컴퓨터는 호스트가 되고 창구에 있는 컴퓨터는 터미널이 되는 것이다. 이때 사용되는 방식으로 대표적인 것으로는 시분할 방식(time sharing system)이 사용된다.

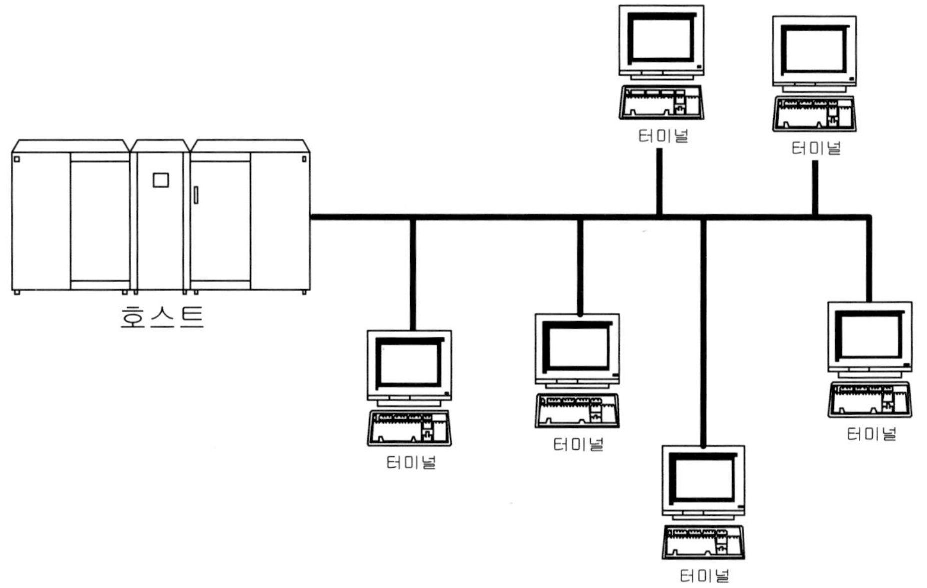

그림2.2 호스트/터미널 구조

2.3 클라이언트와 서버 시스템

클라이언트(Client)와 서버(Server)는 자원의 공유에 있어서 자주 등장하는 용어이다. 서버는 정보를 제공하는 객체이고 클라이언트는 제공되어진 정보를 이용하는 객체이다. 초기의 분산 시스템은 실제로는 분산처리능력이 없는 비 지능적인 더미터미널(dummy terminal)이 부착된 시스템에서 시작되었으나, 점차 LAN환경이 구축되고 터미널의 형태가 지능적인 터미널로 되면서 각각의 터미널이 정보를 처리할 수 있는 기능을 소유하게 되었다. 즉 데이터의 공유 뿐 아니라 처리의 공유라는 개념까지도 발전하게 된 것이다. LAN환경 하에서 프린터나 디스크 같은 자원을 공유할 수 있도록 자원을 제공하게 되는데 이러한 기능을 하는 것을 서버라고 한다.

클라이언트와 서버 시스템은 소프트웨어의 유지와 관리에 따른 비용의 절감 효과를 가져올 수 있고, 네트워크의 기능을 향상시킬 수 있으며, 개방형 시스템으로 이용할 수 있다. 이러한 시스템에서 필수적으로 요구되는 사항은 클라이언트와 서버간의 신뢰 할 수 있는 통신 기능이 보장되어야 한다. 서버의 주도하에 제어가 이루어지고 클라이언트의 서비스 요청이 폭주시에는 서버가 중재를 하여야 하며, 자원에 대한 적절하고 공정한 분배가 이루어져야 한다.

　이것은 데이터를 공유하기 위해 설정되어진 어떠한 질서의 계층이라고 할 수 있다. 간단하게 표현하여 서버는 데이터나 프로그램을 제공하는 객체이고, 클라이언트는 데이터나 프로그램의 사용을 요구하고 서버로부터 그것을 공급받아서 사용하는 객체이다. 인터넷에서의 모든 서비스는 이러한 클라이언트와 서버와의 관계를 이용한다. 따라서 인터넷 서비스를 이용하기 위해서는 서버와 클라이언트와의 관계를 정확히 이해해야하고, 서비스를 받기 위해서는 어떠한 클라이언트와 서버를 이용해야 할 것인지를 선택해야 한다. 예를 들어 WWW, Telnet, FTP등과 같은 서비스를 이용하고자 할 때에는 이용하고자하는 객체는 클라이언트가 되는 것이고, 그러한 서비스를 제공하는 객체는 서버가 되는 것이다.

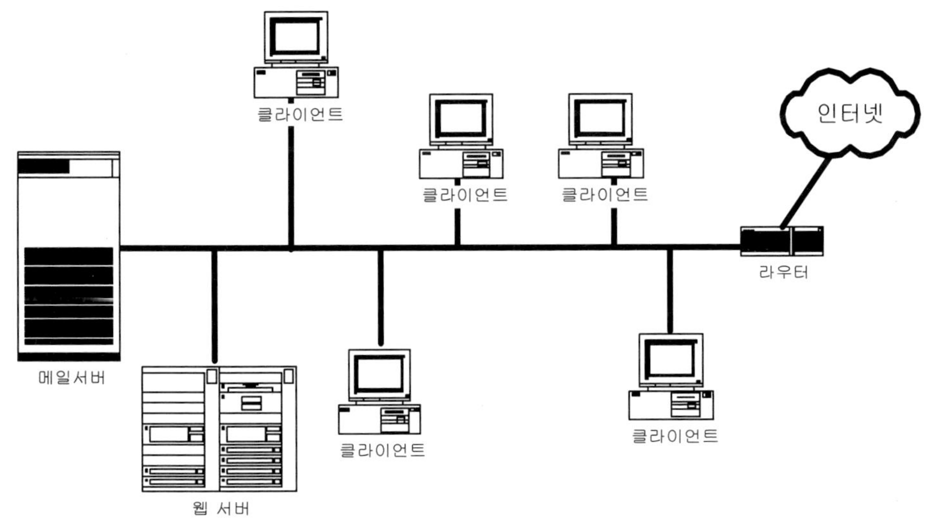

그림2.3 서버/클라이언트 구조

2.4 TCP/IP

　시스템과 시스템사이에 데이터를 주고받는데 있어서 어떻게 주고받을 것인지에 대한 약속을 프로토콜이라 한다. 예를 들어, 한국 사람과 중국 사람이 있는데 이들은 자기나라의 언어와 영어를 구사할 수 있다고 한다. 이들이 대화를 하는데 있어서 각자가 한글과 중국어를 사용한다면 상호간에 상대방의 말을 이해할 수 없기 때문에 무슨 말을 하는지 알 수 없을 것이다.　그러나 상호간에 이해할 수 있는 언어인 영어를 사용하자고 약속을 한다면 둘은 각자의 뜻을 상대방에게 전달할 수 있게 될 것이다. 여기서 영어에 해당하는 것이 프로토콜이다. 즉 프로토콜이란 어떤 시스템이 다른 시스템과 통신을 원활하게 수용하도록 해주는 통신 규약이다.

   TCP/IP(Transmission Control Protocol / Internet Protocol)은 1980년대 이후 인터넷에서 사용되는 표준 프로토콜이다. 기종이 서로 다른 전세계의 컴퓨터들을 연결하기 위해 사용되며, 네트워크를 서로 접속하는 필요성은 이와 같이 자원의 공유 측면과 정보의 교환 측면에서 긴히 필요하게 되었다.

   이때, 네트워크간의 접속에 필요한 프로토콜이 필요한 것이다. 인터넷에서는 이더넷 (Ethernet)을 가장 많이 사용하지만, 토큰링(Token Ring)이나 FDDI도 사용할 수 있다. TCP/IP의 프로토콜 구조는 다음과 같다.

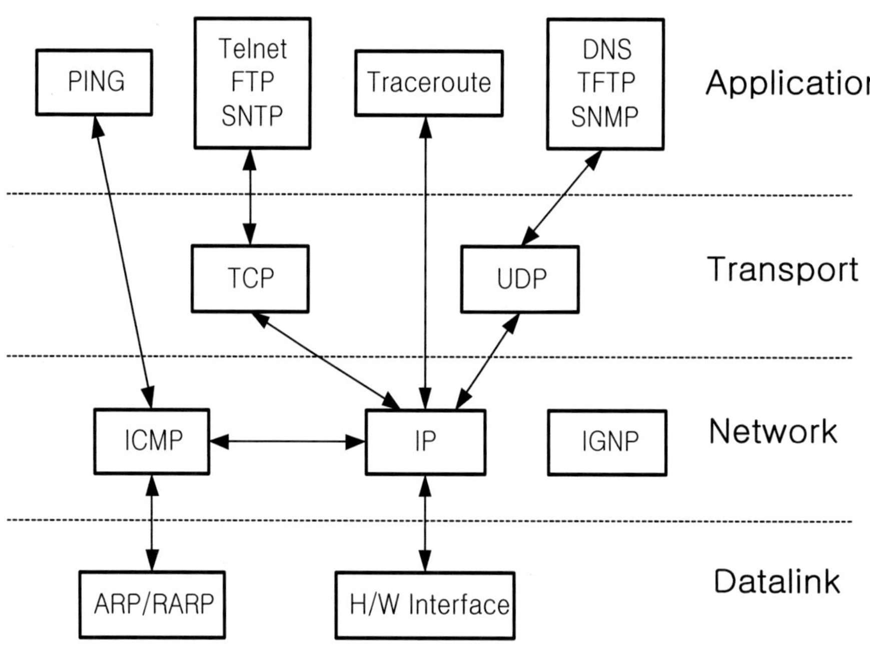

그림2.4 TCP/IP 프로토콜구조

TCP/IP는 컴퓨터와 네트워크간에 접속을 하기 위해서 사용되는 다수의 프로토콜을 모아 놓은 규약집이다. 인터넷에서 데이터의 전송은 일반적으로 패킷(Packet)이라는 작은 단위로 나누어서 전송을 한다. 이때 TCP는 전송하고자 하는 데이터를 작은 단위로 나누며, 연속적인 일련번호와 함께 받는 사람의 주소와 에러검출용 정보를 첨가한다. 이렇게 준비되어진 작은 단위의 우편물은 누군가에 의해서 전송되어진다. 이때 전송 업무를 담당하는 것이 IP이다. 즉 전송할 데이터를 TCP에서 포장 정리해서 IP가 운송하는 것이다. 이렇게 전송되어진 데이터는 전송을 받은 상대편 TCP에 의해서 포장이 벗겨지고, 연속되는 데이터는 하나의 데이터로 연결되는 것이다. 수신된 데이터를 재구성하고 안정성을 검사하는 것까지도 TCP의 임무인 것이다.

2.5 도메인 이름과 IP 주소 체계

2.5.1 도메인 이름 체계 ▪

[1] 도메인이란? 우리가 다른 사람에게 전화를 걸기 위해서는 전화가 전화망에 연결되어 있어야 하고, 그 사람의 전화번호를 알고 있어야 한다. 마찬가지로 인터넷에 연결된 다른 컴퓨터와 통신을 하기 위해서는 그 컴퓨터의 주소를 알고 있어야 한다. 컴퓨터의 주소는 숫자로 표현된 주소와 문자열(영문자, 숫자, -)로 표현된 주소 2가지가 있다. 숫자로 표현된 주소는 아래와 같이 점(.)으로 구분되어 4단계로 표시된다.

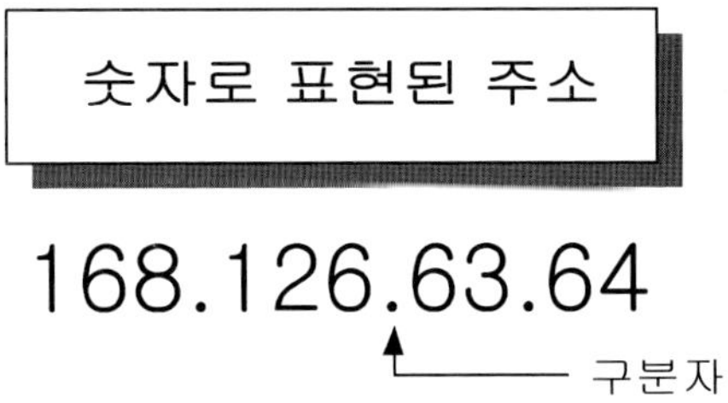

숫자로 표현된 주소

168.126.63.64

↑———— 구분자

그림2.5 숫자로 표현된 IP주소

점(.)으로 구분된 각 숫자는 0 ~ 255 까지의 숫자를 사용할 수 있으며, 숫자로 표현된 주소는 전세계적으로 중복되지 않도록 사용한다. 숫자로 표현된 이러한 주소를 인터넷 공인 IP(Internet Protocol) 주소라고 한다. 그러나 인터넷 사용자들이 다른 컴퓨터와의 통신을 위해서 이렇게 숫자로 표현된 주소를 사용하게 되면, 주소를 이해하기 힘들고 기억하기가 어렵다. 따라서 숫자로 표현된 주소대신에 문자열로 표현된 주소를 사용할 수 있도록 하여 다른 컴퓨터와 편리하게 통신을 할 수 있게 하였다. 이를 인터넷 도메인(domain)이라고 하고 도메인 이름은 숫자로 된 IP 주소를 사용하지 않고도 인터넷에 연결된 컴퓨터와 통신을 가능하게 해준다. 도메인은 아래와 같이 점으로 구분되어 여러단계로 구성된다.

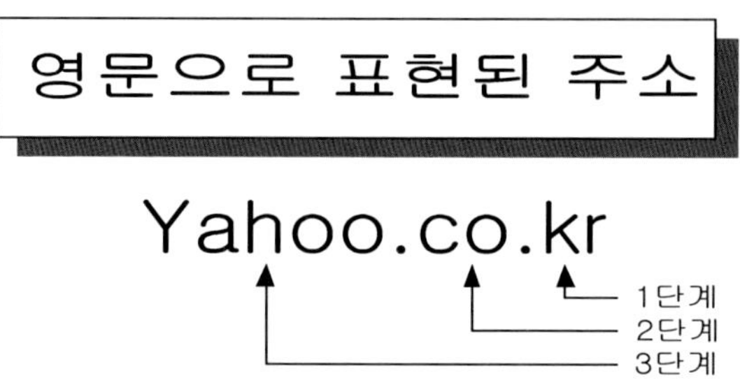

그림2.6 영문으로 표현된 IP주소

[2] 도메인 이름 체계 인터넷상에서 사용되는 도메인은 전 세계적으로 고유하게 존재하여야 하므로 공통적으로 정해진 체계가 있으며, 임의로 변경하거나 생성 할 수 없다. 인터넷의 모든 도메인은 루트(root)라 불리는 도메인 이하에 아래의 그림과 같이 나무를 거꾸로 위치시킨 역트리(inverted tree) 구조로 계층적으로 구성되어 있다. 루트도메인 아래의 단계를 1단계 도메인 또는 최상위 도메인(TLD, Top-Level Domain)라고 부르며, 차 상위 단계를 2단계 도메인(SLD, Second-Level Domain)이라 부른다.

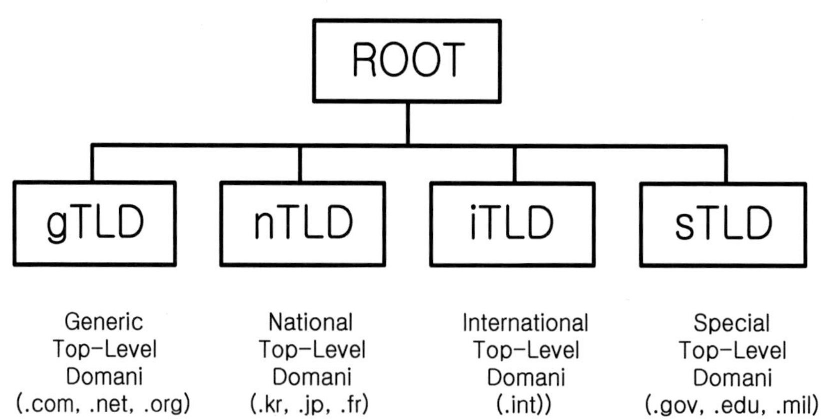

그림2.7 최상위 도메인 체제

최상위 도메인으로는 com, net, org, edu, gov, mil, int 등 인터넷 초창기부터 사용되던 7개의 일반도메인(generic top level domain)과 인터넷이 국제화되면서 ISO 3166에 의거하여 세계의 각 국가들을 두 자리 영문약자로 표현한 약 190여 개의 국가도메인(national top level domain)을 포함하여 전세계적으로 약 200여 개의 최상위 도메인이 있다

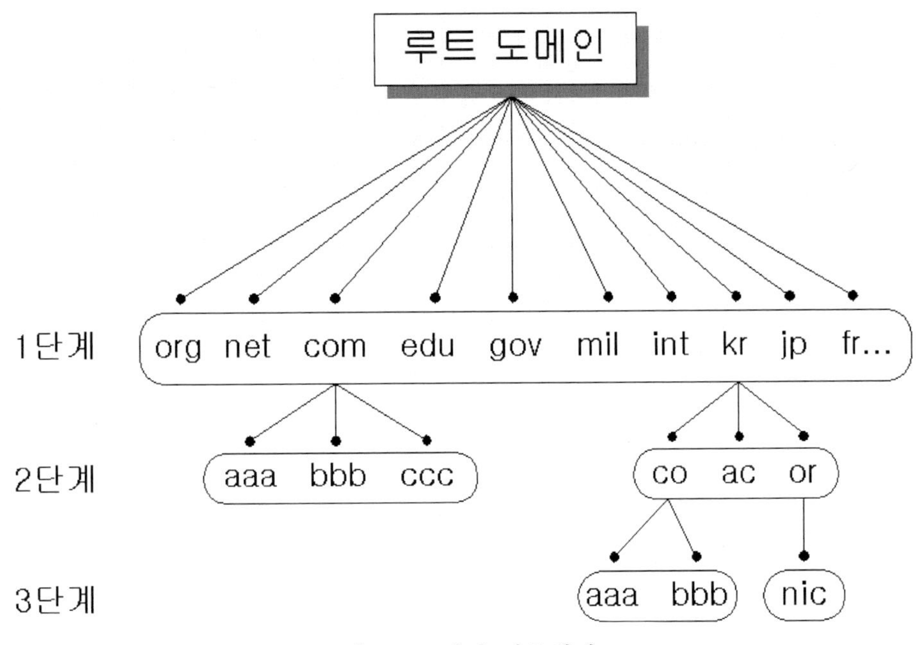

그림2.8 도메인 이름체제

국가도메인 kr은 한국을 대표하는 최상위 도메인이며, jp는 일본, fr은 프랑스를 의미한다. 각 국가들은 서로 다른 최상위 도메인을 사용하며, 최상위 도메인별로 도메인 이름 체계 및 등록원칙이 다를 수 있다.

최상위 도메인이 com인 경우, 위의 그림에서와 같이 aaa, bbb, ccc 등 2단계에서 도메인 신청자가 원하는 이름을 사용하실 수 있으며, 최상위 도메인이 kr(한국) 또는 jp(일본)인 경우, 2단계 도메인은 기관을 분류(co, or, ac 등)하기 위해서 미리 정의된 이름을 사용하며, 3단계에서 aaa, bbb, nic 등 도메인 신청자가 원하는 이름을 사용할 수 있다.

역트리 구조로 된 도메인 체계에서 도메인이름을 읽는 방법은 최하위 단계에서 상위단계 순으로 한 단계씩 위로 읽으면 된다. 예를 들어, 한국인터넷정보센터(KRNIC)의 도메인이름은 3단계 nic, 2단계 or, 1단계 kr로서 nic.or.kr로 표현되며, 웹서버, ftp 서버 등을 나타내는 호스트이름은 도메인이름 바로 앞부분에 www.nic.or.kr, 또는 ftp.nic.or.kr과 같이 표현된다.

[3] 도메인 이름 분석 도메인 이름은 미국과 미국외 지역이 서로 다른 이름 체계를 가지고 있다.
 - 미국 : 컴퓨터이름.기관이름.기관성격 (예 : www.yahoo.com)
 - 미국외 지역 : 컴퓨터이름.기관이름.기관성격.국가코드 (예 : www.dialpad.co.kr)
 참고 : 미국 이외의 지역에서도 InterNIC에서 Domain Name을 할당받는 경우에는 국가코드가 없는 미국지역의 형식과 같다.

① 미국지역의 도메인 이름의 의미
- 최상위 도메인(1단계) : 기관성격

도메인	영문 원어	기관성격
com	COMmercial	영리단체
edu	EDUcational	교육기관, 대학
gov	GOVernmental	정부, 공공기관
int	INTernational	국제단체
mil	MILitary	군사기관
net	NETwork	네트워크 관련기관
org	other ORGanizations	기타 비영리 단체

- 2단계 : 기관이름

② 미국외 지역의 도메인 이름의 의미
- 최상위 도메인(1단계) : 국가

도메인	영문 원어	기관성격
kr	Republic of Korea	한국
jp	JaPan	일본
uk	United Kingdom	영국
ca	CAnada	캐나다
fr	FRance	프랑스

- 2단계 : 기관성격

Second 레벨의 도메인은 해당 지역이나 국가의 NIC (Network Information Center)에서 정한다.

도메인	영문 원어	기관성격
co	COmmercial organizations	영리기관
ac	ACademic organization	교육기관
re	REsearch organizations	연구기관
go	GOvernment organizations	정부기관
nm	Network Management	네트워크 관련기관
or	other ORganizations	기타 비영리 단체

- 3단계 : 기관이름으로 고유의 이름이다.

2.5.2 IP 주소체계 ▪

[1] IP 주소 앞에서 설명한 내용은 도메인 형식으로 구성된 주소에 관해서 설명하였다. 그러나 실제로 인터넷 주소는 숫자이지 이름이 아니다. 다시 말해서 컴퓨터 네트워크에서는 기본적으로 숫자로 구성된 컴퓨터를 연결하여 찾아가는 주소체계를 가지고 있다. 그러나 이렇게 숫자로 구성된 주소는 일일이 기억하기도 힘들고 분류하기도 어려워 사용하기 편한 도메인 주소를 일반적으로 사용한다. 사용하기 편리한 도메인 주소를 입력하면 컴퓨터는 도메인 주소를 숫자로 변환하는 작업을 하여 찾고자하는 컴퓨터에 연결시킨다. 이렇게 숫자로 표시된 주소를 IP주소라 한다. 일반적으로 네트워크에 연결된 모든 컴퓨터는 주소를 갖게되며, IP 주소는 필수적으로 가지고 있다. 다음의 두 주소는 같은 곳을 가리키고 있다.

www.kornet.net
168.126.63.1

[2] IP 주소의 구성

① IP 주소는 32비트의 2진수로 구성되며 TCP/IP 프로토콜에서 데이터의 전송을 위해 사용되는 주소로 중복된 주소를 사용할 수 없다.
② 32비트를 4octet(1octet = 8bit = 1byte)씩 나누어 . (dot)로 구분하고 구분된 8비트를 10진수로 표현한다.

예) 168.126.63.1 (255.255.255.255까지 할당가능
③ IP address는 가상으로 Netid와 Hostid로 구분되어 있다.
  - Netid : 해당 컴퓨터가 소속된 네트워크에 배정된 이름.
  - Hostid : 해당 컴퓨터 한 대에 배정된 이름.

[3] IP 주소의 할당 IP 어드레스는 네트워크에 접속할 수 있는 호스트 수에 따라 A
등급에서 E 등급까지 다섯 단계의 클래스로 나누어진다.
  ▷ A class : 국가나 대형 통신망
  ▷ B class : 캠퍼스 전산망과 같은 중/대규모 통신망
  ▷ C class : 소규모 통신망에 할당
  ▷ D, E class : 배정이 유보되어 있는 상태

① A 클래스(class)

0	Netid(7비트)	Hostid(8비트)	Hostid(8비트)	Hostid(8비트)

  - IP주소 32비트 중 첫 번째 한 비트가 0인 주소로 1.XXX.XXX.XXX부터
126.XXX.XXX.XXX까지의 네트워크 주소를 갖는다.(XXX: 0～255까지의 10진수)
  - A 클래스는 126개의 기관에 할당되며 각 기관의 네트워크에는 256×256×256=16,777,216
대의 호스트에 IP 주소를 부여할 수 있다.
  - 현재 모두 할당되어 여분이 없다.

② B 클래스(class)

1	0	Netid(6비트)	Netid(8비트)	Hostid(8비트)	Hostid(8비트)

  - 32비트로 구성된 IP 주소 중 처음 두 비트가 10으로 시작되는 것으로
128.0.XXX.XXX 부터 191.255.XXX.XXX 까지의 네트워크 주소를 갖는다.
  - B 클래스는 64×256=16,384개 기관에 네트워크 주소를 부여할 수 있으며 각
기관은 256×256=65,536개의 IP주소를 할당 할 수 있다.
  - 중대형 네트워크나 분산처리 시스템에서 주로 사용한다.
  - 현재 거의 대부분이 할당되었다.
③ C 클래스(class)

1	1	0	Netid(5비트)	Netid(8비트)	Netid(8비트)	Hostid(8비트)

- 32비트로 구성된 IP주소 중 처음 세 비트가 110인 주소로 192.0.0.XXX부터 223.255.255.XXX까지의 네트워크 주소를 갖는다.
- C 클래스는 64×256×256=4,194,304개의 기관에 네트워크 주소를 부여할 수 있으며 각 기관의 네트워크에서는 256대의 호스트에 IP 주소를 부여할 수 있게 되어 있다.
- 소규모 네트워크에 부여되는 등급이다.
- 현재 할당되는 주소의 대부분이 C 클래스이다.
<TBODY>

④ D 클래스(class)

1	1	1	0	Multicast Address (28비트)

- 32비트로 구성된 IP주소 중 처음 네 비트가 1110인 주소로 224.0.0.0부터 239.255.255.255까지의 Multicast 주소를 갖는다.
- 멀티캐스팅(Multicasting)에 사용
<TBODY>

⑤ E 클래스(class)

1	1	1	1	나중을 위해 예약되어 있다(28비트)

- 32비트로 구성된 IP주소 중 처음 네 비트가 1111인 주소로 240.0.0.0부터 255.255.255.255까지 범위를 가진다.
- 장래를 위해서 예약되어 있는 주소

◆ 멀티캐스트(Multicast)와 브로드캐스트(Broadcast)
▷ 유니캐스트(Unicast : 개인 사용자용) : 1대 1로 전송하는 방식
▷ 멀티캐스트(Multicast : ISP용) : 어떤 네트워크에서 선택된 복수의 시스템에 동일한 정보를 전송한다. 화상회의와 같이 다량의 데이터를 복수의 시스템으로 전송할 경우, 유니캐스크로 전송하면 네트워크의 부하가 커지기 때문에 보다 효율적으로 처리하기 위해서 멀티캐스트 방식을 이용함
▷ 브로드캐스트(Broadcast) : 어떤 네트워크에 있는 모든 시스템에 동일한 정보를 전송함.

[4] 사설 IP주소 공간 사설 인터넷이란 실제 인터넷에 연결되지 않는 지역망을 말하는 것으로, IANA는 다음의 세 블록에 해당하는 주소 공간을 사설 인터넷을 위하여 예약해 놓았다. 인터넷에 접속하는 컴퓨터의 IP주소는 이 주소를 사용하지 않는다.

A 클래스	10.0.0.0	10.255.255.255
B 클래스	172.16.0.0	172.31.255.255
C 클래스	192.168.0.0	192.168.255.255

[5] IPv6(IP version 6) 인터넷상에 연결할 수 있는 시스템은 이론적으로 볼 때 4,294,967,296이지만 현재 전세계적으로 기하급수적으로 늘어나는 인터넷 이용자를 감안할 때, 32비트의 주소 체계를 사용하는 IPv4 주소는 2008년 경 완전히 고갈될 것으로 예측되고 있다. 특히 우리나라를 포함한 일본, 중국 등 IPv4 주소를 충분히 할당 받지 못한 나라에서는 앞으로 1~2년 내에 심각한 주소 부족 사태가 발생될 것으로 예상되고 있다. IPv6 주소방식은 128비트 체계로 이루어진 차세대 인터넷을 위한 주소 방식으로, 인터넷 주소를 거의 무한대로 제공받을 수 있어, 현재의 IPv4 주소 고갈 문제를 근본적으로 해결할 것으로 전망된다.

IPv6의 특징은
- 주소 폭이 확대되어 IP 부족현상을 해소할 수 있다.
- 인증, 데이터의 무결성, 데이터의 비밀성을 제공한다.
- 패킷 레벨링(Labeling)기능을 추가하여 실시간 처리기능을 강화하였다.
- 헤더 형식을 간소화하였다.

2.6 DNS(Domain Name System)

2.6.1 Domain Name System의 이해 ■ Domain Name System이란 이름과 IP 주소를 매핑하여 주는 거대한 분산 네이밍 시스템이다. 인터넷에서 사용되는 IP(Internet Protocol), 그리고 IP의 상위에서 동작하는 넷스케이프 같은 응용들은 210.105.79.103 과 같이 표현되는 IP 주소만을 인식하게 되는데, 이러한 IP 주소는 기계입장에선 해석하기 수월하지만 기억하기가 어렵고, IP 주소만으로는 서비스 유형을 예측하기 힘들다는 단점이 있다. 인터넷의 도입 시절인 ARPANET 시절부터 IP Address를 이름으로 명명하여 사용하고자 하는 노력이 시도되었고, 많은 시행착오를 거쳐 지금의 DNS 메커니즘으로 발전하였다.

ARPANET 시절에는 호스트의 수가 많지 않았기에 NIC(Network Information Center)로부터 일정 주기마다 호스트 명단 파일(HOSTS.TXT)을 받아 /etc/hosts에 저장하여 사용하였다. 그러나 점차 인터넷의 규모와 호스트 수가 증가함에 따라 새로운 이름 명명 체제의 필요성이 대두되었고, 1983년 Paul Mockapetris가 RFC882, RFC883(현재는 RFC1034로 대체됨)에 새로운 명명 체제에 대한 구현을 공식 발표하며, 크게 네임스페이스의 계층 구조, 분산 데이터베이스, E-mail 라우팅 개선을 주안점으로 DNS가 탄생하였다.

2.6.2 DNS 네임체계 ■ ARPANET의 중앙 관리 체제에서는 하나의 파일로 모든 호스트들을 관리하였지만, DNS에서는 이것을 각 도메인 별로 트리화하여 계층적인 구조로 관리한다. 아래 그림은 도메인 네임체계의 예이다.

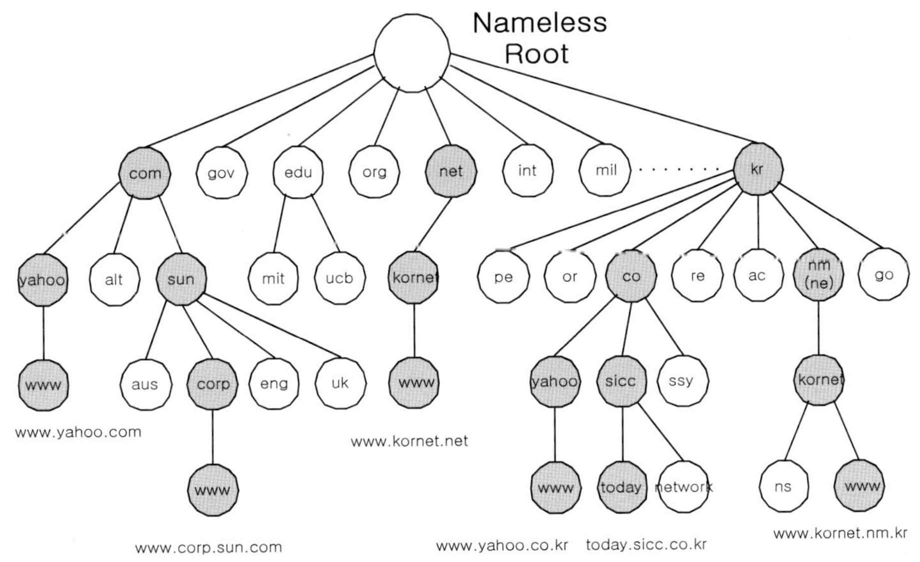

그림2.9 DNS의 계층적인 구조

디렉토리 구조와 유사함을 알 수 있는데, Root domain(도트로 표시되는)은 Top level 도메인에 관한 정보를, Top level 도메인은 그 하위 도메인에 관한 정보를 유지/관리하는 구조를 취한다. 이러한 정보의 계층구조로 인하여 정보는 각 도메인의 네임서버(NS:Name Server)로 분산, 관리된다.

예로 YAHOO.COM 도메인은 COM 네임서버에 등록되어 있고, WWW.YAHOO.COM

은 YAHOO.COM 네임서버에 등록, 관리된다. 따라서 AV.YAHOO.COM을 등록하기 위해서는 YAHOO.COM 도메인을 관리하는 네임서버의 관련 레코드만을 수정함으로써 가능하다. 이러한 위임구조는 증가하는 인터넷 호스트에 대한 관리를 효율적으로 가능하게 해준다.

2.6.3 도메인 이름을 IP 주소로 변환하는 과정 ■ 통신을 위한 TCP/IP 패킷엔 도메인명을 위한 공간이 없다. 따라서 도메인명에 대한 IP 변환작업(Resolving)을 선행하게 되는데, 아래 그림은 이러한 Resolving 과정을 보여준다.

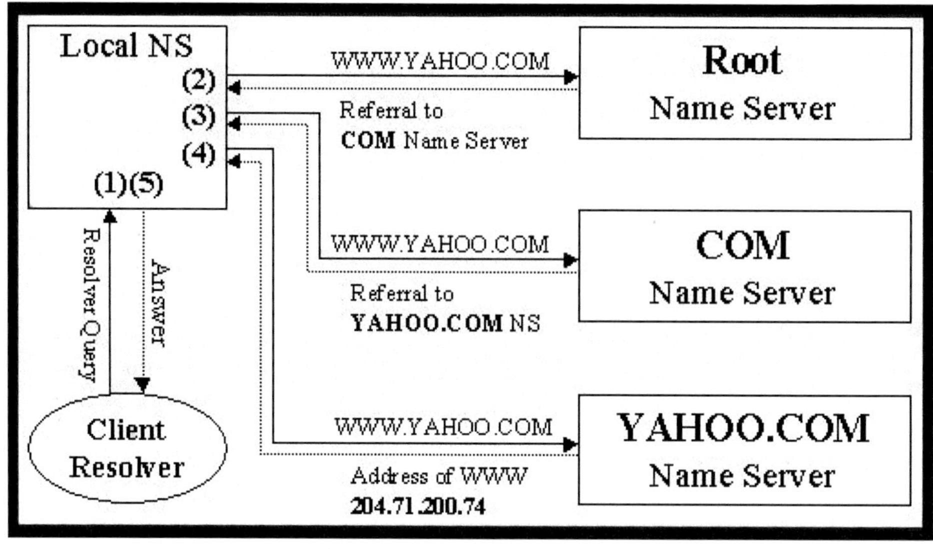

그림2.10 도메인 변환 과정

① Client상의 응용이 'WWW.YAHOO.COM'에 접속하기 위해 자신의 Local Name Server(TCP/IP 설정시 DNS에 명시함)에 질의한다.

② Local NS는 먼저 자신의 캐쉬에 자료가 있는지 확인한 후 발견되지 않으면 Root NS(Root NS의 목록을 갖고있다)에 질의를 던진다. 그러나 Root NS도 'WWW.YAHOO.COM'의 자료를 갖고 있지 않으므로, COM 도메인을 관리하는 NS를 참고하라는 답변을 보내준다.

③ Local NS는 다시 COM NS에 질의를 던지고, COM NS는 다시 YAHOO.COM 의 NS를 일러준다. (루트(도트)와 COM 도메인은 Root NS에서 같이 관리되기 때문에 실제로 본 과정은 일어나지 않고 (2)번에서 바로 YAHOO.COM NS를 참고하라는 답변이 나온다.)

④ Local NS는 YAHOO.COM NS에 질의한다. YAHOO.COM NS는 서브도메인에 대한 자료를 관리하는 실제 NS 이므로, 'WWW.YAHOO.COM'에 대한 IP 204.71.200.74를 답변(authoritative answer) 한다. (실제 'WWW.YAHOO.COM'에 대한 IP를 resolving 하면 매번 다른 IP 주소가 넘어오는 것을 볼 수 있는데, 이는 사이트가 다수의 미러링 서버로 운영되고, 부하 공유를 위해 해당 도메인에 다수의 IP를 매핑하였기 때문이다.

⑤ 마지막으로, Local NS는 Client에게 결과를 전송한다.

2.6.4 도메인 이름 만들기 ■ 도메인 이름을 지을 때 문자는 'A-Z', 'a-z', '0-9', '-' 가 사용될 수 있다. 도메인 이름은 반드시 숫자나 문자로 시작하여야 하며, 전부 숫자여서는 안 된다. (초기에는 도메인 이름이 반드시 문자로 시작하도록 제한하였지만, 후에 규칙이 완화되이 3com.com 같은 도메인 사용이 허락되었다.) 또한 하이픈이 앞/뒤에 사용될 수 없고, 도트로 분리되는 각 문자열(Each segment)은 최고 63 단어(octet)까지 사용할 수 있도록 구현되어 있으며(NIC에서는 12단어 이하로 사용하기를 권장), 대/소문자는 구분되지 않는다.

덧붙여, 도메인 이름은 등록기관(KRNIC, INTERNIC 등)에 따라, 조금씩 상이한 규칙이 적용됨을 유의하자. KRNIC은 숫자로 시작하는 도메인명을 허용하지 않는 반면 세그먼트를 63자까지 풀어주지만, INTERNIC에서는 숫자로 시작하는 도메인이 허용되고, 세그먼트가 22자로 제한한다.

3. 인터넷 접속

인터넷에 접속하는 방법은 크게 두 가지로 구분할 수 있다.
첫째는 모뎀을 이용하여 인터넷에 접속하는 방법이고, **둘**째는 초고속 인터넷 서비스를 이용하여 인터넷에 접속하는 방법이다. 전용선을 이용하는 방법도 있으나 이용료가 너무 비싸기 때문에 기업체나 연구소 등에서만 사용할 뿐 개인은 거의 사용하지 않는다. 최근에는 가격이 저렴하면서 속도가 빠른 초고속 인터넷 서비스를 많은 업체에서 내놓고 있어 개인도 전용선을 이용하는 수준의 서비스를 받을 수 있게 되었다. 그러나 초고속 인터넷 서비스가 제공되지 않는 경우나 요금에 부담을 느끼는 사람들은 여전히 모뎀을 이용하여 인터넷에 접속하고 있다.

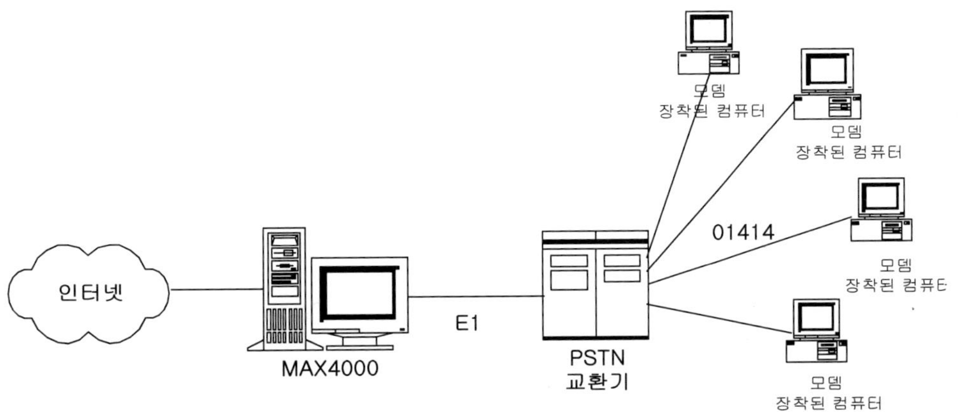

그림3.1 한국통신의 모뎀을 이용한 연결 구조

3.1 인터넷 이용시 필요한 요소

3.1.1 모뎀을 이용한 인터넷 접속시 ■

[1] 운영체제(OS: Operating System)가 설치된 컴퓨터   컴퓨터는 펜티엄, 펜티엄 Ⅱ, 펜티엄Ⅲ, 펜티엄Ⅳ 가릴 것 없이 운영체제를 원활하게 사용할 수 있고, 모뎀의 속도만 빠르다면 문제가 되지는 않는다. 그러나 현재 인터넷 서비스 업체들이 음성 정보나 동영상 같은 멀티미디어 내용들을 개인 컴퓨터에서 실시간으로 돌아가도록 운영하고 있어, 개인 컴퓨터가 펜티엄 MMX233, 64MB이상 메모리의 사양을 충족해야 인터넷을 사용하는데 불편하지 않다. 운영체제는 유닉스, 리눅스, 윈도우98/95, 윈도우 ME, 윈도우 XP 등 어느 것이 설치되든 상관은 없다. 실제로 인터넷을 사용하는데 어떤 운영체제를 사용하는지에 상관없이 인터넷에 접속할 수 있고, 인터넷에 있는 정보들을 볼 수 있다. 본 교재에서는 가장 보편적이면서 사용하기가 용이한 윈도우 98을 기준으로 설명한다.

인터넷을 원활하게 사용하기 위해서는 운영체제를 어느 정도 다룰 수 있어야 한다. 운영체제에 대한 기본적인 지식은 응용 프로그램을 사용하는데 도움이 될 뿐만 아니라, 획득한 정보를 보다 효율적으로 다루는 데에도 많은 도움이 된다. 때문에 아직 윈도우 98의 기본 사용법조차 어색하다면 다음 진행에 앞서 윈도우 98의 사용법을 익혀두기 바란다.

[2] 모뎀과 전화선   MODEM은 MOdulate/DEModulate의 약자로 컴퓨터가 사용하는 디지털 신호를 전화망을 통하여 전달할 수 있도록 아날로그 신호로 변조하고, 이것을 다시 컴퓨터가 이해할 수 있는 디지털 신호로 복조하는 장치이다. MODEM은 전화선을 이용하여 컴퓨터간에 데이터를 주고받을 수 있도록 도와주는 매개체 역할을 한다. 모뎀의 성능은 단위 시간당 전송 데이터의 양으로 판단한다. 보통 1초당 몇 비트를 전송하는지를 나타내는 bps(Bit Per Second)단위를 사용하며 28,800bps, 33,600bps, 56,000bps 모뎀이 있으나, 현재는 거의 대부분의 사람들이 56Kbps을 사용한다.

[3] 소프트웨어   인터넷에 접속하기 위해서는 컴퓨터를 운영하기 위한 운영체제뿐만 아니라, 전화를 걸어서 자신이 사용하는 컴퓨터가 마치 인터넷에 연결되어 있는

것처럼 해주는 접속 프로그램, 인터넷 접속 후에 인터넷상에 있는 정보를 검색할 수 있게 도와주는 프로그램이 필요하다.

- 인터넷 접속 프로그램

소켓 프로그램이라고도 하며 자신이 사용하는 컴퓨터가 인터넷에 접속되어 있는 것과 같은 환경을 만들어주는 역할을 한다. 윈도우 98/95에는 이러한 접속 프로그램이 전화 접속 네트워킹이라는 이름으로 내장되어 있기 때문에 별도의 다른 프로그램을 추가로 설치할 필요가 없다.

- 웹브라우저 프로그램

인터넷에 접속한 후 정보검색을 가능하게 해주는 프로그램으로 그림, 소리, 동영상 등의 멀티미디어를 지원하는 월드 와이드 웹(WWW: World Wide Web) 서비스를 이용하기   위한 클라이언트 프로그램이다. 웹브라우저라는 이름도 '웹' 정보를 '검색하는 도구'라는 의미이다. 현재 가장 많이 사용되는 것으로는 마이크로소프트의 '인터넷 익스플로러(Internet Explorer: 이하 익스플로러)'와 넷스케이프사의 '네스케이프 커뮤니케이터(Netscape Communecator: 이하 넷스케이프)가 있다. 다음 장에서는 웹브라우저중 가장 많이 사용되는 익스플로러의 사용법에 대하여서 논한다.

이 외에도 전자메일 이용하기 위한 Outlook Express와 같은 전자메일 관리 프로그램과 FTP 서비스 이용을 편리하게 해주는 WS_FTP 프로그램 등이 필요하다. Outlook Express와 WS_FTP Pro에 대한 사용법은 나중에 인터넷 서비스 활용에서 논한다.

[4] 인터넷 접속 서비스 업체 선택 모뎀을 이용하여 인터넷에 접속하기 위해서는 인터넷 접속 서비스 회사 (ISP: Internet Service Provider)를 선택해야 한다. 인터넷이 활성화되면서 인터넷 접속 서비스를 제공하는 회사들이 많이 생겨나고 있는데, 국내의 경우에 약 10여개 이상의 인터넷 접속 서비스 회사가 있고, 앞으로도 다양한 형태의 인터넷 접속 서비스를 제공하는 회사들이 더 생겨날 것으로 보인다.

인터넷 접속 서비스를 제공하는 회사는 하이텔이나 천리안, 나우누리 등과 같은 'PC통신 서비스 회사'와 아이네트나 코넷, 신비로 등과 같은 전문적으로 인터넷 접속 서비스만을 해주는 '전문 ISP'로 나누어진다. 여러 서비스 제공 회사들 중에서 어느 회사가 좋다고 단정지을 수는 없고 개인의 사용용도에 따라 적절한 서비스를 선택하되 연결속도와 안정성을 고려하여야겠다. 초보자는 주위에 컴퓨터와 인터넷 등에 대해 잘 아는 사람의 도움을 받기를 권한다.

대표적인 서비스 회사들로는

천리안	(주)데이콤에서 운영하는 PC통신과 인터넷 접속 서비스를 제공하는 회사로 전용 프로그램을 사용하여 접속한다.	접속 번호: 01421(56Kbps), 01420(33.6Kbps)
하이텔	한국통신 하이텔에서 운영하는 PC통신과 인터넷 접속 서비스를 제공하는 회사로 전용프로그램을 이용하여 접속한다.	접속번호: 01432(56Kbps), 01411(33.6Kbps)
나우누리	(주)나우콤에서 운영하는 PC통신과 인터넷 접속 서비스를 제공하는 회사이다.	접속번호: 01443(56Kbps), 01411(28.8Kbps 인상)
유니텔	(주)삼성SDS에서 운영하고 있는 PC통신과 인터넷 접속 서비스를 제공하는 회사로 전용프로그램을 이용하여 접속이 가능한다.	접속번호: 01433(56Kbps)
코넷	한국통신에서 운영하는 인터넷 접속 서비스만을 제공하는 회사이다.	접속번호: 01414(56Kbps),
아이네트	아이네트에서 운영하는 인터넷 접속 서비스만을 제공하는 회사이다.	접속번호: 01438(56Kbps)
신비로	온세통신에서 운영하는 인터넷 접속 서비스만을 제공하는 회사이다.	접속번호: 01431(56Kbps)

3.1.2 초고속 인터넷 서비스를 이용한 접속시 ■ 초고속 인터넷 서비스를 이용한 접속시에도 운영체제가 설치된 컴퓨터는 기본이며 서비스 종류에 따라 사용하는 하드웨어가 다르다. 한국통신 B&A(Building and Apartment)은 LAN card와 UTP cable, 하나로 통신과 한국통신의 ADSL(Asymmetric Digital Subscriber Line)은 가입자 모뎀, LAN card, cable이 필요하고, 소프트웨어는 접속 프로그램만을 제외하면 모뎀을 이용하는 경우와 같다. 이러한 장비들은 초고속 인터넷 서비스를 신청하면 대부분의 업체에서 대여해 주거나 무료로 준다.

아래의 그림은 한국통신 ADSL과 B&A의 구성도이다.

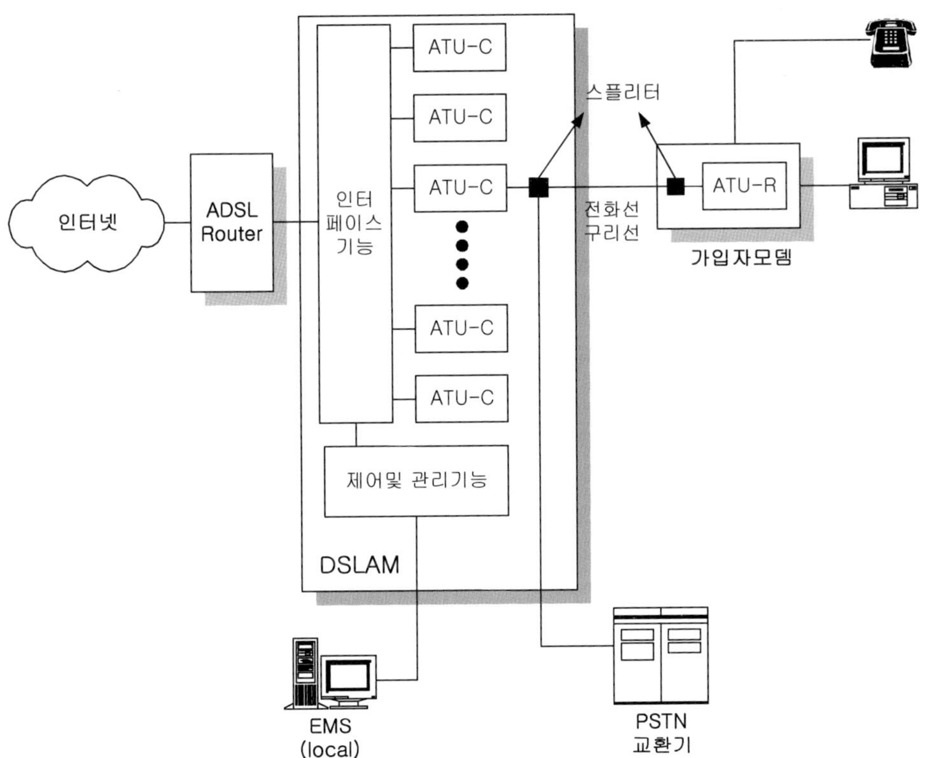

그림3.2 한국통신 ADSL 연결 구조

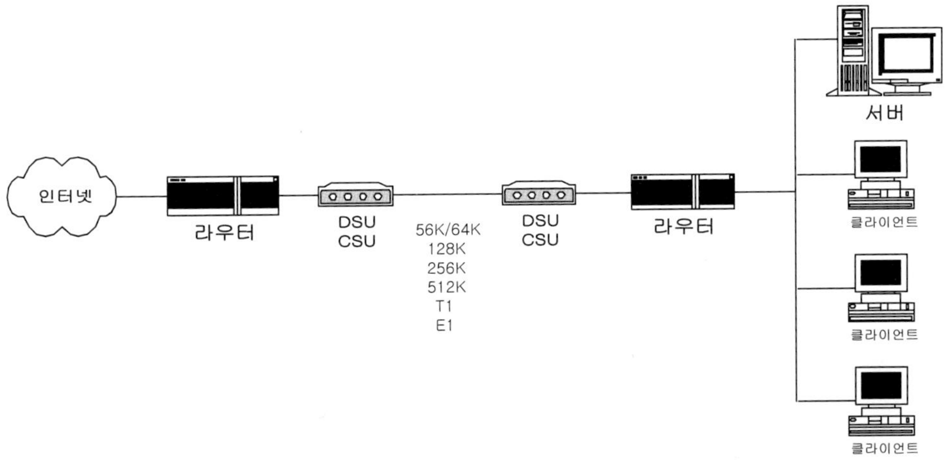

그림3.3 한국통신 B&A 연결 구조

초고속 인터넷 서비스를 제공하는 회사로는 한국통신, 하나로 통신, 두루넷, 드림라인 등이 있다. 인터넷 속도와 이용료, 안정도 등을 비교하여 자신에게 가장 적절한 서비스 회사를 선택하면 된다. 요즘은 설치비와 1개월 사용료를 받지 않는 회사들도 있다.

3.2 모뎀을 이용한 인터넷 접속

모뎀을 이용하여 인터넷에 접속하는 방법은 두 가지가 있다. PC통신회사에서 제공하는 '메뉴를 통한 인터넷 접속'과 '인터넷 PPP접속'을 이용한 접속이 그것이다. 이 서비스를 이용하기 위해서는 먼저 모뎀을 설치하고, 모뎀환경을 설정하고, 네트워크 환경을 설정해 주어야 한다.

3.2.1 인터넷 접속 준비 ■

[1] 모뎀 설치 모뎀은 외장형과 내장형이 있다. 외장형 모뎀은 프린터나 마우스를 연결하듯이 직렬 포트에 연결 케이블을 연결하기만 하면 되지만, 내장형은 다음의 절차에 따라 설치해야 한다.

① 컴퓨터 케이스를 열고 모뎀 형식(PCI, ISA)에 맞는 빈 슬롯에 모뎀을 꽂는다. 단단히 고정시킨 후 모뎀의 위 부분을 나사를 이용하여 고정시킨다.
② 전화기에 연결된 전화선을 빼서 모뎀 뒤편의 LINE라고 적혀있는 잭에 꽂는다.
③ 모뎀과 함께 주는 연결선의 한쪽을 모뎀 뒤편의 PHONE라고 쓰여있는 잭에 연결하고, 다른 한쪽은 전화기에 연결한다.
④ 전화기를 들었을 때 '횡~'하는 신호음이 들리면 모뎀이 정상적으로 설치된 것이다.

[2] 윈도우 98에서 모뎀 추가 모뎀 설정은 윈도우 95와 윈도우 98이 유사하므로 어느 운영체제에서 모뎀을 추가하든 다른 운영체제에 쉽게 응용할 수 있다. 여기서는 윈도우 98에 대해서 설명한다.

① 윈도우 98의 [시작]-[설정]-[제어판]을 차례대로 클릭한다.

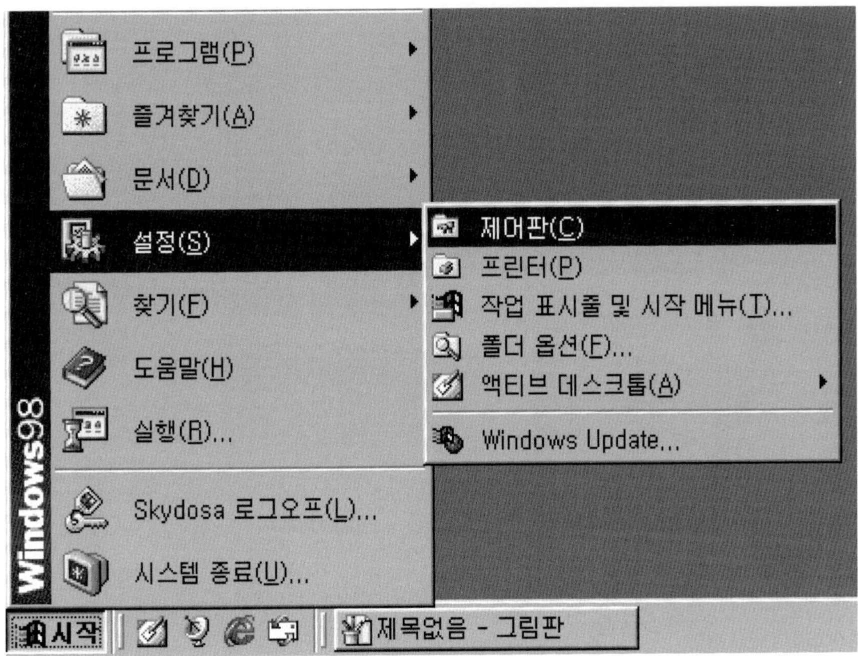

② 제어판 폴더에서 [모뎀]을 더블클릭한다.

③ 모뎀이 이미 설치되어 되어있으면 등록된 모뎀에 대한 '등록정보' 대화 상자가
나타난다.

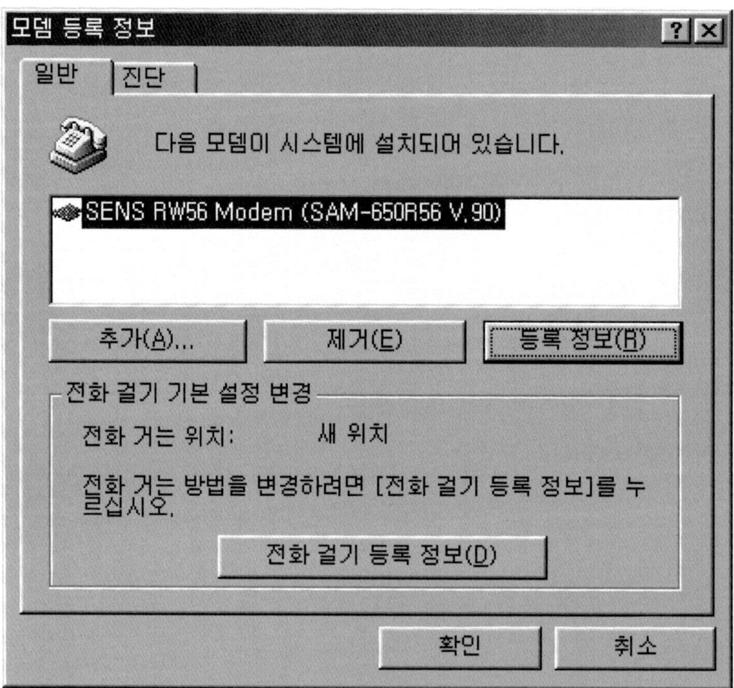

④ 아직 모뎀이 설치되어 있지 않는 경우 다음과 같은 '새 모뎀 설치' 마법사창이
나타난다. [다음] 버튼을 클릭한다.

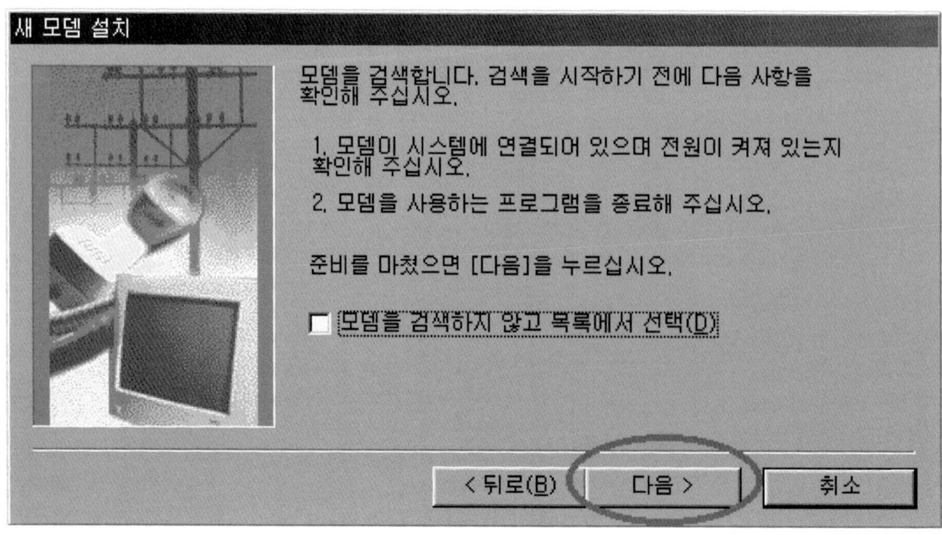

⑤ 모뎀 설치 마법사가 모뎀을 찾는 화면이 나타나고, 모뎀을 찾으면 모뎀을 표시
해준다. 모뎀확인 대화상자에서 설치된 모뎀이 맞으면 [다음]버튼을 클릭하고 틀
리면 [변경]버튼을 클릭하여 모뎀을 변경한 후 [다음]버튼을 클릭한다.

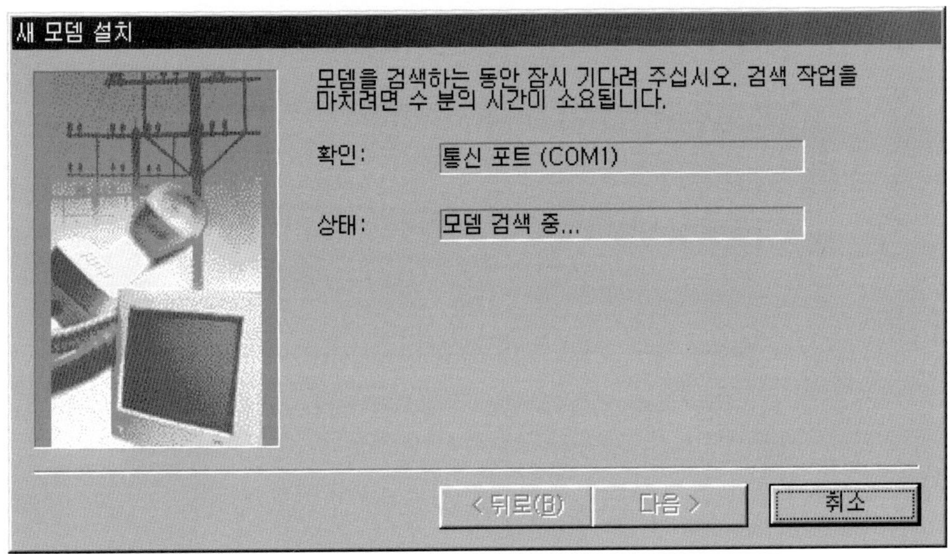

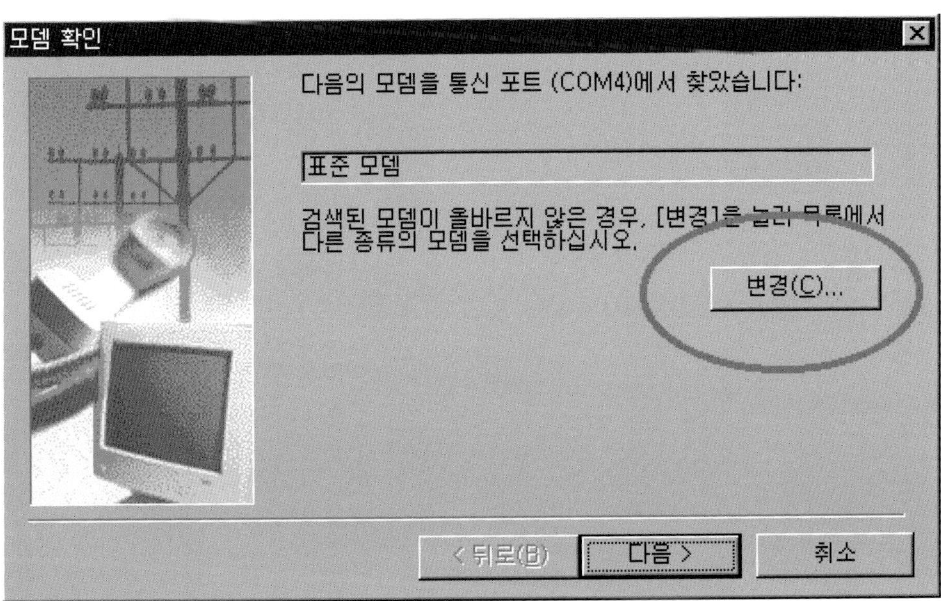

⑥ '파일 복사 중' 대화상자가 나왔다가 '모뎀설치 완료' 대화상자 나타나면 [마침]을 클릭한다.

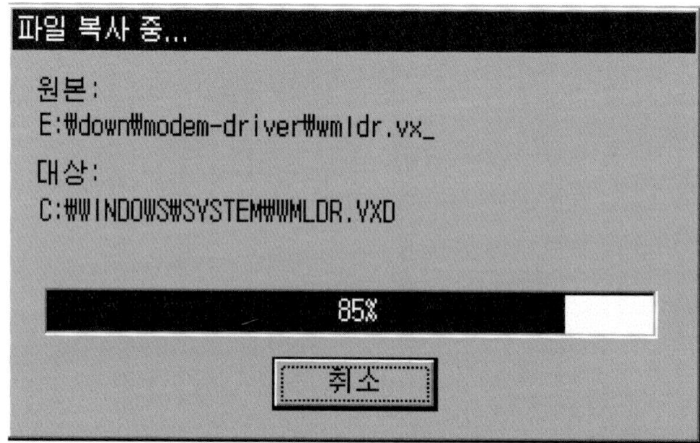

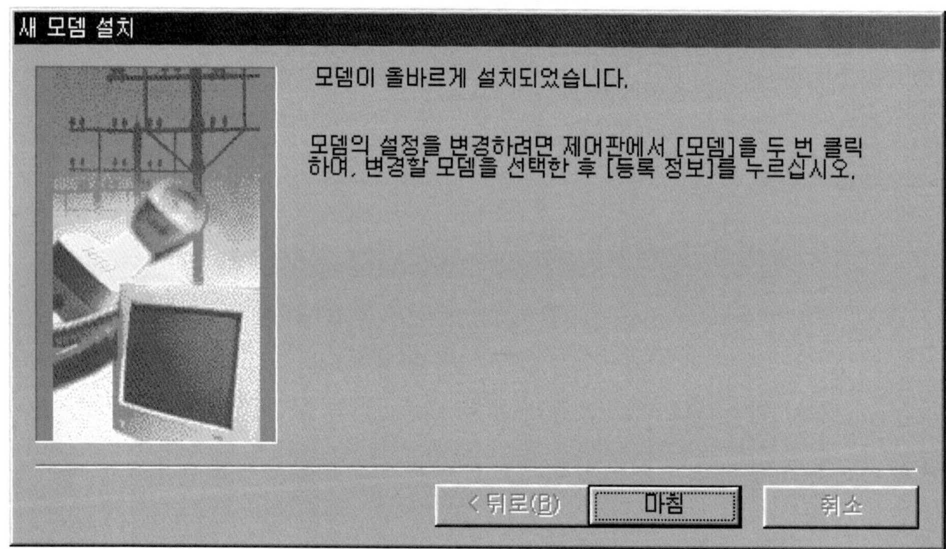

⑦ '모뎀 등록 정보' 대화상자가 나타나면 설치된 모뎀을 확인하고 [등록정보]버튼을 클릭하여 모뎀이 설치된 포트를 선택한 후 [확인]을 클릭하여 모뎀설치를 완료한다. 일반적으로는 기본값을 그냥 사용한다.

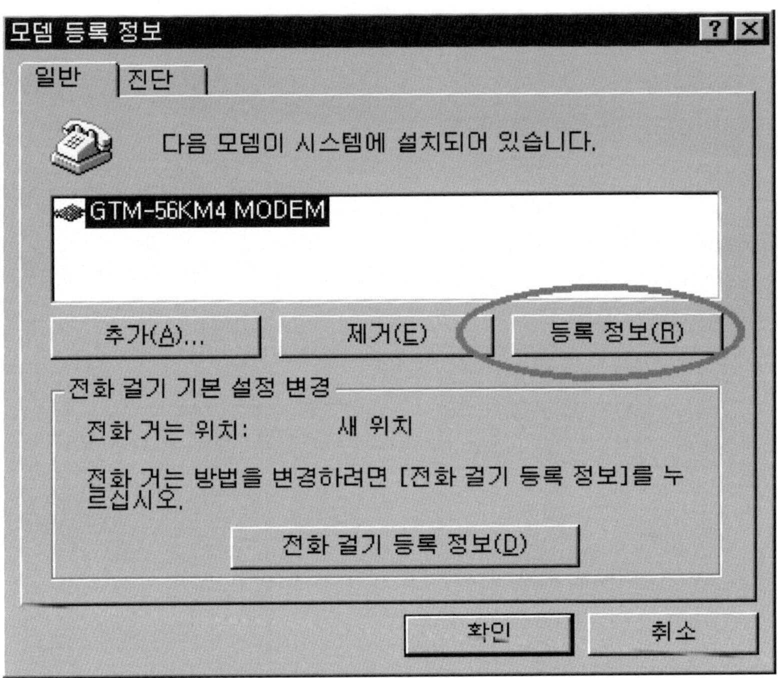

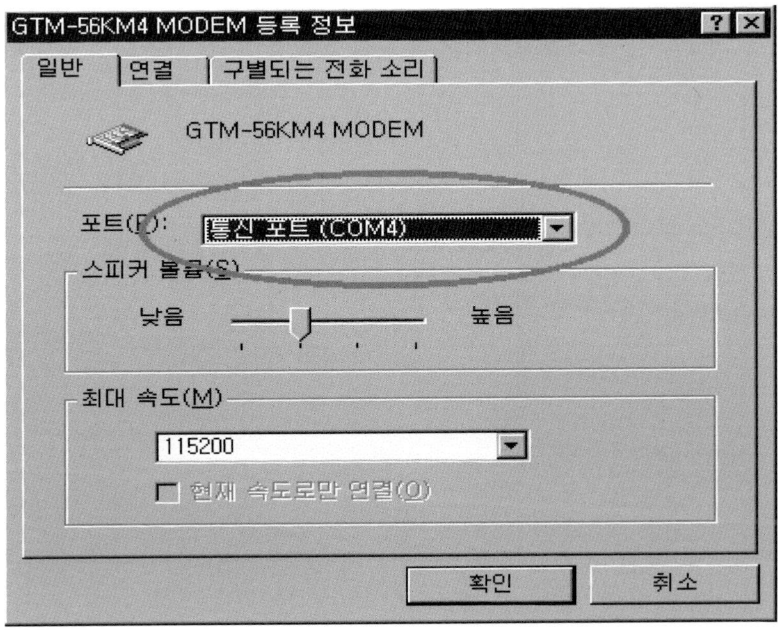

⑧ ⑤에서 모뎀을 찾을 수 없으면 아래와 같은 창이 나타난다. [다음]버튼을 클릭한다.

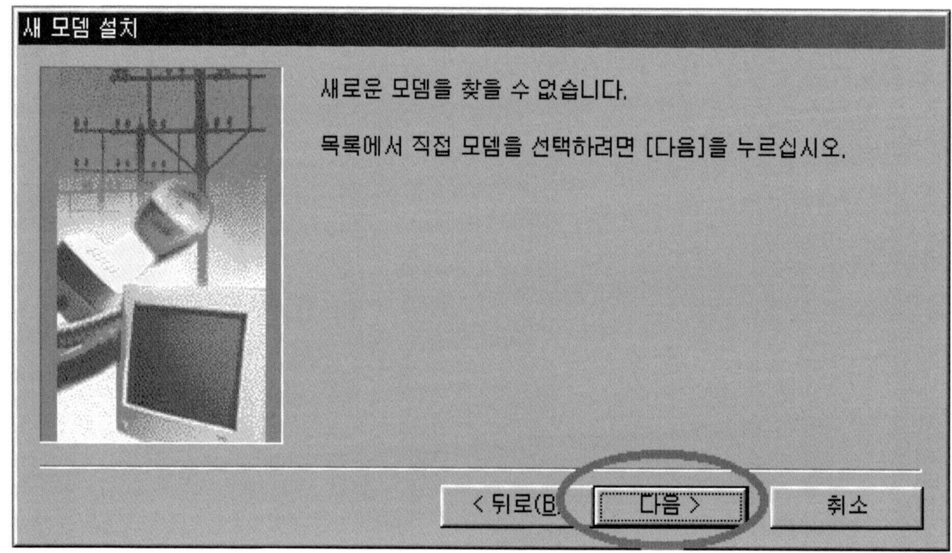

⑨ 모뎀 선택창이 나타나면 제조회사와 모델을 선택한 후 [다음]버튼을 클릭한다. 구입한 모뎀 모델이 새 모뎀 설치 대화상자에 없을 때는 모뎀과 함께 제공된 디스켓을 이용한다. 디스켓을 플로피 드라이버에 넣고 [디스크 있음]버튼을 클릭한 후 구입한 모뎀에 맞는 드라이버(구동창치)를 찾아 설치하면 된다.

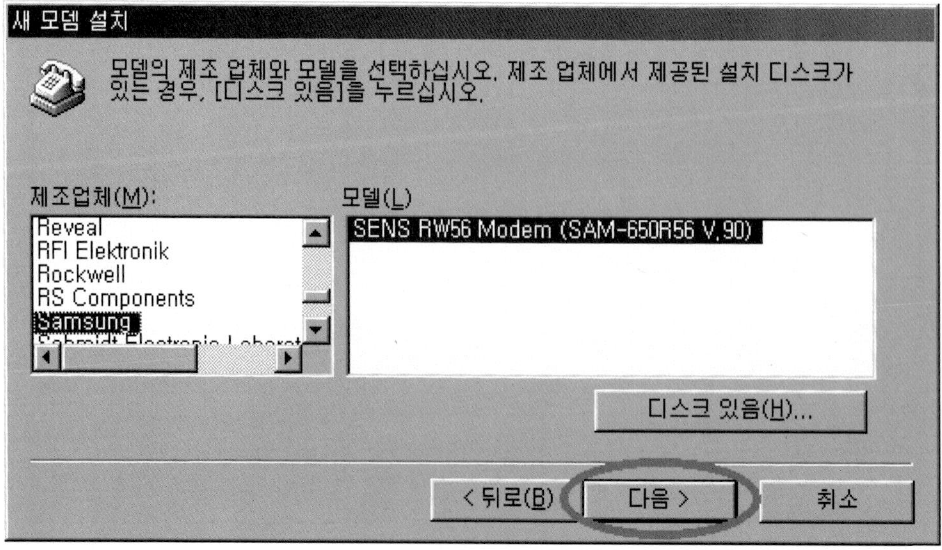

⑩ 포트선택 대화상자에서 모뎀이 장착된 포트를 선택한 후 [다음]버튼을 클릭한다.

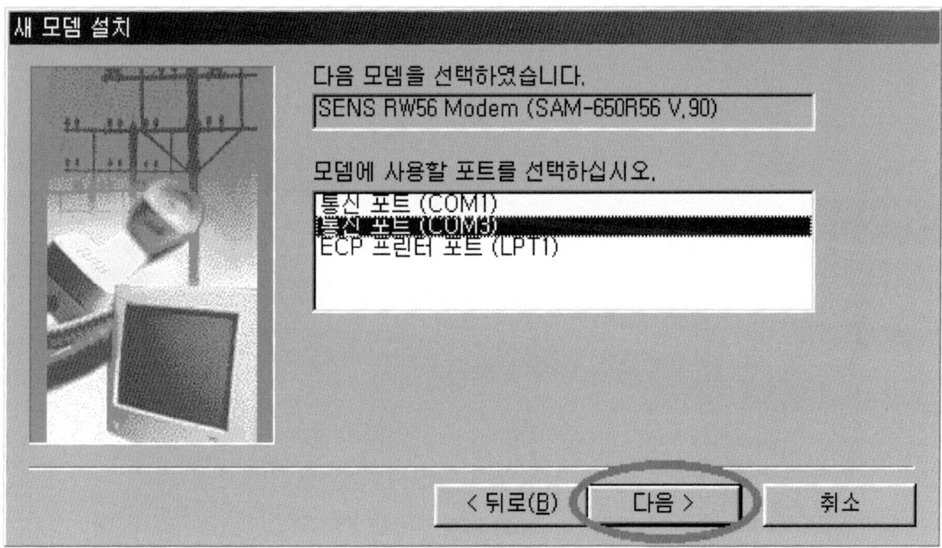

⑪ 수초정도의 시간의 흐른 후 모뎀설치완료 대화상자 나타나면 [마침]버튼을 클릭하여 모뎀설치를 완료한다.

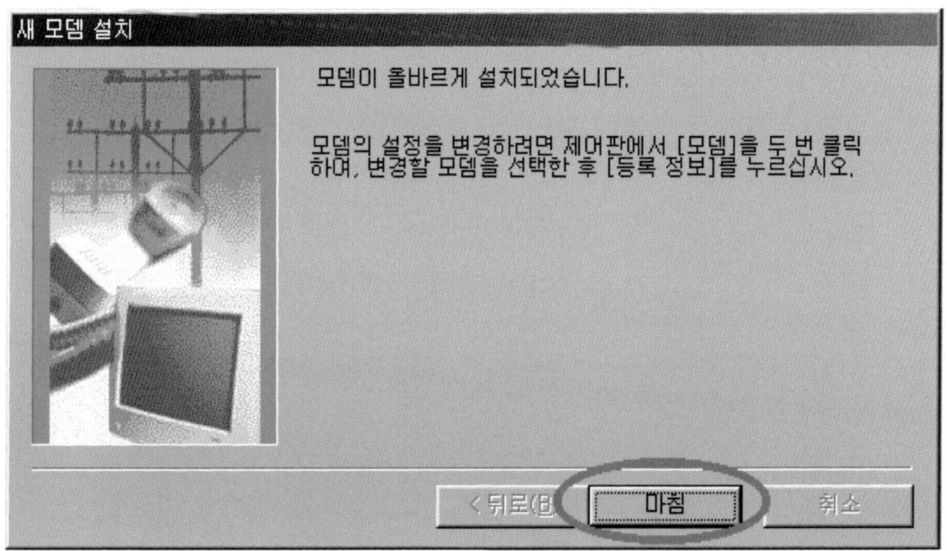

⑫ 모뎀설치가 완료되면 '모뎀 등록정보' 대화상자가 나타난다. 이 대화상자에서
모뎀의 각종 설정을 변경할 수 있다. [등록정보]버튼을 클릭한다.

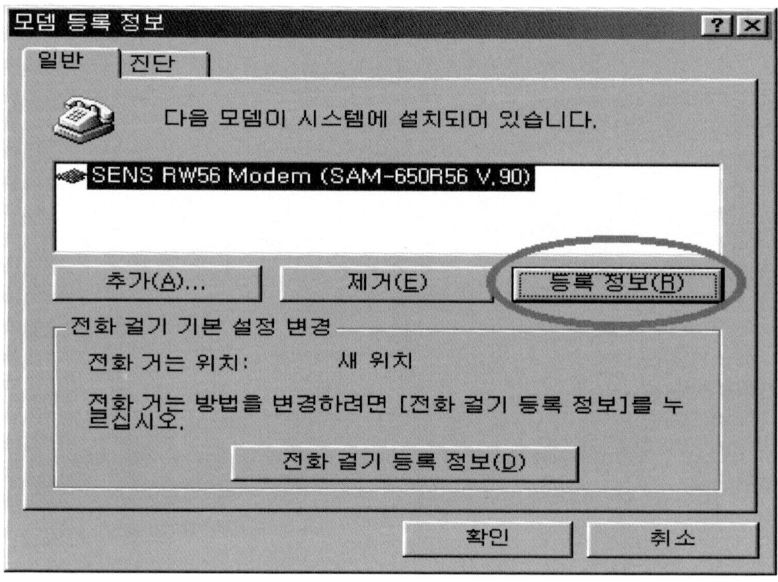

⑬ 설치된 모뎀의 등록정보가 나타난다. 이 대화상자의 [연결]시트에서 모뎀 포트와
속도, 스피커 볼륨크기를 변경할 수 있으나, 보통은 지정된 값을 사용한다. 설정이
완료 되면 [확인]버튼을 클릭한다.

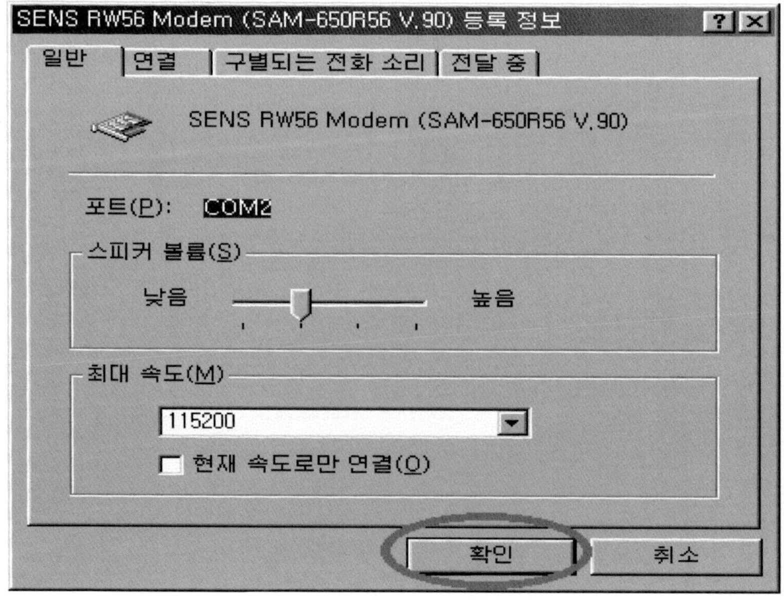

⑭ 등록정보 대화상자로 돌아와 [진단]버튼 클릭, 모뎀이 설치되어있는 포트 (COM2)를 클릭한 후[추가정보]버튼을 클릭한다.

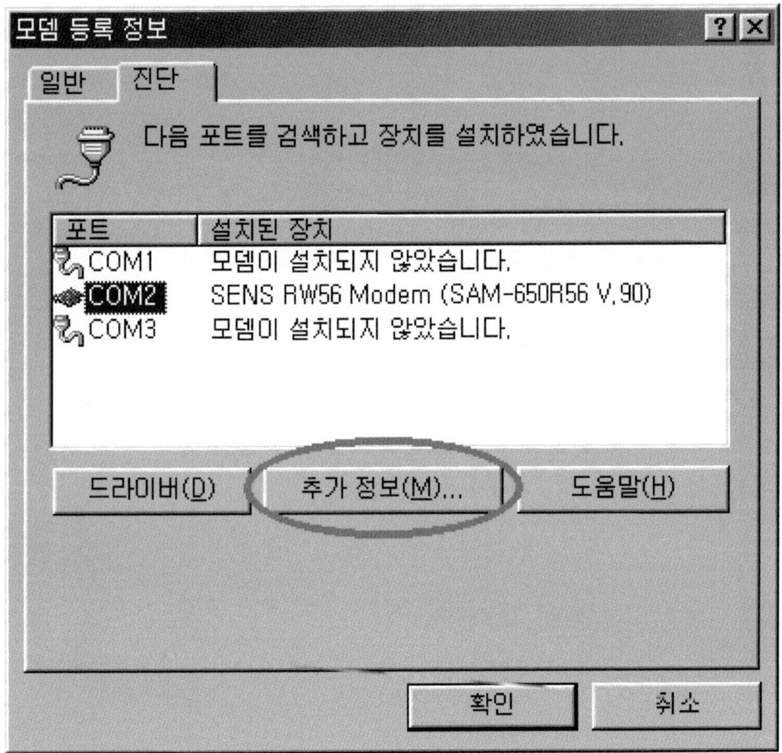

⑮ 잠시 모뎀 검사중임을 알리는 대화상자가 나타난 후 모뎀의 최고속도, 모뎀 명령어 등의 정보를 확인 시켜주는 대화상자가 나타난다. [확인]버튼을 클릭하여 모뎀설정을 완료한다.

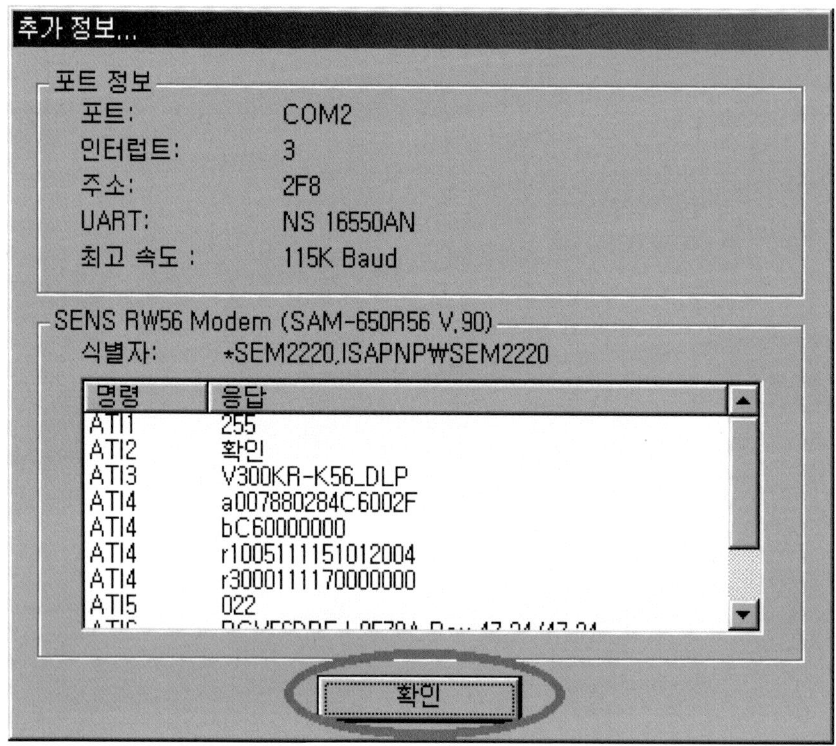

[추가정보]버튼 클릭후에 위와 같은 대화상자가 나타나지 않고 에러가 발생하면 모뎀을 뺐다 다지 장착한 후 처음부터 다시 시작한다. 그래도 에러가 발생하면 모뎀이 나쁠 가능성이 많으므로 구입처에 문의하기 바란다.

[3] 네트워크 환경설정   모뎀을 이용하여 인터넷에 접속하기 위해서는 윈도우에 전화접속 어댑터와 TCP/IP 프로토콜이 설치되어 있어야 한다. 또한 기본 설정값들을 자신이 이용하는 환경에 맞도록 변경하여야 한다.

① [시작]-[설정]-[제어판]을 차례대로 클릭한다.
② 제어판 폴더 창에서 [네트워크] 아이콘을 더블클릭한다.

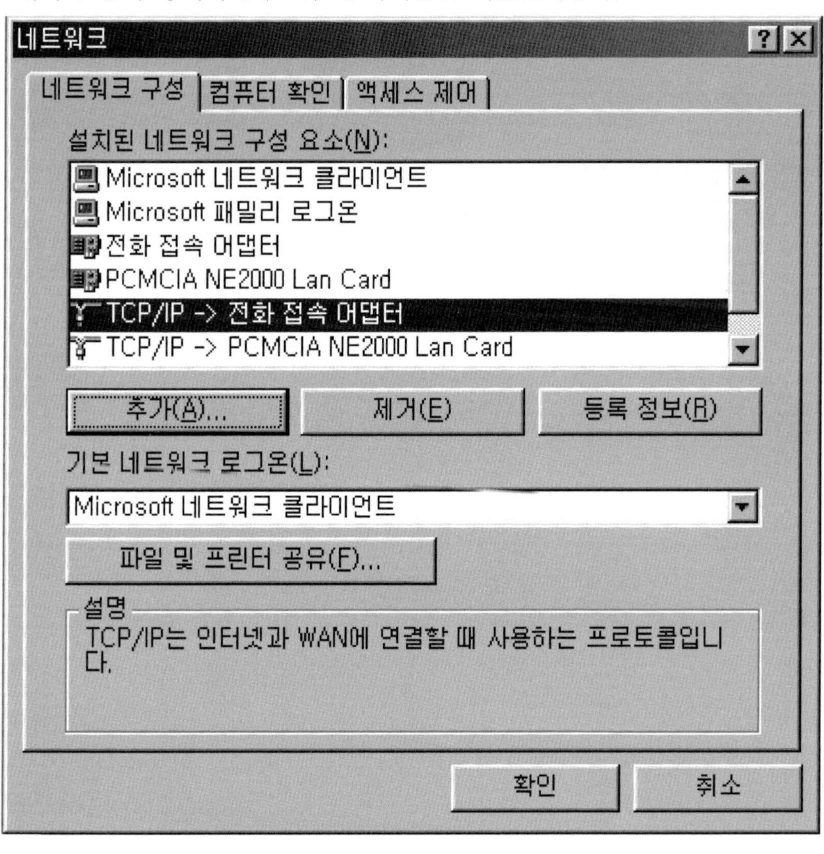

③ [네트워크 구성]시트에 전화접속 어댑터와 TCP/IP 전화접속 어댑터가 이미 설
치되어 있다면 다음의 단원의 '전화접속 네트워킹'을 설치하면 된다.

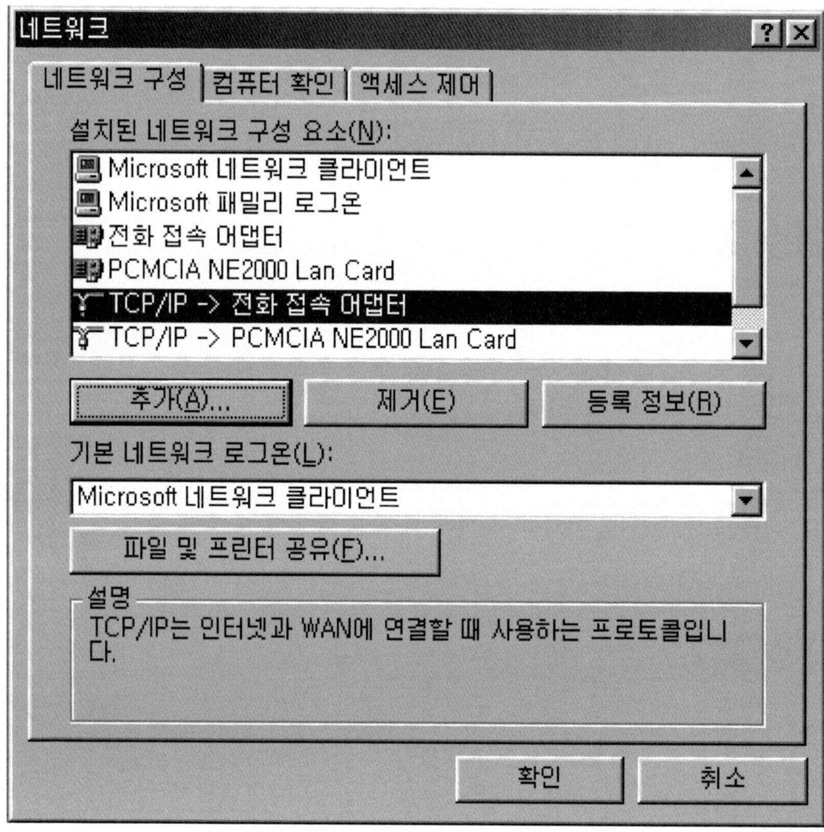

④ 아래 그림처럼 '전화접속 어댑터'와 'TCP/IP 전화접속 어댑터'가 설치되어 있지
않다면 [추가]버튼을 클릭한다.

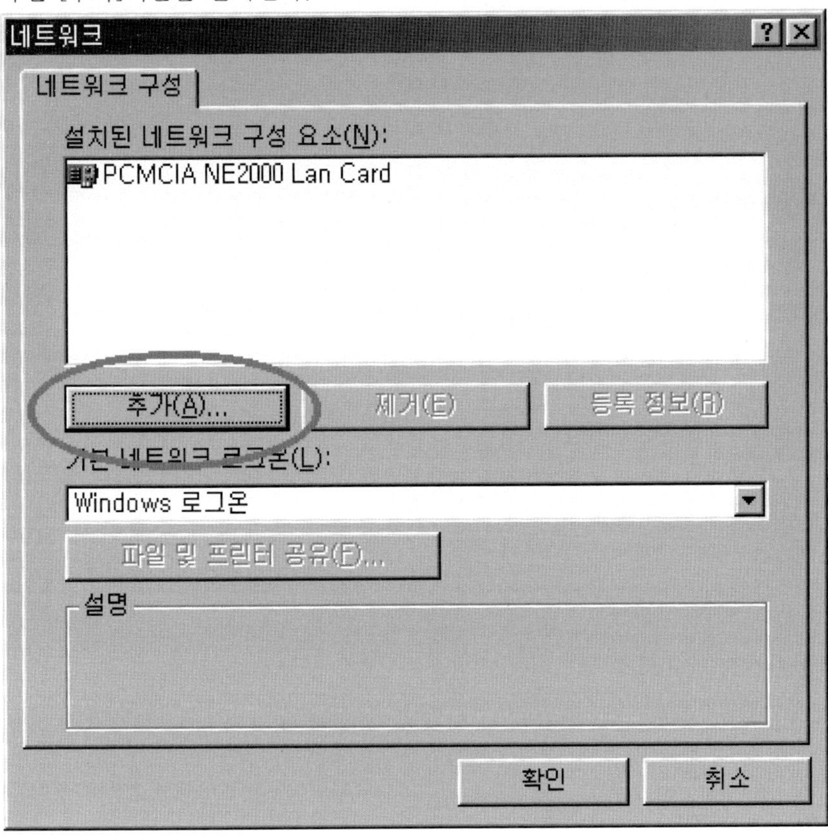

⑤ [제조업체]는 'Microsoft', [네트워크 크라이언트]는 'Microsoft 네트워크 클라
이언트'를 선택한 후 [확인]버튼을 클릭한다.

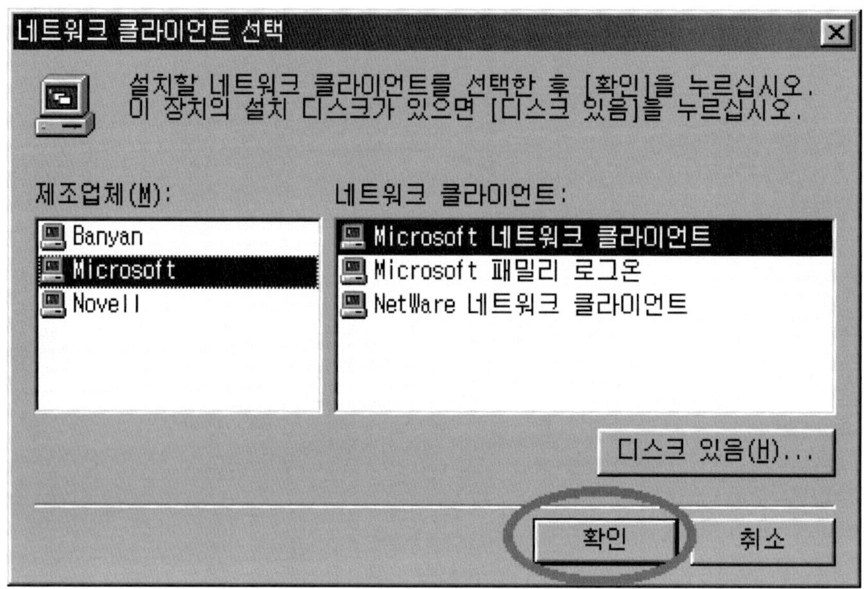

⑥ Microsoft 네트워크 클라이언트와 TCP/IP가 설치된 것을 알 수 있다.

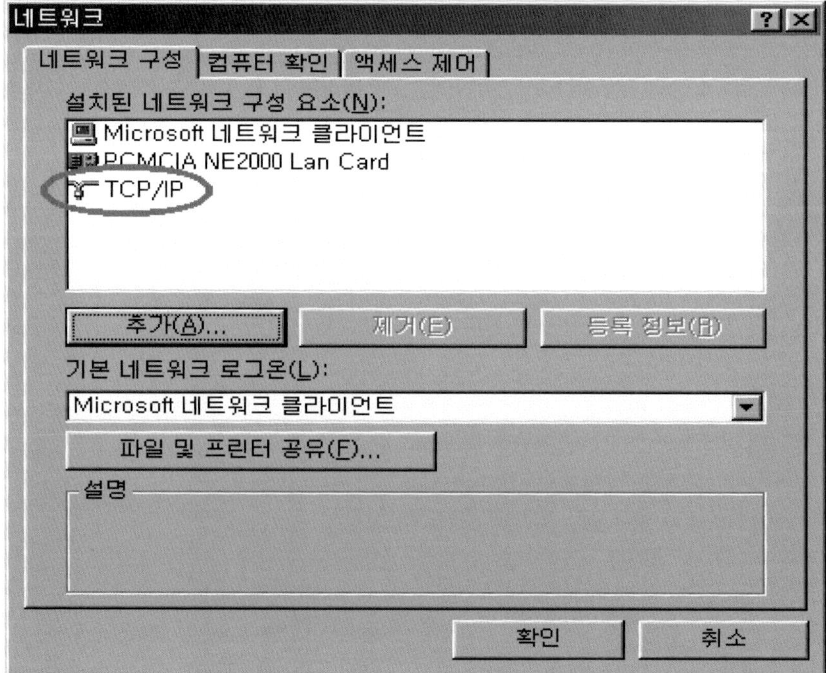

⑦ TCP/IP 클라이언트가 설치되면 '전화접속 어댑터'를 설치한다. 먼저 위의 그림에서 [추가]버튼을 클릭한 후, 네트워크 구성요소 종류 선택 대화상자에서 [어댑터]와 [추가]버튼을 차례로 클릭한다.

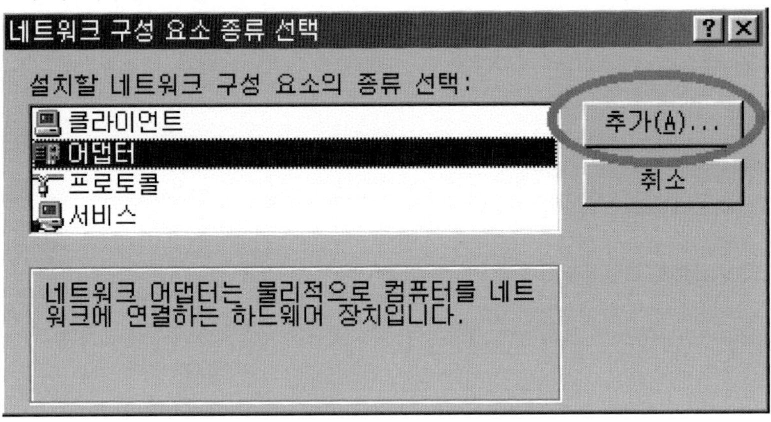

⑧ 제조업체는 'Microsoft', 네트워크 어댑터는 '전화접속 어댑터'를 선택한 후 [확인]버튼을 클릭한다.

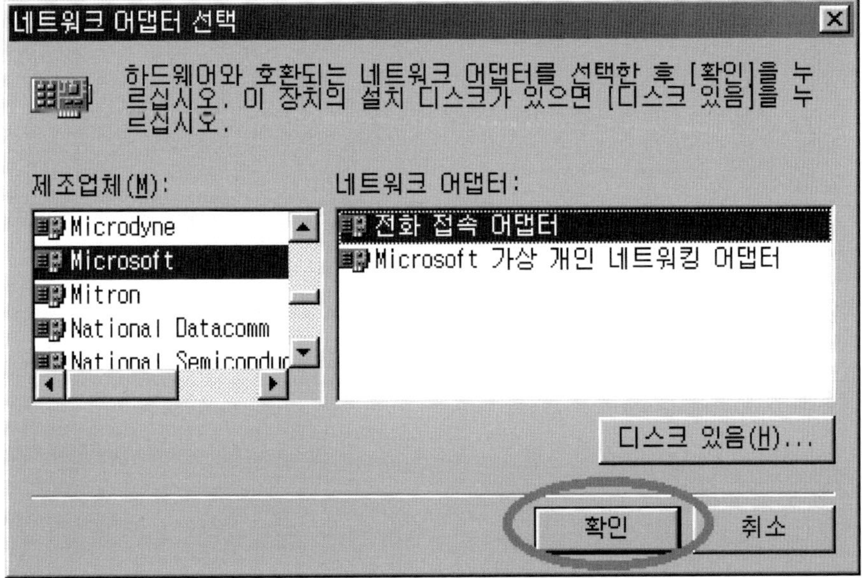

⑨ '전화접속 어댑터'와 'TCP/IP 전화접속 어댑터'가 설치되었나를 확인한 후 [확인]버튼을 클릭하면 네트워크 환경 설정이 완료된다. LAN 카드가 설치되지 않은 컴퓨터는 'TCP/IP'라고만 나타난다. 화면의 모양은 컴퓨터에 따라 다르지만 'TCP/IP'항목만 있으면 된다.

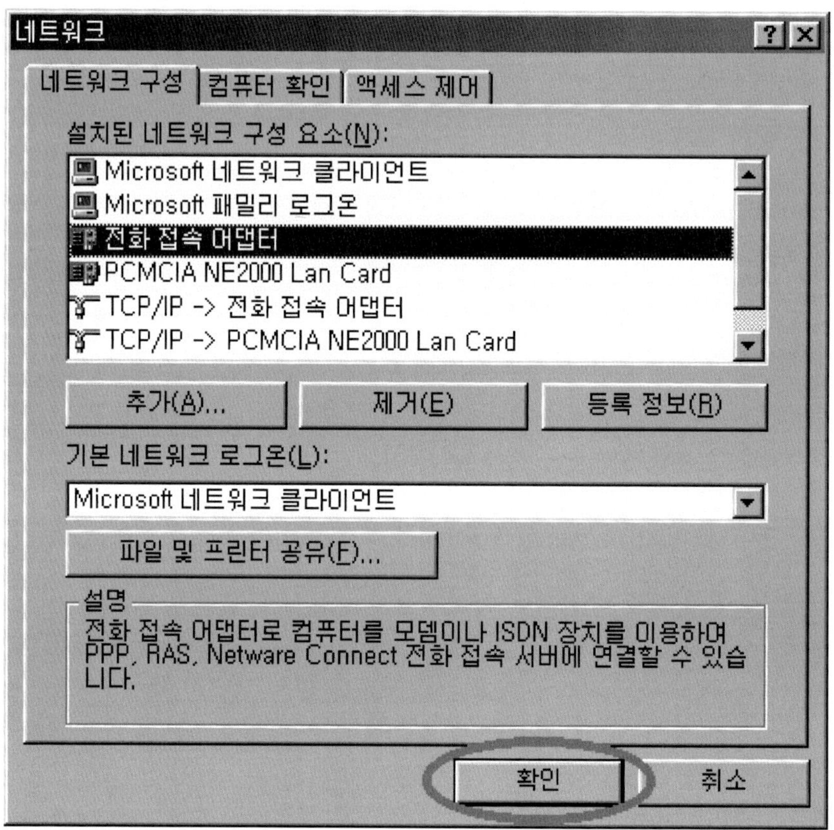

[4] 전화접속 네트워킹 설치 '전화접속 네트워킹'은 전화접속 어댑터와 TCP/IP 클라이언트를 이용하여 인터넷 접속을 가능하게 해주는 프로그램이다. 즉 실제로 인터넷 접속은 '전화접속 네트워킹 프로그램'을 실행시킨 후 인터넷 접속 서비스업체로 연결하기 때문에 사용자 입장에서는 '전화접속 프로그램'만을 다루는 것이다. 따라서 모뎀을 이용하여 인터넷을 접속하려면 전화접속 네트워킹 프로그램이 설치되어 있어야 한다. 윈도우 98에서는 '전화접속 네트워킹'이 기본적으로 설치된다. 만약 설치되어 있지 않다면 다음 절차에 따라 설치한다.

① 전화접속 네트워킹 프로그램이 설치되었는지를 확인 하려면, [시작]-[프로그램]-[보조프로그램]-[통신] 항목을 차례로 클릭하여 확인할 수 있다.

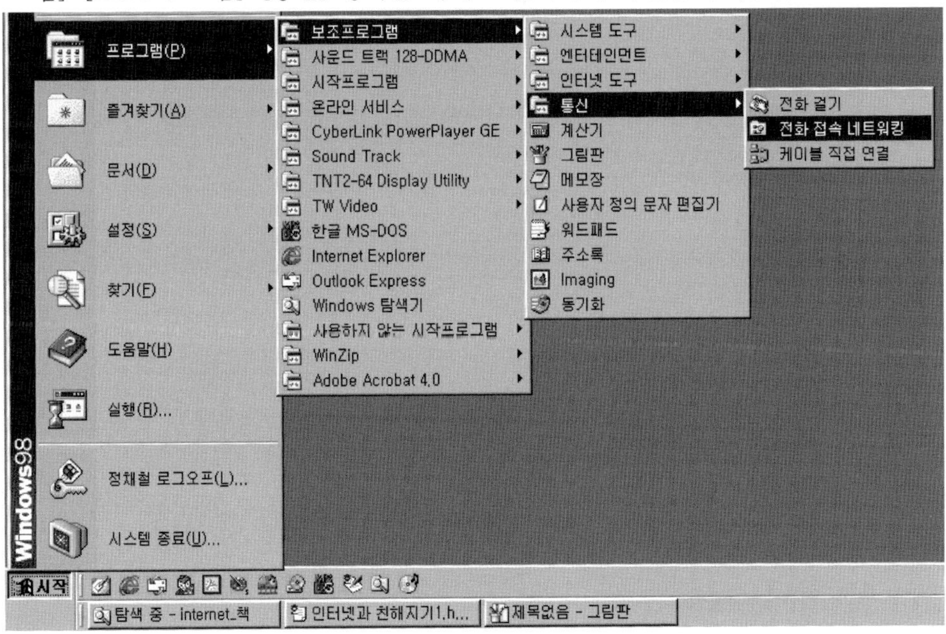

② 설치되어 있지 않다면 [시작]-[설정]-[제어판]을 차례로 클릭한다.

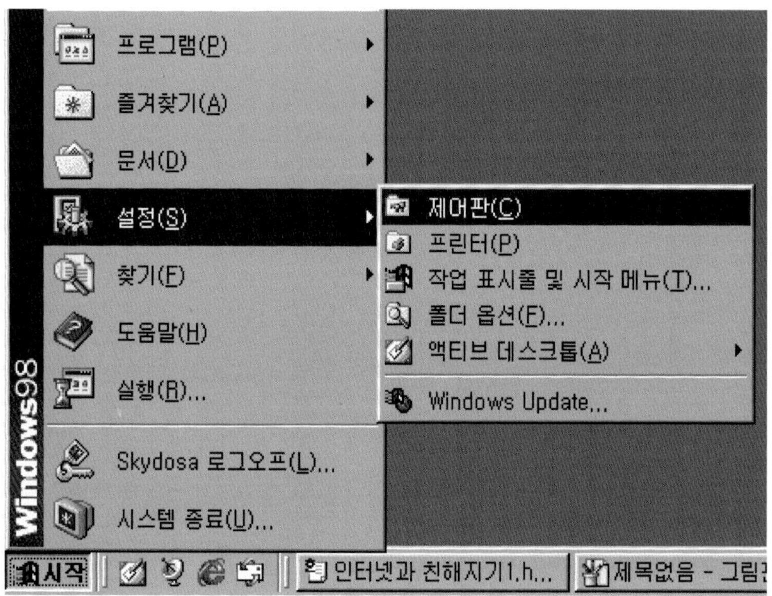

③ 제어판 폴더에서 [프로그램 추가/제거] 아이콘 프로그램 추가/제거 을 더블클릭한다.

④ 아래와 같은 대화 상자에서 [Windows 설치]시트를 클릭한다.

⑤ '구성요소'에 있는 [통신]항복을 더블클릭한다. [통신]항목이 보이지 않을 경우 창 오른쪽에 있는 스크롤 막대를 아래로 이동시키면 된다.

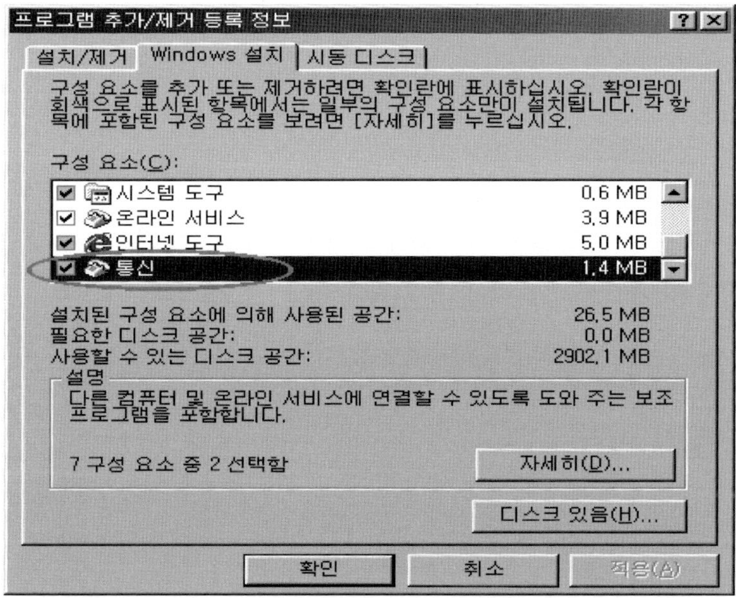

⑥ 전화접속 네트워킹 프로그램이 설치되어 있지 않을 경우 전화접속 네트워킹 항목의 왼쪽에 있는□을 클릭하여☑로 되도록 한 후 [확인]버튼을 클릭한다.

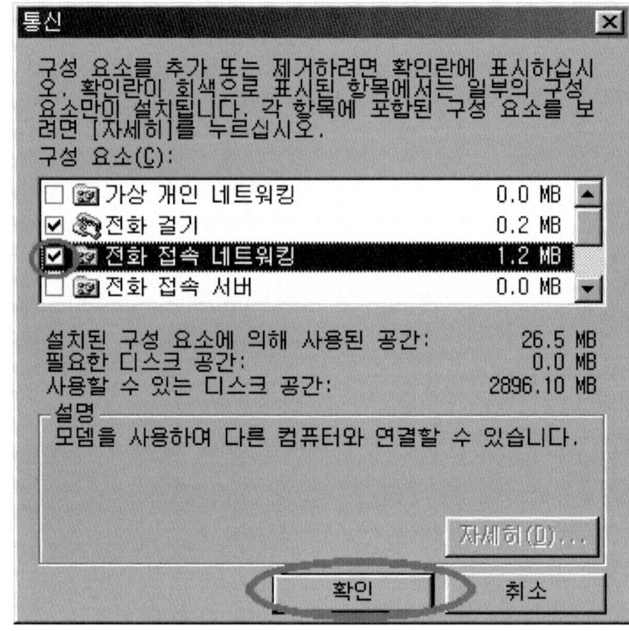

⑦ 'Windows 설치' 화면으로 돌아오면 [확인]버튼을 클릭하여 '전화접속 네트워킹 프로그램' 설치를 완료한다.

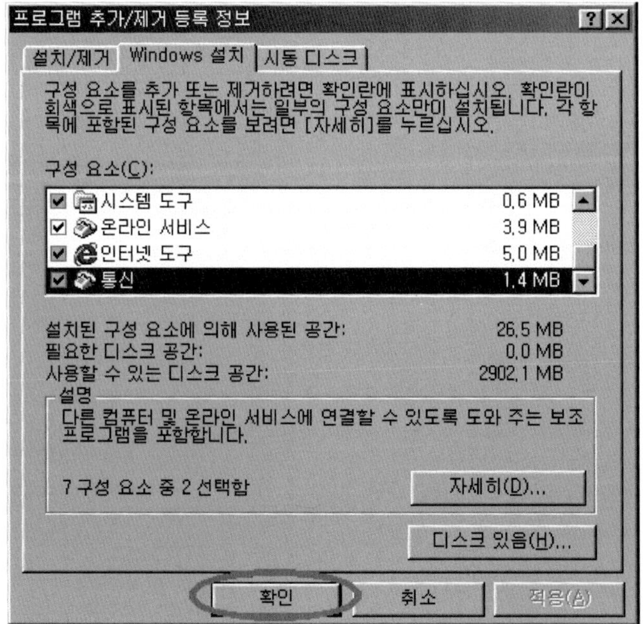

3.2.2 PC 통신회사의 메뉴접속을 통한 인터넷 접속 ■ 천리안 접속을 예제로 진행한다. PC 통신회사마다 조금씩 다르기는 해도 대부분이 비슷하기 때문에 다른 통신회사에 가입한다고 해도 별 어려움은 없을 것이다. 천리안을 이용하려면 먼저 천리안에 가입해 ID와 패스워드를 부여받아야한다.

① 천리안 인터넷 서비스를 이용하기 위해서는 천리안에 적합한 전화접속 네트워킹을 만들어야 한다. [시작]-[프로그램]-[보조프로그램]-[통신]-[전화접속 네트워킹]항목을 차례로 클릭한다.

② '전화접속 네트워킹 폴더'가 나타나면 '새로연결'아이콘을 더블클릭한다.

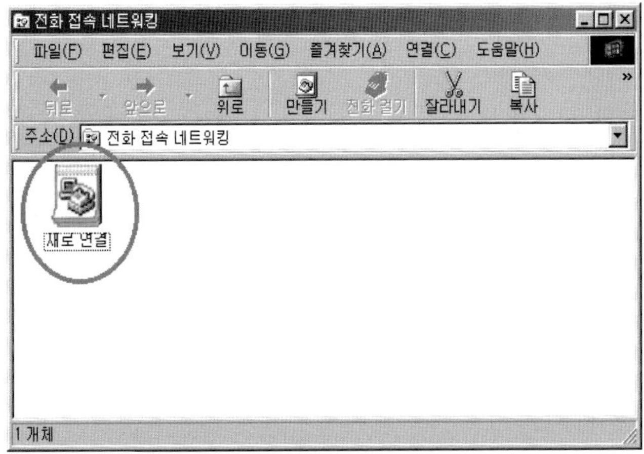

③ '새로연결' 대화상자에서 연결할 컴퓨터 이름을 입력한 후 [다음]버튼을 클릭한
다. 연결할 컴퓨터의 이름은 어느 것이든 상관은 없다. 자신이 인지할 수 있으면
된다.

④ 천리안의 고속접속 전화번호 '01421'을 입력한 후 [다음]버튼을 클릭한다.

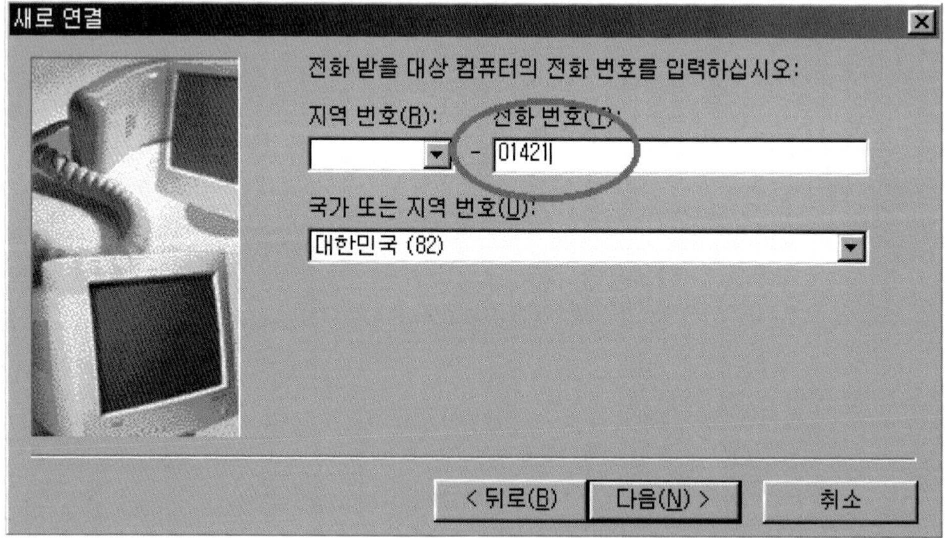

⑤ 새 전화접속 네트워킹 연결이 작성되었다는 메시지가 나오면 [마침]을 클릭한다.

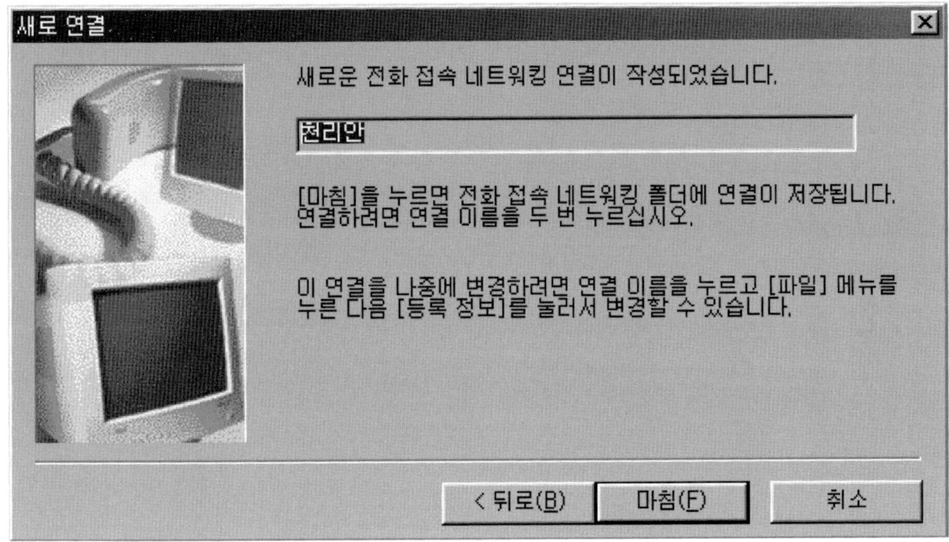

⑥ '전화접속 네트워킹 폴더를 보면 '천리안' 아이콘이 생긴 것을 볼 수 있다. 이 아
이콘에 마우스를 갖다대고 오른쪽 버튼을 클릭한 후 '등록정보'를 클릭한다.

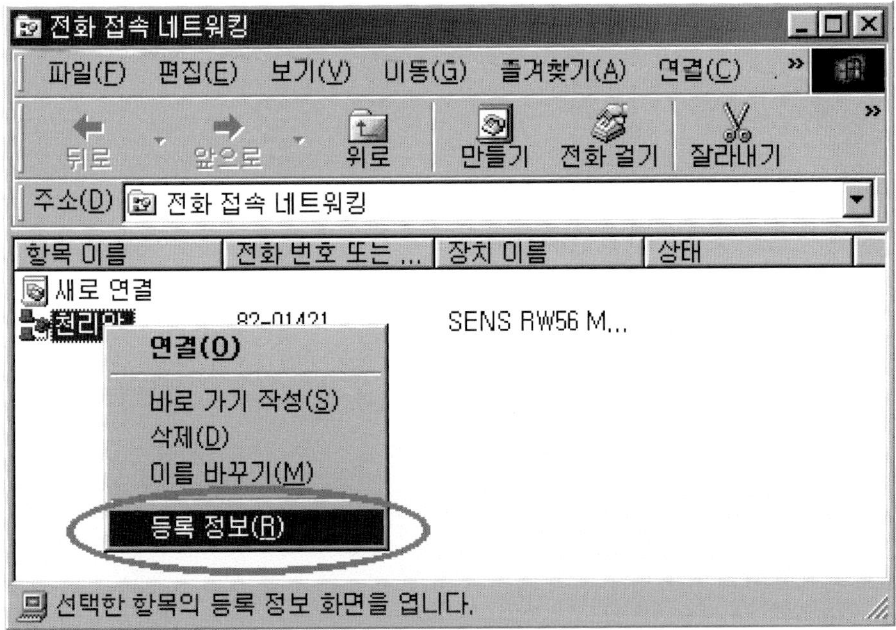

⑦ '천리안' 대화상자의 '일반'시트에서 '지역번호와 전화걸기 등록정보 사용' 항목
을 클릭하여 ☐ 상태로 만든 다음, '전화설정' 항목의 [구성] 버튼을 클릭한다.

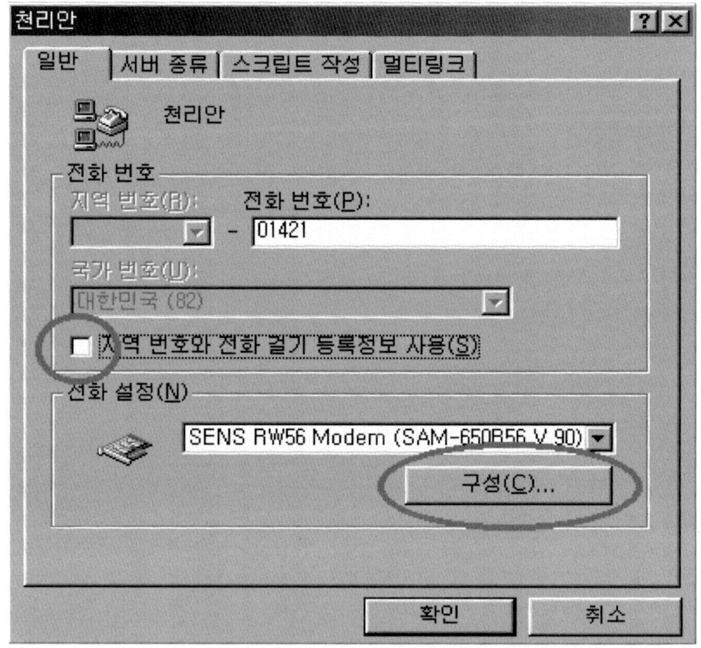

⑧ '모뎀 등록정보' 대화상자가 나타나면 '옵션' 시트를 선택하고, '연결 후 터미널
창 표시' 항목을 클릭하여 ☑ 상태로 만든 후 [확인]버튼을 클릭한다.

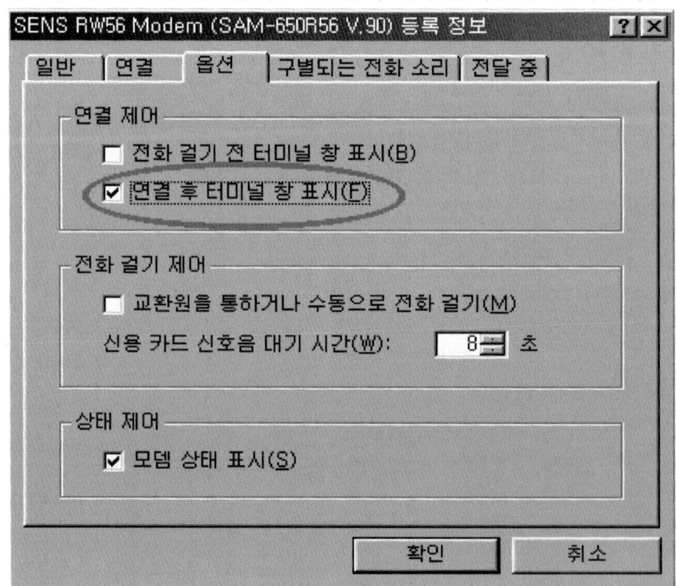

⑨ '천리안' 대화상자로 돌아오면 '서버종류' 시트를 클릭한다. 전화접속 서버 종류
는 'PPP Windows 98, Windows NT 4.0 인터넷', 고급 옵션은 '소프트웨어 압축
사용', 지원되는 네트워크 프로토콜은 'TCP/IP'를 선택한 후 [TCP/IP 설정]버튼을
클릭한다.

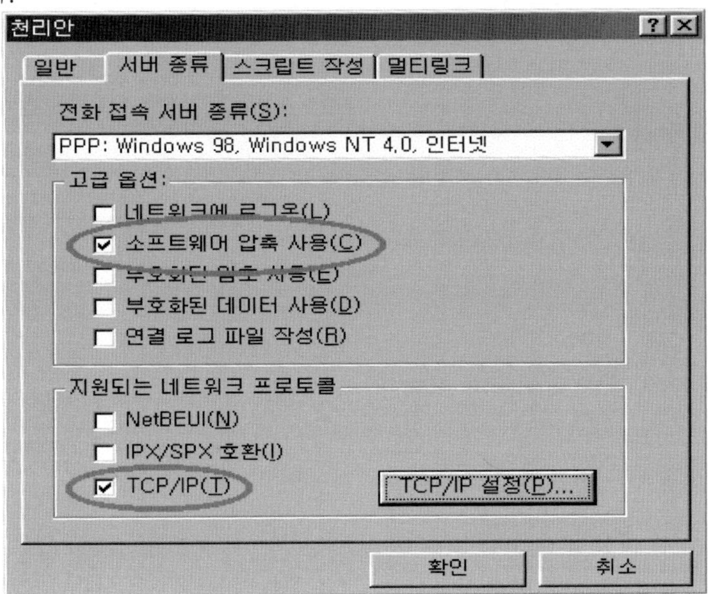

⑩ 기본적으로 지정된 값을 그대로 사용한다. [확인]버튼을 클릭한다.

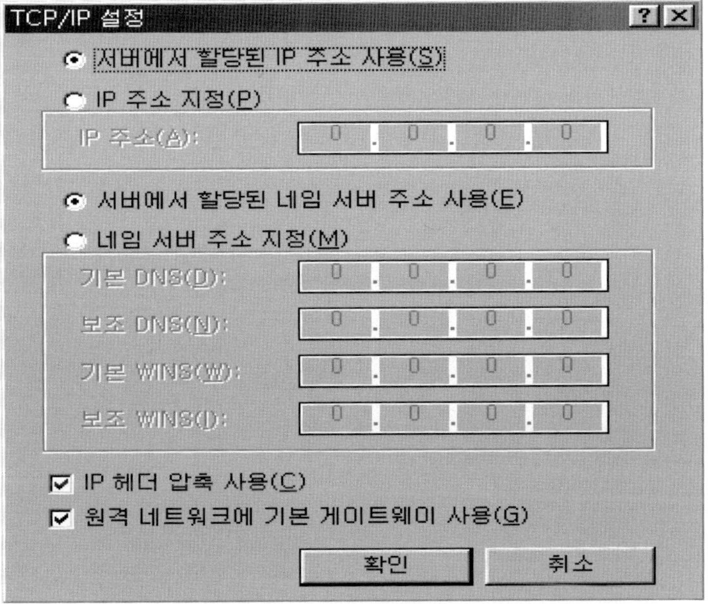

⑪ '천리안' 대화상자로 돌아오면 [확인] 버튼을 클릭하여 '천리안' 전화접속 네트
워킹의 설정을 완료한다.

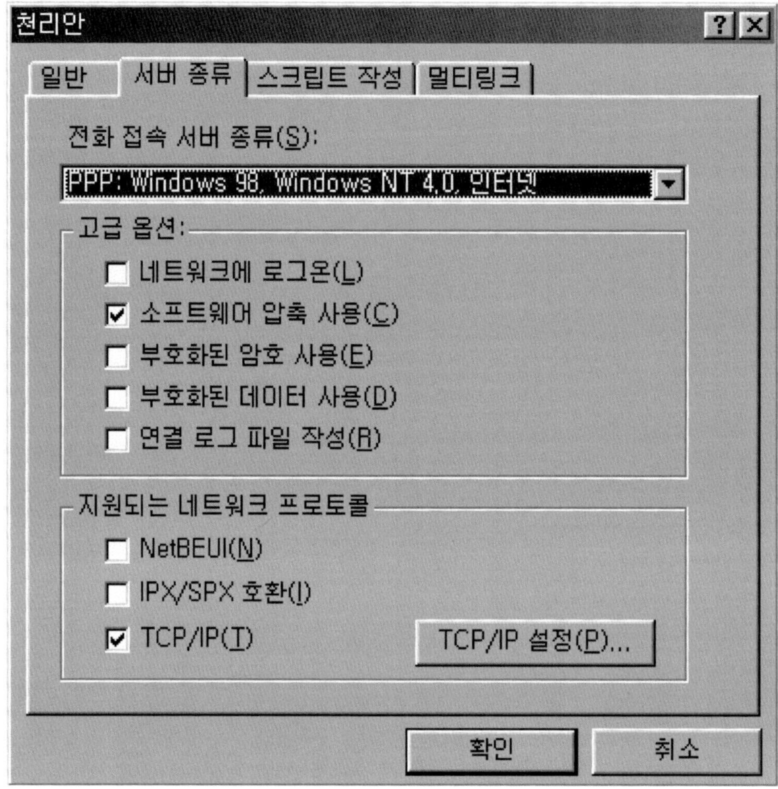

⑫ 전화접속 네트워킹 설정이 완료되면 DNS서버를 설정한다. 바탕화면에서 마우스를
'네트워크 환경' 아이콘에 두고 오른쪽 버튼을 클릭한 후 '등록정보'를 클릭한다.

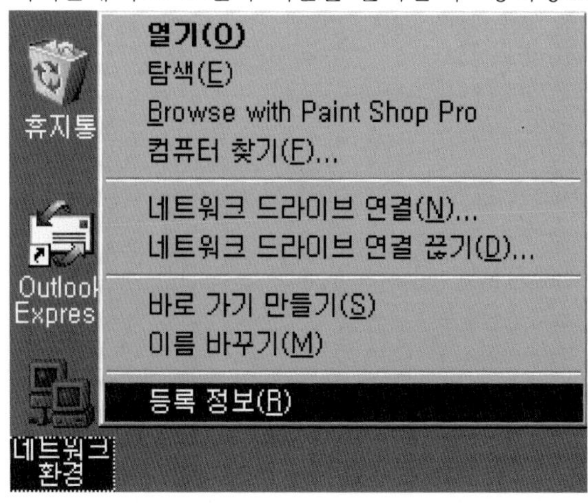

⑬ '네트워크' 대화상자가 나타나면 'TCP/IP -〉 전화접속 어댑터'를 클릭한 후
[등록 정보] 버튼을 클릭한다.

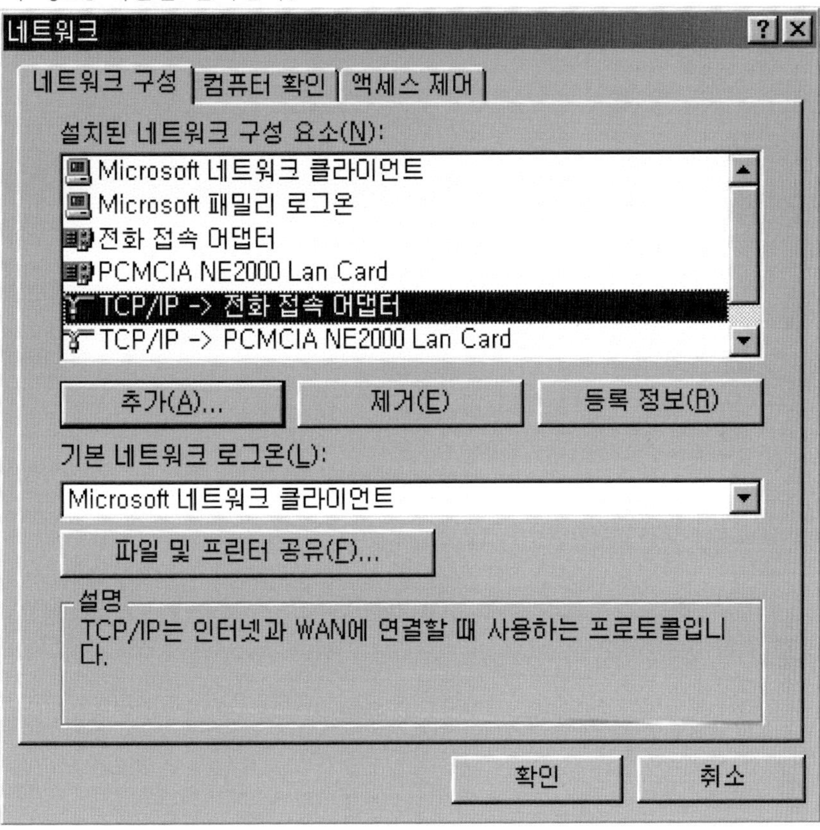

⑭ 'TCP/IP 등록정보' 대화상자가 나타나면 'DNS 구성' 시트를 클릭한 후 호스트에는 자신의 ID, 도메인에는 'chollian.net', 찾을 DNS 서버 주소는 '164.124.101.2'와 '164.124.102.3'을 추가하고, 찾을 도메인 주소에는 'Cholian.net'을 추가한 후 [확인]버튼을 클릭한다.

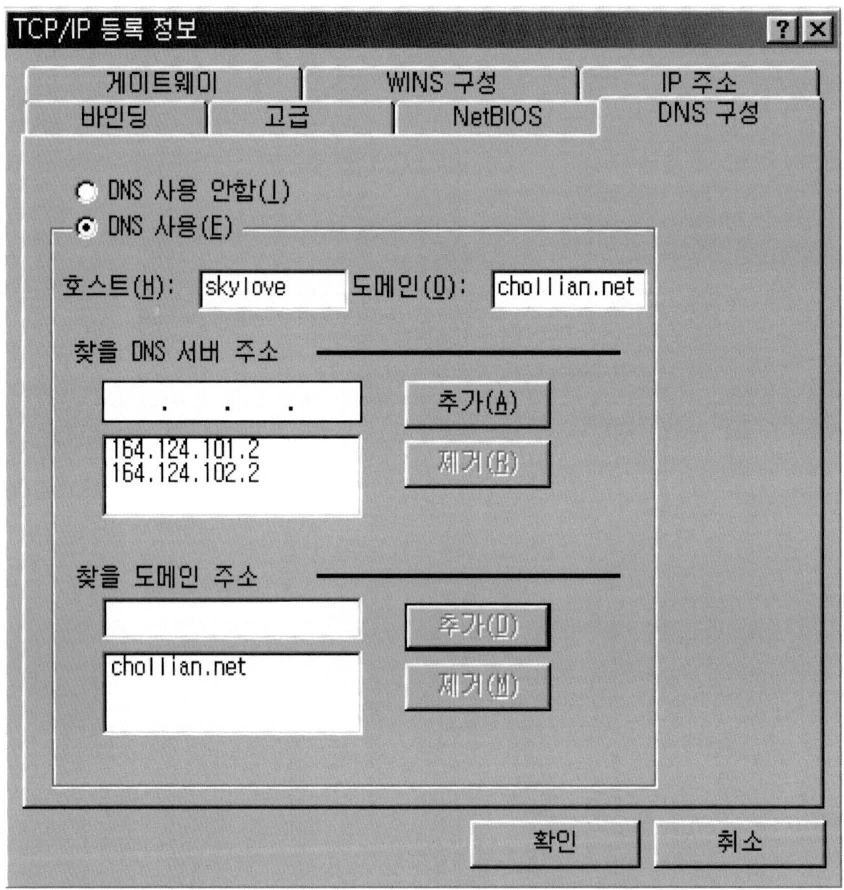

⑮ 시스템 설정의 변경하기 위해서는 컴퓨터를 재시작 해야하므로 [예]버튼을 클릭한다.

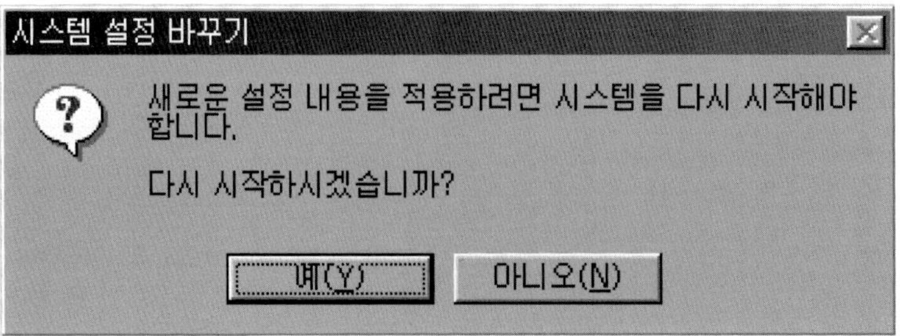

⑯ 컴퓨터를 재시작 한 후 바탕화면에 있는 '내 컴퓨터' 아이콘 을 더블클릭한 후 전화접속 아이콘을 더블클릭한다.

⑰ '천리안' 아이콘을 더블클릭한다.

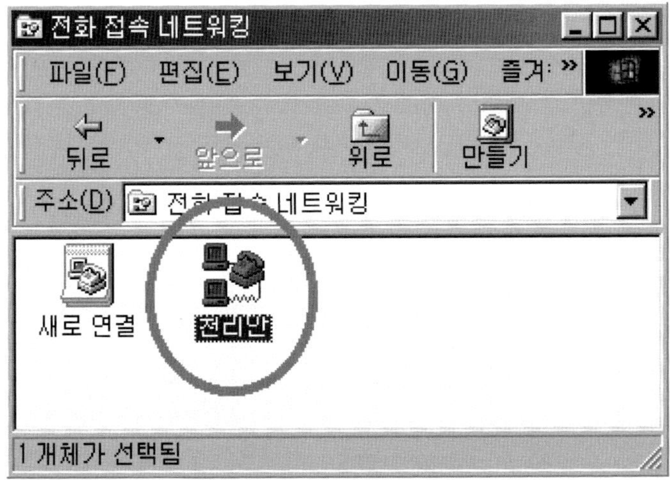

[18] '연결할 대상' 대화상자에서 천리안 ID와 암호를 입력한 후 [연결]버튼을 클릭한다.

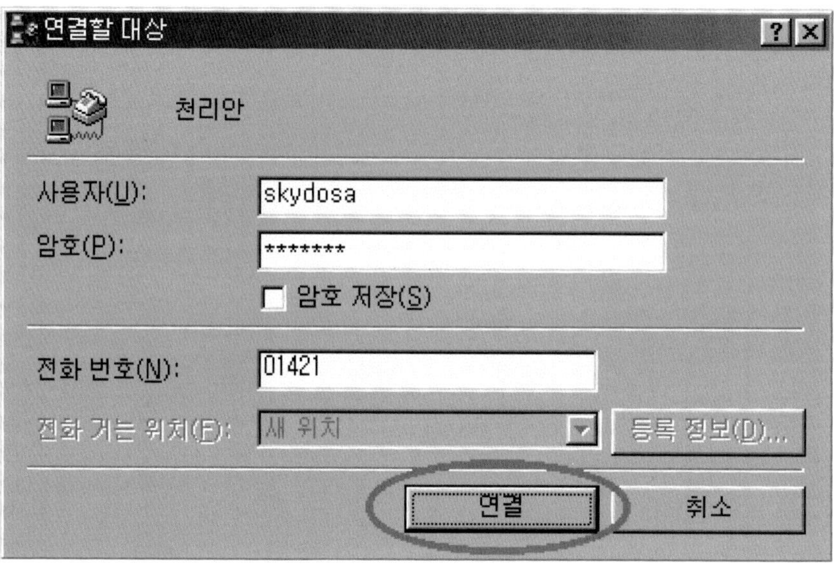

[19] 천리안에 전화를 거는 중 메시지가 나타났다가 사라지면서 터미널 화면이 나타나면 '1'을 입력하고 'Enter'를 친다.

[20] ID와 비밀번호를 물어오면 천리안에 등록시 부여받은 ID와 비밀번호를 입력한다.

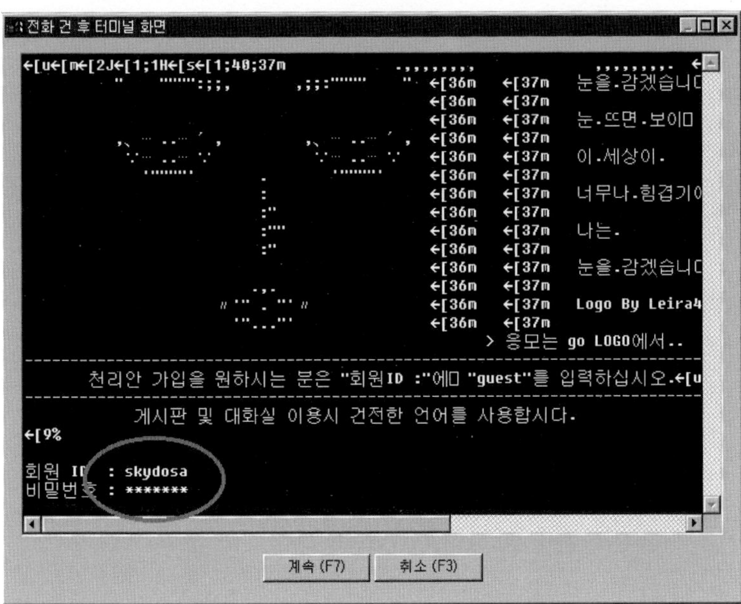

[21] 공지사항 화면이 나오면 'Enter'를 친다. 화면이 깨져 나오지만 기능에는 문제가 없으므로 걱정하지 않아도 된다.

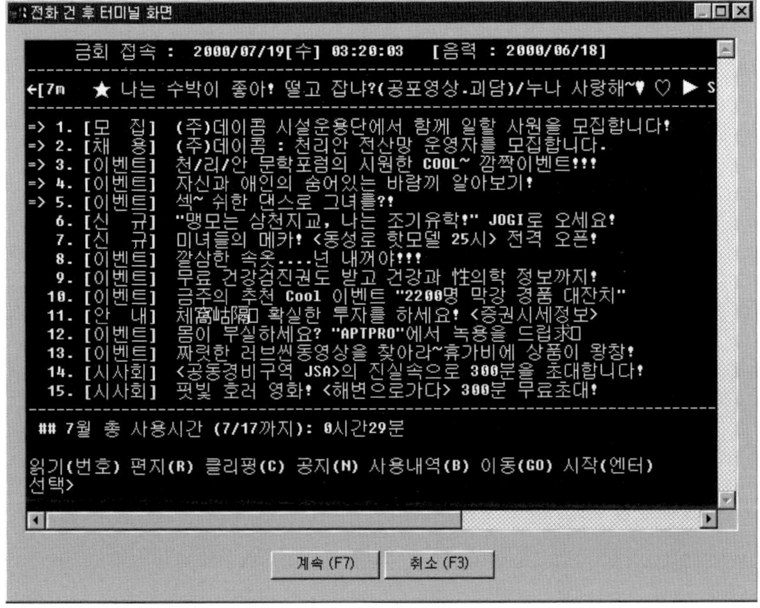

[22] 천리안 메인화면이 나오면 'go www'을 입력하고 'Enter'를 친다.

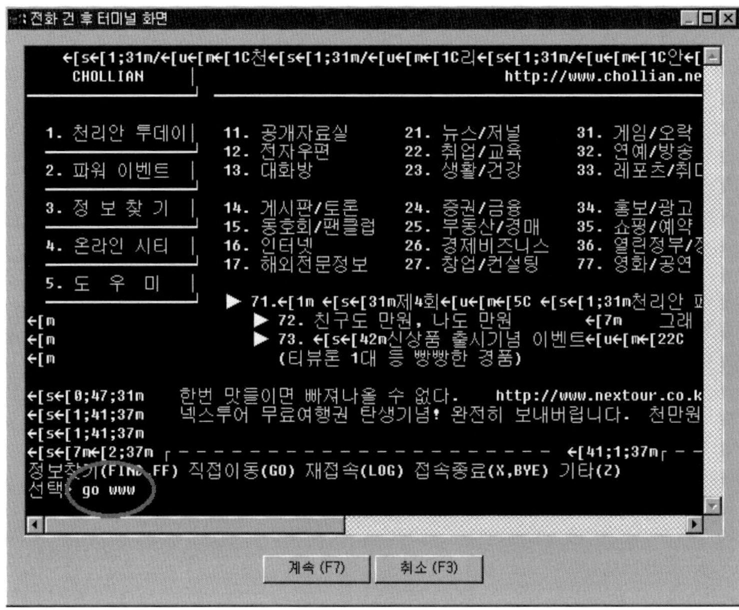

[23] 서비스 이용방법에 대해 설명하는 화면이 나오면 내용을 읽어보고 'Enter'를 친다.

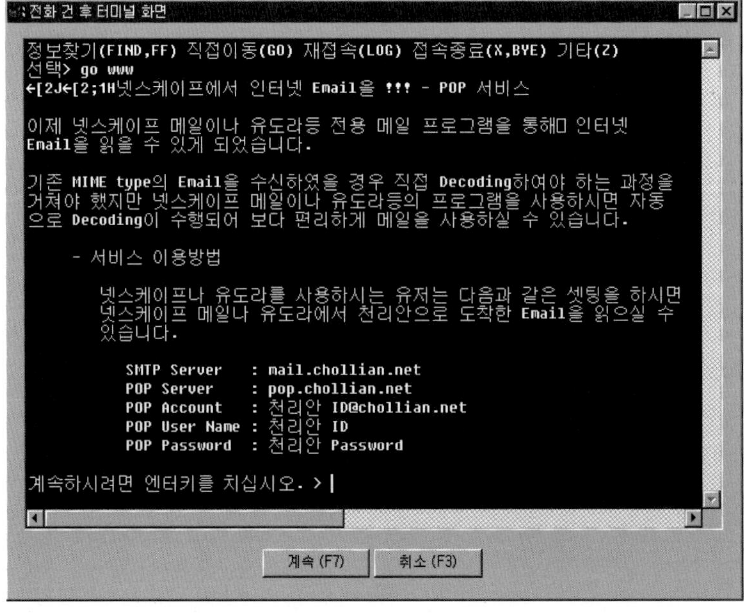

[24] 'www 접속 서비스' 메뉴가 나오면 '11'을 입력하고 'Enter'를 친다.

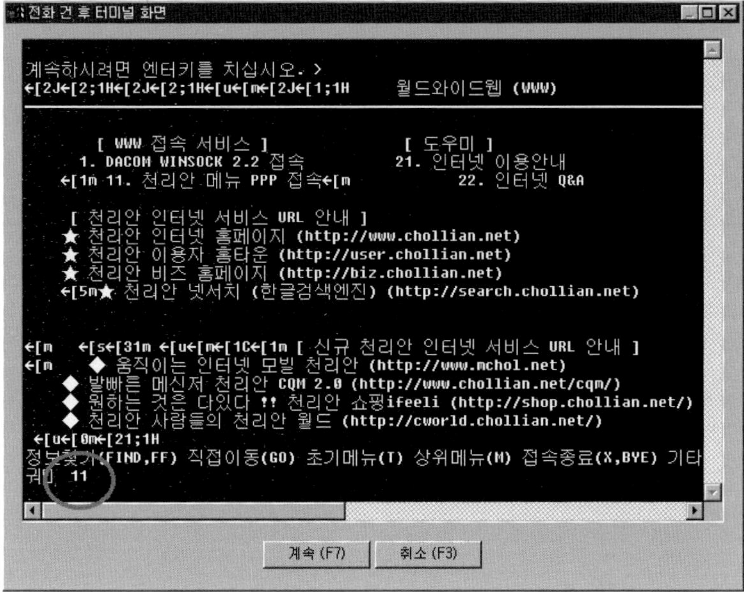

[25] IP 주소가 할당되고 'SLiRP Ready'가 나오면 [계속(F7)]버튼을 클릭한다.

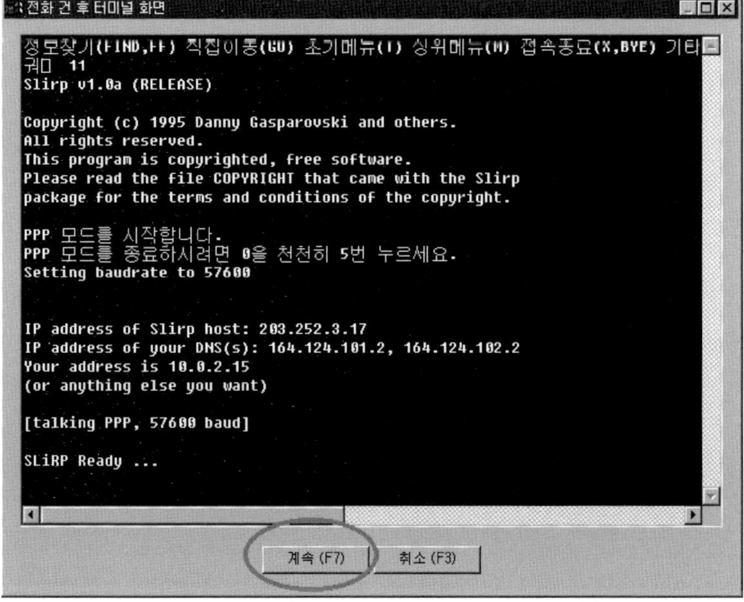

[26] '네트워크에 로그온 중' 메시지가 나왔다가 '연결 설정 완료' 대화상자가 나오면 '이 대화 상자를 다시 표시하지 않음'에 체크(☑)하고 [닫기]버튼을 클릭한다.

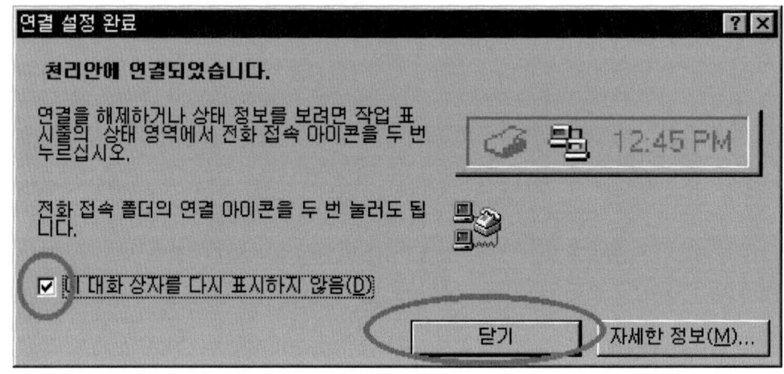

[27] 전화접속을 통한 인터넷 접속이 완료되면 윈도우 작업표시줄에 연결 아이콘이 생긴다.

[28] 이제 웹브라우저(익스플로러)를 실행시켜 인터넷 여행을 하면 된다.

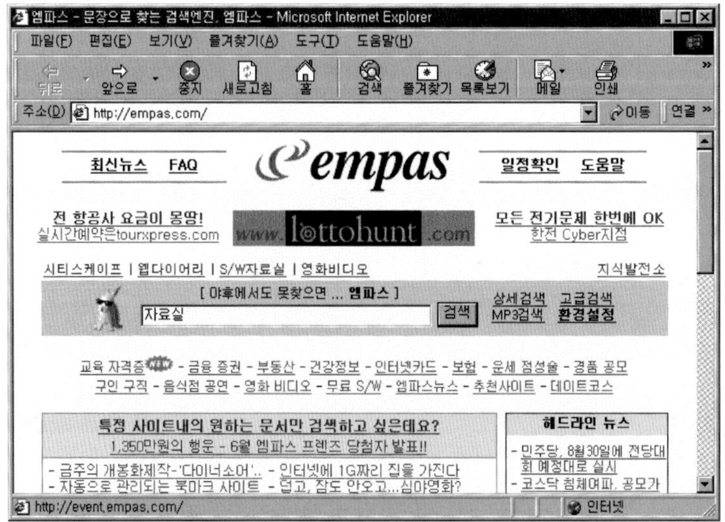

[29] 인터넷을 끝낼 때는 윈도우 작업표시줄에 있는 ▣ 아이콘을 더블클릭한 후 아래와 같은 대화 상자가 나타나면 [연결 끊기]버튼을 클릭하여야 한다. 만약 연결 끊기를 하지 않으면 전화가 계속 연결된 상태가 되어 전화요금이 많이 나오게 된다.

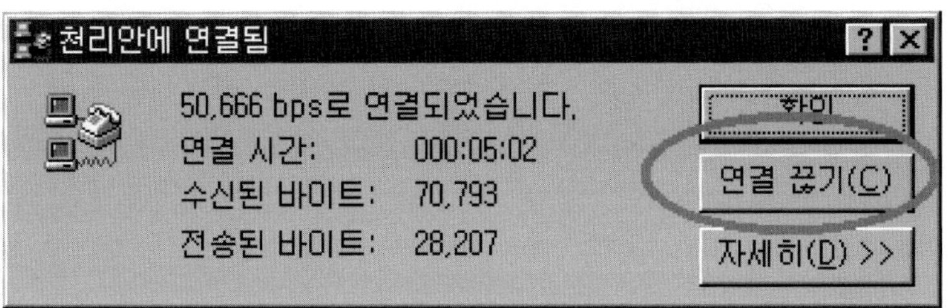

3.2.3 PC 통신회사의 PPP접속을 이용한 인터넷 접속 ■ PC 통신회사의 PPP 접속을 이용하려면 PPP서비스에 등록하여 ID와 비밀번호를 부여 받아야한다. 천리안을 예제로 진행한다.

① 천리안 전화접속 네트워킹 설정은 '메뉴 PPP접속'과 같다. 바탕화면에 있는 '내 컴퓨터' 아이콘을 더블클릭한 후 전화접속 아이콘을 더블클릭한다.

② '천리안' 아이콘을 더블클릭한다.

③ '연결할 대상' 대화상자에서 천리안 ID와 암호를 입력한 후 [연결]버튼을 클릭한다.

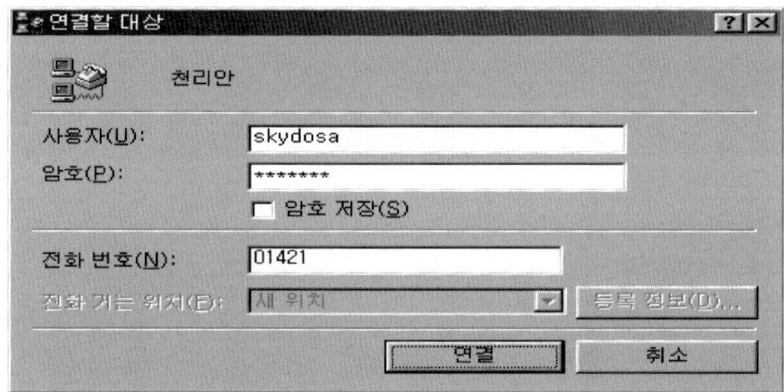

④ 터미널 화면이 나오면 PPP서비스 신청 시 부여받은 ID와 Password를 입력한다.

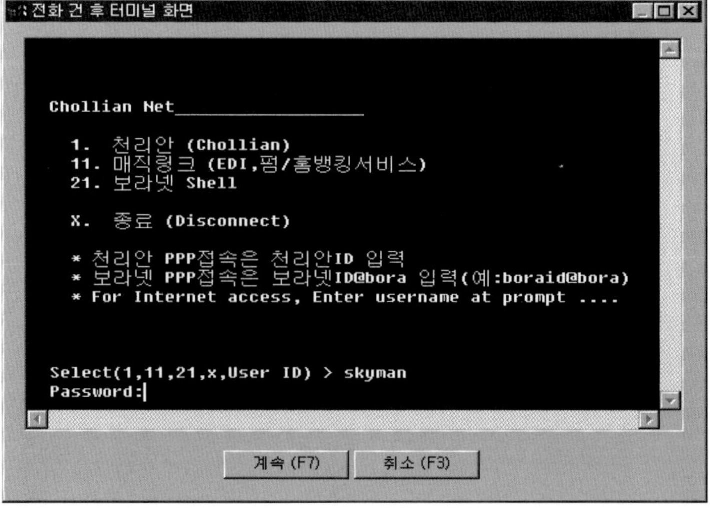

⑤ IP 주소가 할당되고 'SLiRP Ready'가 나오면 [계속(F7)] 버튼을 클릭한다.

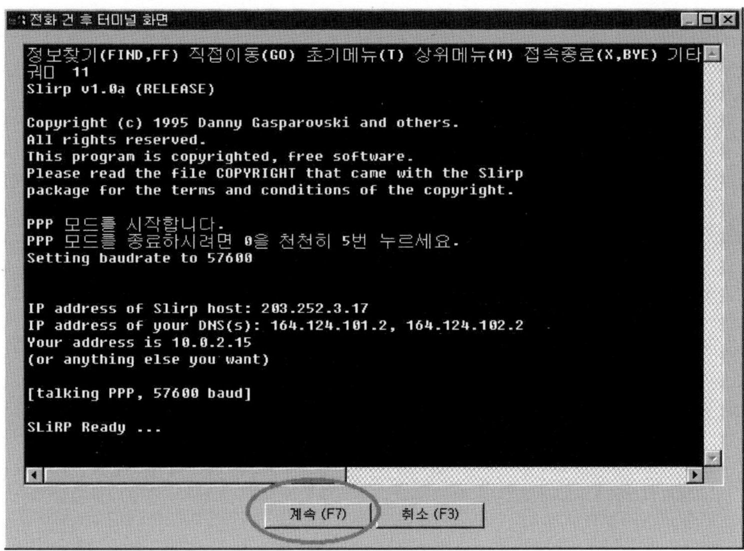

⑥ '네트워크에 로그온 중' 메시지가 나왔다가 '연결 설정 완료' 대화상자가 나오면
'이 대화 상자를 다시 표시하지 않음'에 체크( )하고 [닫기]버튼을 클릭한다.

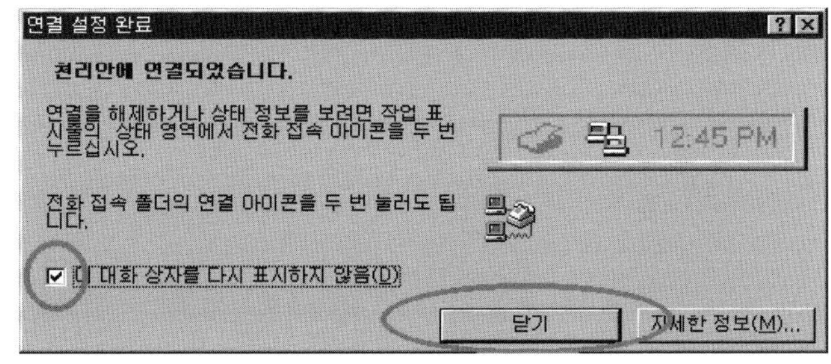

⑦ 전화접속을 통한 인터넷 접속이 완료되면 윈도우 작업표시줄에 연결 아이콘
 이 생긴다.

⑧ 이제 웹브라우저(익스플로러)를 실행시켜 인터넷 여행을 하면 된다.

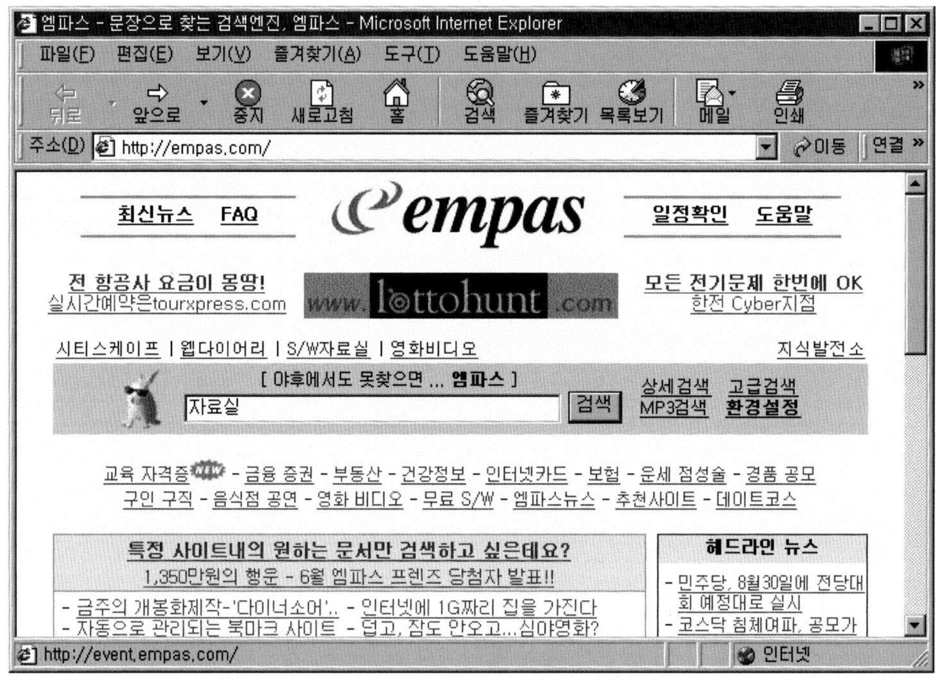

⑨ 인터넷을 끝낼 때는 윈도우 작업표시줄에 있는 아이콘을 더블클릭한 후 아래와 같은 대화 상자가 나타나면 [연결 끊기]버튼을 클릭하여야 한다. 만약 연결 끊기를 하지 않으면 전화가 계속 연결된 상태가 되어 전화요금이 많이 나오게 된다.

3.2.4 전문 ISP를 통한 인터넷 접속 ■ 전문 ISP에 경우도 PC통신 회사의 PPP접속과 크게 다르지 않다. 전화접속 네트워킹 설정 방법도 전화번호만 다를뿐 PC통신 회사의 PPP접속과 같으므로 여기서는 생략한다. 여기서는 코넷 접속을 예로 들었다. 코넷의 PPP 접속 번호는 '01414'이다.

① 바탕화면에 있는 '내 컴퓨터' 아이콘 을 더블클릭한 후 전화접속 아이콘
을 더블클릭한다.

② '전화접속 네트워킹' 대화상자에서 '코넷' 아이콘을 더블클릭한다.

③ '연결할 대상' 대화상자에 ID와 암호를 입력한 후 [연결]버튼을 클릭한다.

④ 터미널 화면이 나오면 ID와 Password를 입력하고 'Enter'를 친다.

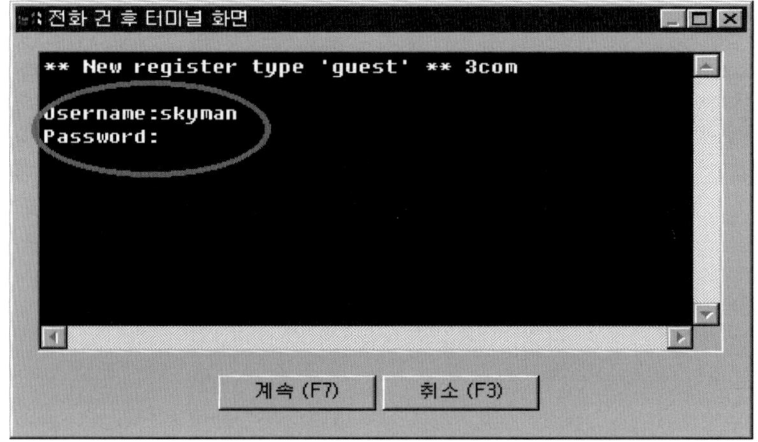

⑤ 아래와 같은 메뉴가 나오면 '2'를 입력하고 'Enter'를 친다.

⑥ 이상한 문자가 나오기 시작하면 [계속(F7)]버튼을 클릭한다.

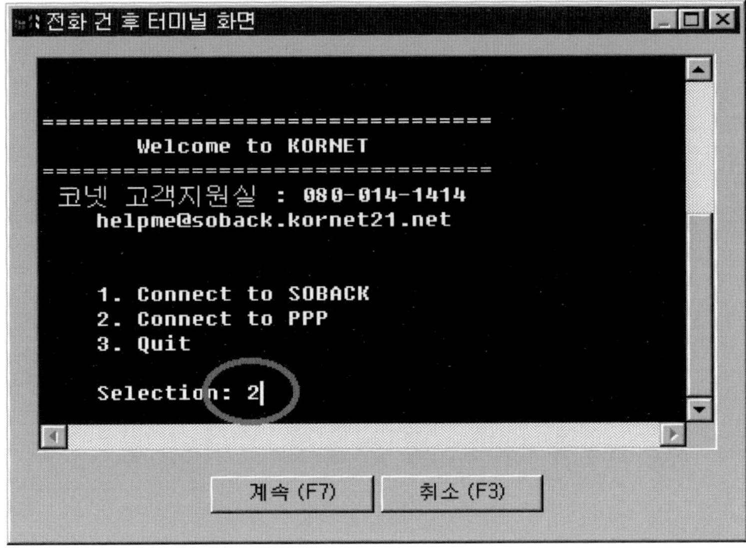

⑦ '네트워크에 로그온 중' 메시지가 나왔다가 인터넷 접속이 완료되면 윈도우 작업표시줄에 연결 아이콘 이 생긴다.

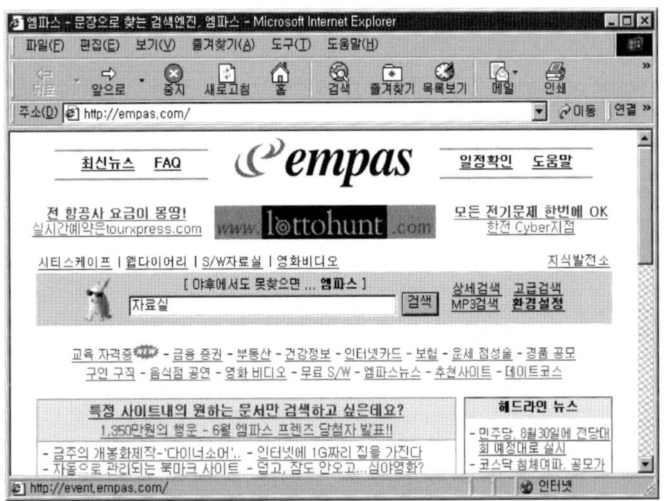

⑧ 이제 웹브라우저(익스플로러)를 실행시켜 인터넷 여행을 하면 된다.

⑨ 인터넷을 끝낼 때는 윈도우 작업표시줄에 있는 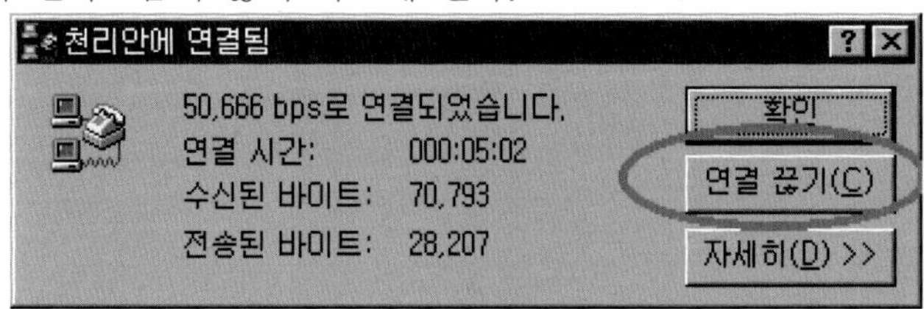 아이콘을 더블클릭한 후 아래와 같은 대화 상자가 나타나면 [연결 끊기]버튼을 클릭하여야 한다. 만약 연결을 끊지 않으면 전화가 PC통신 회사를 통한 PPP접속과 마찬가지로 계속 연결된 상태가 되어 전화요금이 많이 나오게 된다.

3.3 초고속 인터넷 서비스를 이용한 인터넷 접속

1993년에 한국통신이 주관하는 코넷(Kornet)이 일반인에게 서비스를 시작한 인터넷 서비스는 발전을 거듭하여 현재는 하나로통신, 두루넷 등을 비롯한 많은 업체에서 초고속 인터넷 서비스를 제공하고 있다. 이용요금도 그리 비싸지 않아 가입자가 꾸준히 늘고 있어 모든 가정에서 인터넷 서비스를 이용할 날이 멀지 않은 듯 하다. 초고속 인터넷의 경우 설치를 인터넷 서비스 회사에서 해주기 때문에 이용자가 신경 쓸 일은 없지만, LAN카드 설치과정과 설정방법 등에 대하여 대략적으로 살펴본다.

3.3.1 인터넷 접속 준비 ■

[1] LAN 카드 설치

① 컴퓨터 케이스를 열고 LAN카드 형식(PCI, ISA)에 맞는 빈 슬롯에 LAN카드를 꽂는다.
② 컴퓨터 케이스를 닫고, 이미 설치되어 있는 LAN 케이블을 LAN카드에 꽂는다. LAN 케이블은 인터넷 서비스 회사에서 집안까지 설치해준다.

[2] 윈도우 98에 LAN 카드 설치

① LAN카드를 설치하고 나서 전원을 켰을 때 ⑤번 같이 LAN카드를 찾았다는 대화 상자가 나타나면 ① ~④까지는 생략해도 된다. 부팅 시 자동으로 찾지 못할 경우는 [시작]-[설정]-[제어판]을 차례로 클릭한다.

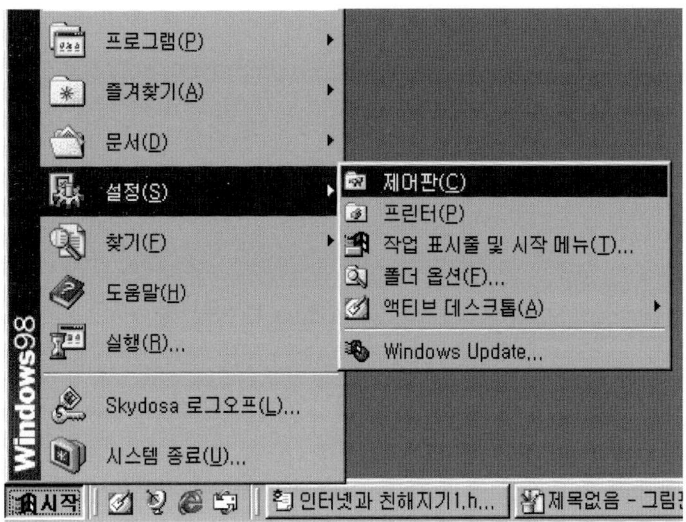

② 제어판에서 '새 하드웨어 추가' 아이콘을 더블클릭한다.

③ 아래와 같은 대화상자가 나타나면 [다음]버튼을 클릭한다.

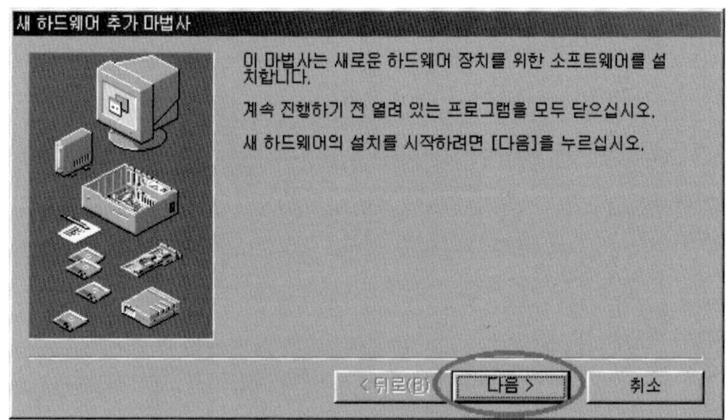

④ 플러그 앤 플레이 장치를 검색한다는 대화상자가 나타나면 [다음]버튼을 클릭한다.

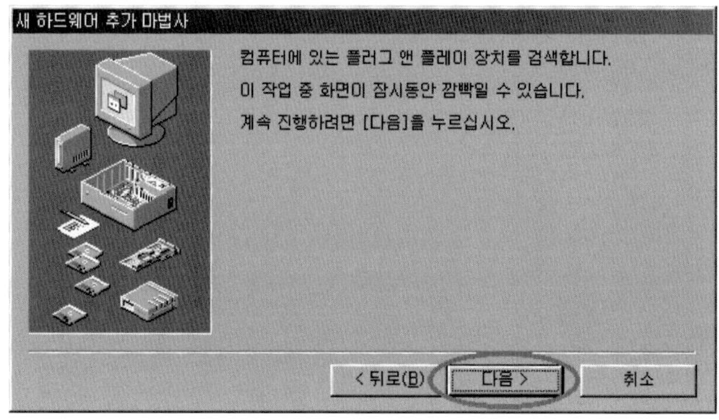

⑤'새 하드웨어 발견' 대화상자가 나타난 후 바로 '디스크 삽입' 대화상자가 나타난다. LAN카드 구매시 제공된 디스켓을 해당 드라이브에 삽입한 후 [확인]버튼을 클릭한다.

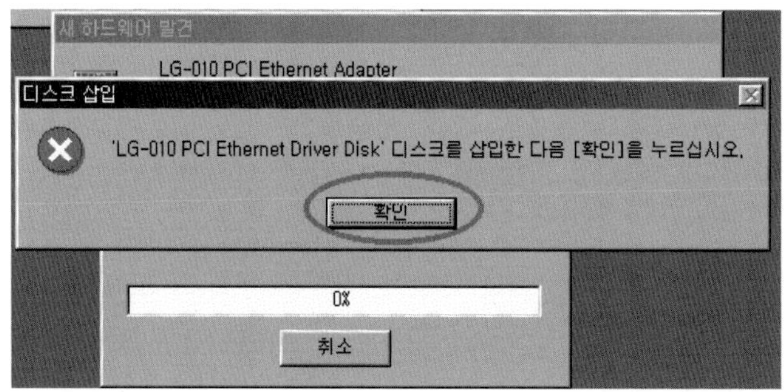

⑥ 설치가 완료되면 아래와 같은 대화상자가 나타난다. '예 모든 장치가 설치되었습니다.'를 선택한 후 [다음]버튼을 클릭한다. 때에 따라서는 windows98 CD를 넣으라는 메시지가 나타날 수도 있다. 그럴 경우 windows98 CD를 넣으면 된다.

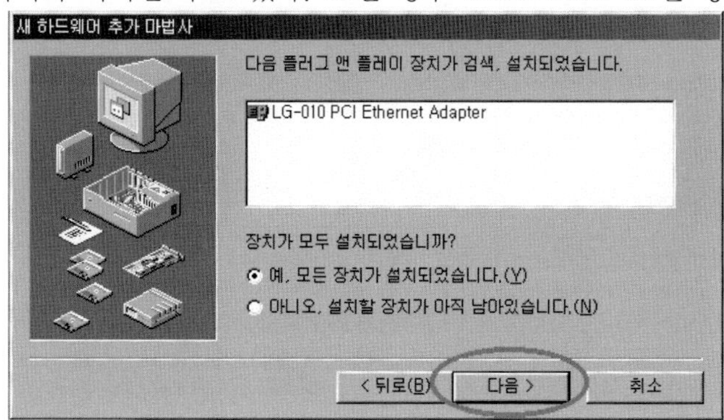

⑦ 설치를 완료했다는 대화상자에서 [마침]버튼을 클릭하면 설치가 완료된다.

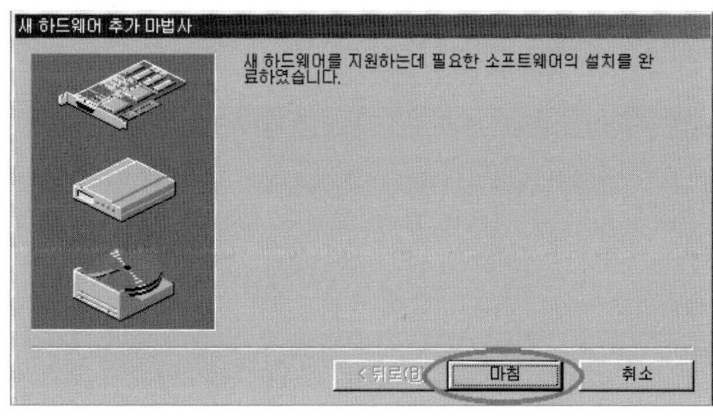

[3] 네트워크 설정

① [시작]-[설정]-[제어판]을 차례로 클릭한다.

② 제어판 폴더 창에서 [네트워크] 아이콘을 더블클릭한다.

③ LAN카드를 설치하고 나면 [네트워크 구성]시트에 'LAN카드 어댑터'와 'TCP/IP--〉 LAN카드 어댑터'가 이미 설치되어 있다. 'TCP/IP --〉 LAN카드 어댑터'를 더블클릭한다.

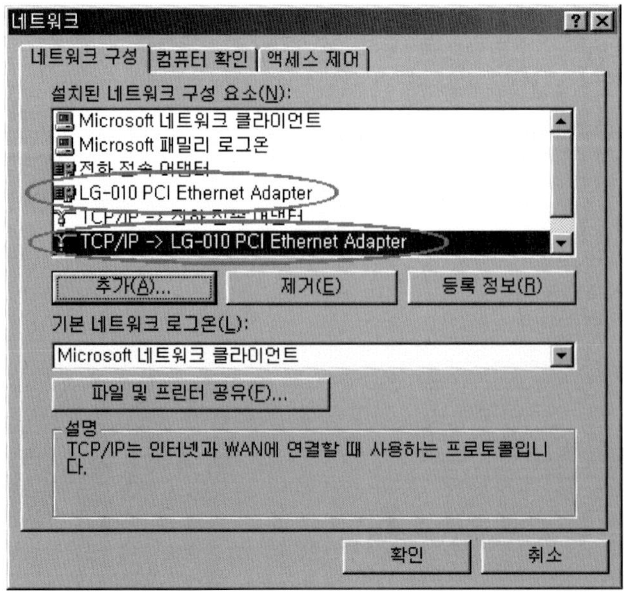

④ 'TCP/IP 등록정보' 대화상자의 항목들은 인터넷 서비스 회사마다 다르므로 자신이 사용하는 인터넷 서비스 회사에 문의하기 바란다. 'IP주소', 'DNS구성', '게이트웨이' 항목만 설정하면 된다. 나머지는 기본값을 그냥 쓴다. 자신의 인터넷 서비스 회사의 IP주소, DNS, 게이트웨이를 입력하여 설정을 완료하면 [확인]버튼을 클릭한다. DNS는 자신이 알고 있는 주소가 있으면 그것을 그냥 사용해도 된다.

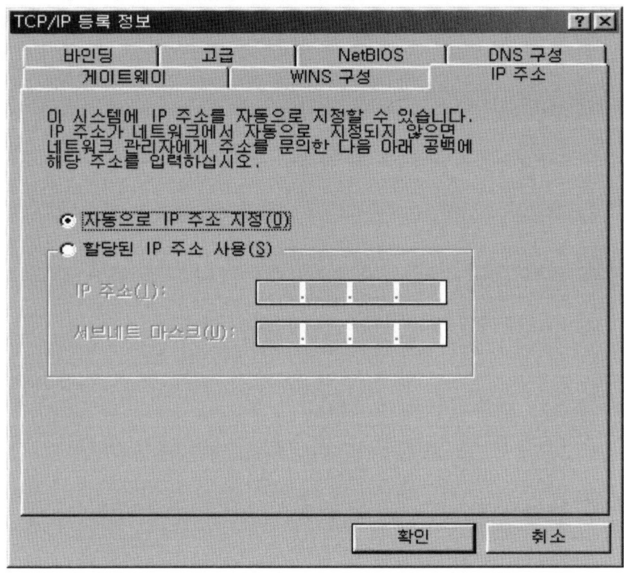

⑤ '네트워크'대화상자로 돌아오면 [확인]버튼을 클릭하여 설정을 완료한다.

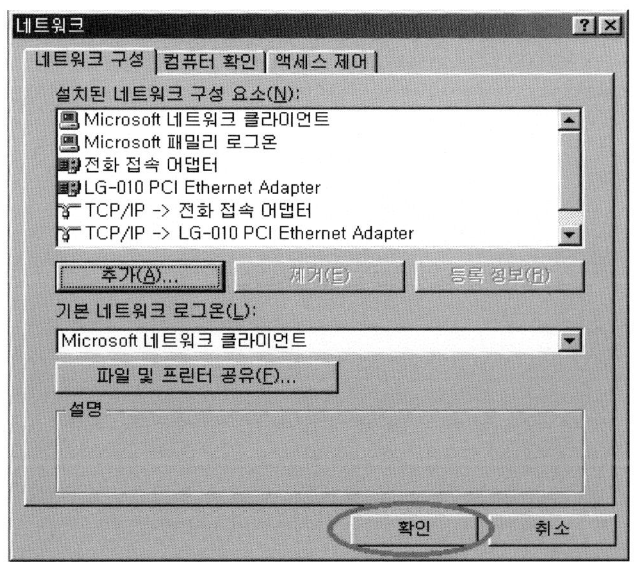

⑥ 네트워크 설정을 완료하면 전원을 껐다 켜야 한다. [예]버튼을 클릭하여 컴퓨터를 재부팅하면 LAN카드 설치가 완료된다.

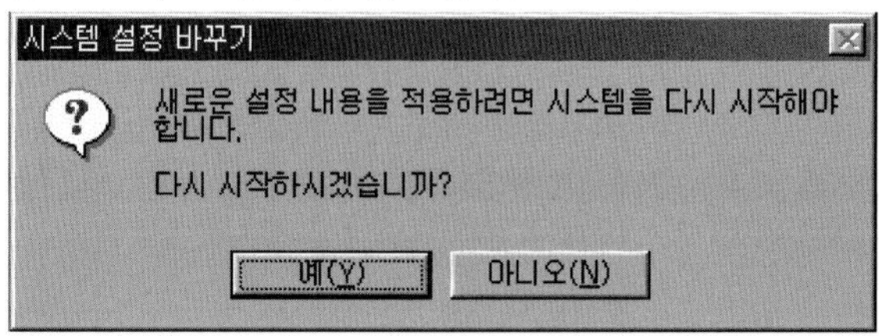

3.3.2 인터넷 접속 ■ 초고속 인터넷은 필요 시 연결하여 사용하는 모뎀과 달리 항상 인터넷에 연결되어있기 때문에 언제든지 웹브라우저만 실행시키면 인터넷 여행을 할 수 있다. 윈도우 98과 함께 제공되는 익스플로러를 실행시키려면 바탕화면에 있는 익스플로러 아이콘을 더블클릭하면 된다.

4. 웹브라우저 사용법
(인터넷 익스플로러6)

인터넷의 꽃이라 불리우는 웹서비스를 이용하기 위해서는 하이퍼텍스트와 하이퍼미디어를 지원하는 웹브라우저가 있어야한다. 브라우저는 클라이언트에 설치되며, 서버로부터 제공받은 정보를 사용자에게 제공하는 역할을 한다. 웹의 초창기에 모자익이리는 웹브리우저기 첫선을 보인 뒤 네스케이프, 첼로, 링스, 익스플로러등 어러 종류의 브라우저들이 개발되어 사용되고 있다. 브라우저는 인터넷의 다른 서비스들 − 고퍼, 전자우편, 유즈넷 뉴스 등 − 도 지원하고 있기 때문에 사용자는 브라우저 하나만으로도 인터넷의 거의 모든 서비스들을 이용할 수 있다. 특히 익스플로러는 윈도우 98과 함께 제공되므로 구입이 용이하고, 인터페이스가 윈도우 98과 유사하여 사용하기가 쉽다.

4.1 인터넷 입문

4.1.1 인터넷 익스플로러6 설치 ■ 인터넷 익스플로러6는 두 가지 방법으로 설치할 수 있다. CD-ROM을 신청하여 CD를 이용하는 방법과 Microsoft 홈페이지에 접속하여 익스플로러를 다운 받아 설치하는 방법이 있다. 여기서는 홈페이지에서 다운 받아 설치한다.

① 먼저 Microsoft 홈페이지에서 다운 받아(다운받는 방법은 나중에 설명한다) 적당한 폴더에 저장한 후 다운받은 'ie5setup.exe'파일을 더블클릭한다.

② 익스플로러 사용에 관한 동의를 구하는 화면에서 [동의함]을 클릭하여 선택한 후 [다음]버튼을 클릭한다.

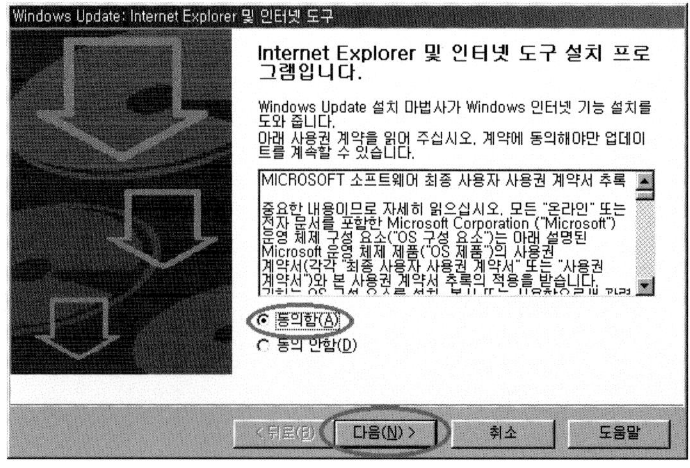

③ 설치 초기화 화면이 잠시 나타났다가 사라지고 다음과 같은 설치 방법을 선택하는 화면이 나타나면 [지금 설치 – 표준 구성 요소]를 선택한 후 [다음]버튼을 클릭한다.

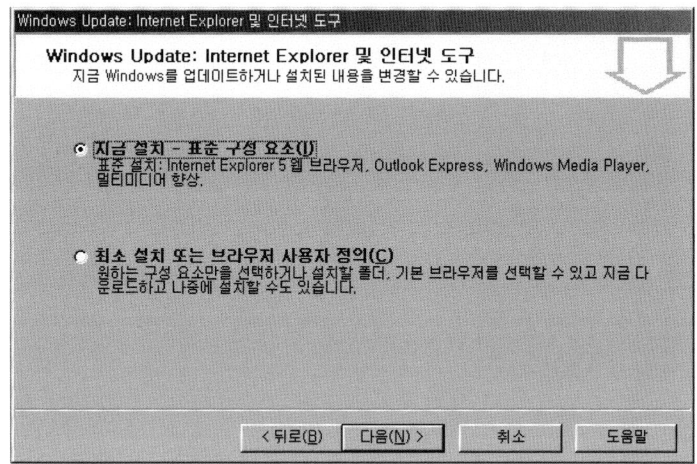

④ 설치 준비중이라는 화면이 잠시 나타난 다음, 프로그램을 설치하기 시작한다.

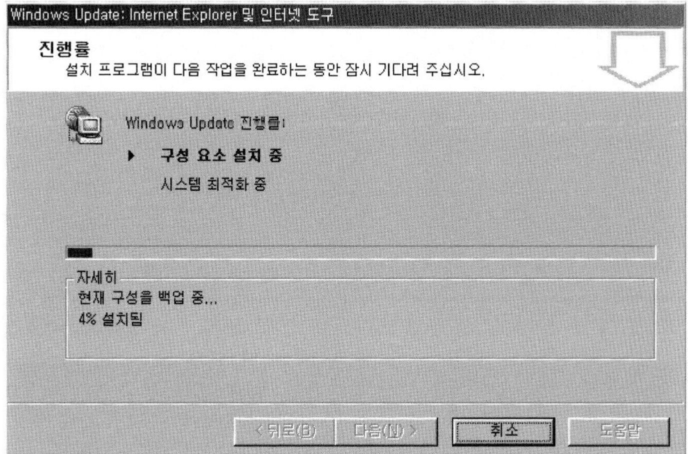

⑤ 프로그램 설치가 완료되면 컴퓨터를 다시 시작하라는 대화상자가 나오고 [마침] 버튼을 클릭하면 윈도우 98이 다시 시작된다. 컴퓨터가 다시 시작되면 시스템 설정을 갱신하는 작업이 진행된 후 갱신이 완료되면 윈도우 98 바탕화면이 나타난다.

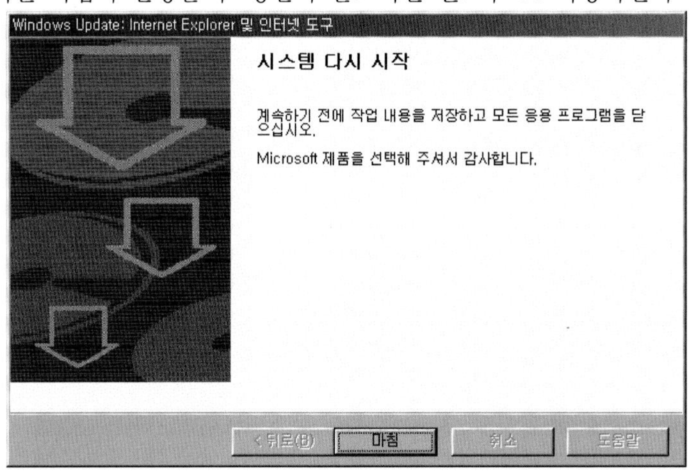

⑥ 윈도우가 다시 시작되면 시스템 설정을 업데이트하는 화면이 잠시 나타난 후 윈도우 98 바탕화면이 나타난다. 윈도우 바탕화면에서 익스플로러  아이콘이 나타나면 익스플로러 설치가 완료된 것이다.

4.1.2 인터넷 익스플로러 시작과 종료 ■

[1] 익스플로러 시작

익스플로러를 시작하는 방법은 3가지가 있다.

① 첫째는 바탕화면에 있는 아이콘을 이용하는 방법으로 바탕화면에서  를 더블클릭한다.

② [시작]-[시작]-[프로그램]-[Internet Explore]를 차례로 클릭한다.

③ 작업표시줄 왼쪽 아래의 있는 빠른 연결 도구 모음에 있는 익스플로러 아이콘
을 클릭한다.

[2] 익스플로러 종료

익스플로러를 종료하는 방법도 익스플로러를 시작하는 방법과 마찬가지로 3가지
가 있다.

① 첫째로 익스플로러 창에서 제목 표시줄 왼쪽에 있는 제어 아이콘 을 더블클릭한다.

② [파일]메뉴에서 [닫기]버튼을 클릭한다.

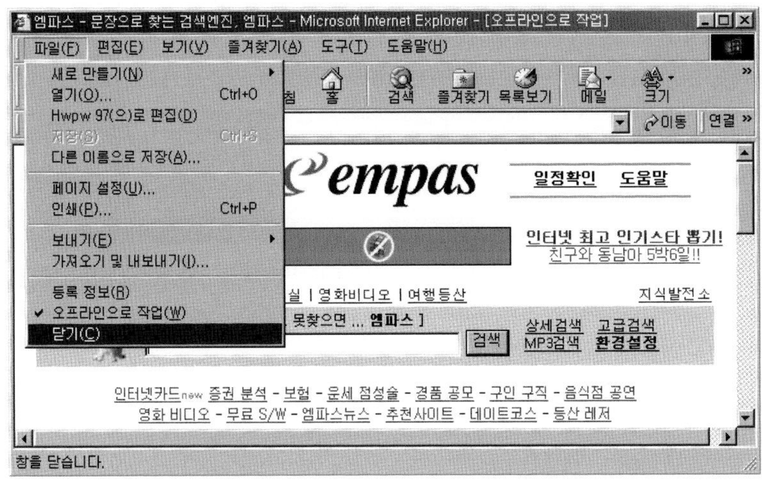

③ 마지막으로 익스플로러 창에서 제목 표시줄 오른쪽에 있는 창 닫기 아이콘을 클릭한다.

4.1.3 인터넷 익스플로러6 화면구성 ■

[1] 제목 표시줄 | 현재 연결되어 있는 홈페이지의 제목을 표시해 주는 곳으로 홈페이지 제작자가 홈페이지를 만들 때 제목으로 설정하여 놓은 문구가 표시된다. 일반적으로는 홈페이지 이름이나 환영하는 문구가 표시된다.

[2] 메뉴 표시줄 | 익스플로러의 기능을 실행하기 위한 메뉴들이 있는 곳으로 메뉴항목을 클릭하면 하위 메뉴들이 나타난다. 키보드를 이용할 경우 Alt 키와 각 메뉴의 오른쪽에 있는 영문자를 누르면 하위 메뉴가 나온다. 예를 들어 [파일]메뉴를 선택하고 싶을 때는 Alt+F 키를 누르면 된다.

파일(F)   편집(E)   보기(V)   즐겨찾기(A)   도구(T)   도움말(H)

① 파일 메뉴

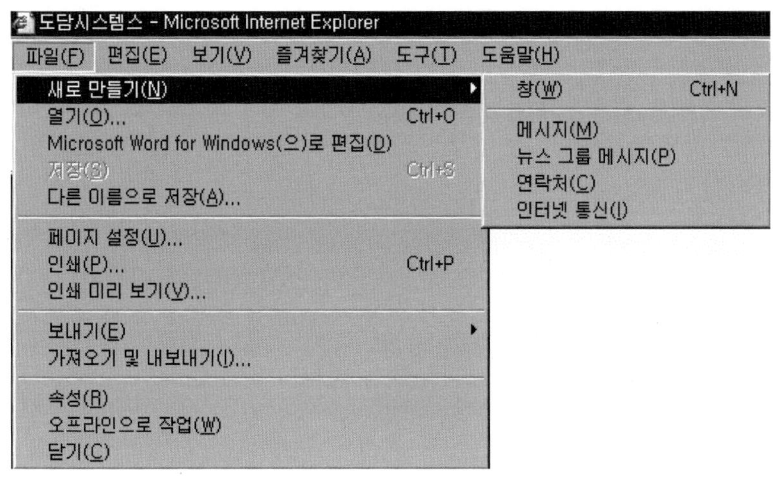

- 새로 만들기 : 4개의 하위 메뉴가 있다.

창	현재 열려있는 페이지를 그대로 놔둔 채로 추가로 새로운 익스플로러를 실행한다.
메시지	메일 작성하고 전송하는 '새메시지' 창이 실행된다.
뉴스그룹 메시지	아웃룩 익스프레스가 실행되면서 뉴스를 다운 받는다.
연락처	아웃룩에서 작성한 주소록이 실행된다.
인터넷 통신	NetMeeting이 실행된다.

- 열기 : 자신의 시스템에 저장된 파일을 읽어들이기 위한 것으로, HTML이나 VRML, 비트맵 이미지, 즐겨찾는 페이지 파일 등을 불러올 수 있다.
- Microsoft Word for Windows(으)로 편집(D) : 현재 나타난 페이지를 마이크로소프트 워드로 편집하기 위한 것으로 마이크로 소프트 워드를 설치하면 추가되는 메뉴이다.
- 저장 : 현재 나타난 페이지를 HTML이나 VRML 형태로 저장한다.
- 다른 이름으로 저장: 현재의 페이지를 이름을 변경하여 저장하고자 할 경우 사용된다.
- 페이지 설정 : 현재 익스플로러에 나타난 웹페이지를 인쇄할 때의 여백과 용지의 크

기, 용지 방향, 머리말과 꼬리말, 인쇄할 프린터 등을 선택하기 위해 사용한다.

- 인쇄: 현재 익스플로러에 나타난 웹페이지를 인쇄할 때의 프린터, 인쇄범위, 인쇄매
수 등을 설정하기 위해 사용한다.

- 인쇄 미리 보기(V) : 현재의 웹페이지를 인쇄했을 때의 모습을 보여준다.

- 보내기 : 현재 웹페이지 주소 저장을 위해 사용한다. 3개의 하위 메뉴가 있다.

전자메일로 페이지 보내기	현재의 웹페이지를 전자메일을 통하여 다른 사람에게 보낼 때 사용한다.
전자메일로 링크 보내기	현재의 URL을 전자메일을 통하여 다른 사람에게 보낼 때 사용한다.
바탕 화면에 바로 가기 만들기	현재의 페이지를 바탕화면에 바로가기 아이콘으로 만들 때 사용한다.

- 가져오기 및 내보내기 : 다른 파일이나 브라우저에서 즐겨찾기나 쿠키를 가져오거나
내보낼 때 사용한다.

- 속성 : 현재 익스플로러에 나타난 문서에 관한 정보를 나타낸다. 웹페이지 제목, 프
로토콜 종류와 유형, URL 주소, 페이지 용량, 만들어진 날짜, 업데이트된 날짜, 보안
등급에 관한 정보를 볼 수 있다.

- 오프라인으로 작업 : 인터넷을 접속하지 않고 익스플로러에서 작업할 때 사용한다.

- 닫기 : 익스플로러를 종료한다.

② 편집 메뉴

  - 잘라내기 : 웹페이지에서 마우스로 선택한 텍스트를 삭제하고 클립보드로 전송한다.
  - 복사 : 마우스로 선택된 부분을 복사하여 클립보드에 저장한다.
  - 붙여넣기 : 클립보드에 있는 내용을 마우스로 지정한 부분에 붙인다.
  - 모두 선택 : 현재 연결된 웹페이지의 모든 텍스트를 선택한다.
  - 이 페이지에서 찾기 : 현재 웹페이지에서 특정한 텍스트를 찾는다. 찾기를 클릭하면
다음과 같은 화면이 나오는데 찾고자하는 텍스트를 입력한다.

다음 찾기를 클릭하면 찾고자 하는 텍스트가 반전되어 나타난다.

③ 보기 메뉴

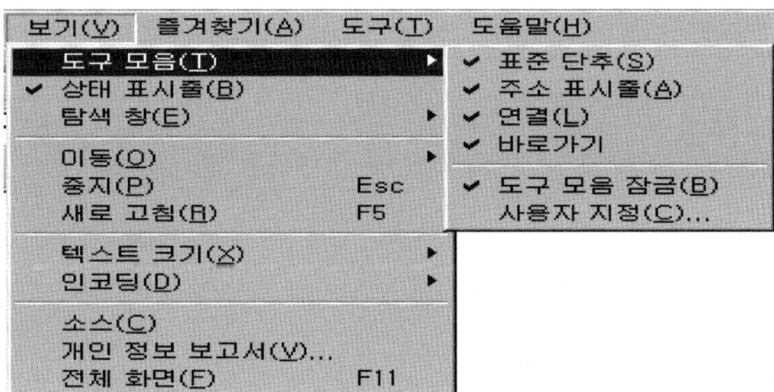

  - 도구 모음 : 익스플로러의 도구 모음에 표시여부를 선택한다.
  - 상태 표시줄 : 상태표시줄을 나타낼 것인지를 선택한다.
  - 탐색창 : 익스플로러에 부가 기능을 하는 창을 하나 더 생성한다.

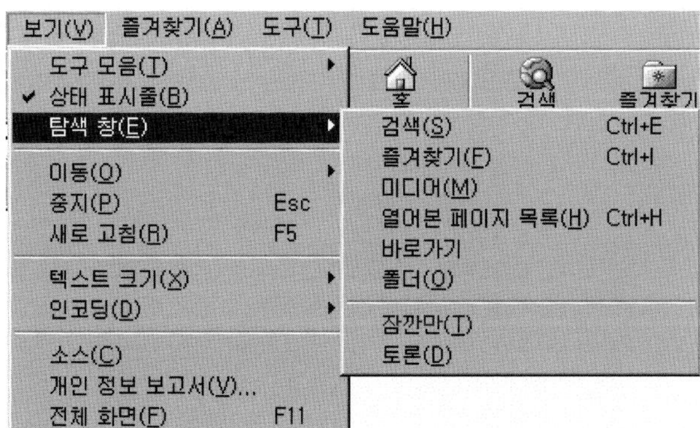

검색	검색을 위한 창이 왼쪽에 생성된다.
즐겨찾기	즐겨찾기 창이 왼쪽에 생성된다
미디어	윈도우 미디어 플레이어 창이 왼쪽에 생성된다.
열어본 페이지 목록	최근에 열어본 페이지를 요일별로 정리된 창이 왼쪽에 생성된다.
폴더	탐색기의 폴더창이 왼쪽에 생성된다.
잠깐만	익스플로러 사용법에 대한 팁을 알려주는 창이 아래에 생성된다.
토론	토론 서버에 접속한 창이 아래에 생성된다.

- 이동 : 앞으로, 뒤로, 홈페이지, 그 동안 열어본 페이지들로 옮길수 있는 기능을 제공한다.
- 중지 : 현재 열리는 페이지가 느리거나 여는 것을 중지시킨다.
- 새로고침 : 현재 열려있는 페이지를 최신 내용으로 업데이트한다.
- 텍스트 크기 : 창에 표시되는 페이지의 글씨 크기를 변경한다.
- 인코딩 : 익스플로러 화면에 나타낼 수 있는 언어를 추가한다.
- 소스 : 현재 열려있는 페이지의 소스를 보여준다.
- 개인정보 보고서 : 쿠키 차단 사이트를 설정/해제한다.
- 전체화면 : 도구모음과 표시영역만을 나타낸다.

③ 즐겨찾기

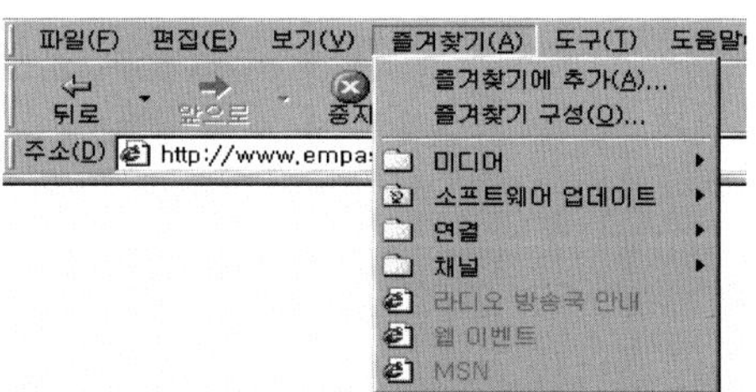

자주 방문하는 사이트나 페이지를 저장하고 표시하는 메뉴로 '즐겨찾기 추가', '즐겨찾기 구성', 즐겨찾기에 추가되어 있는 목록이 하위 메뉴로 나타난다.

④ 도구

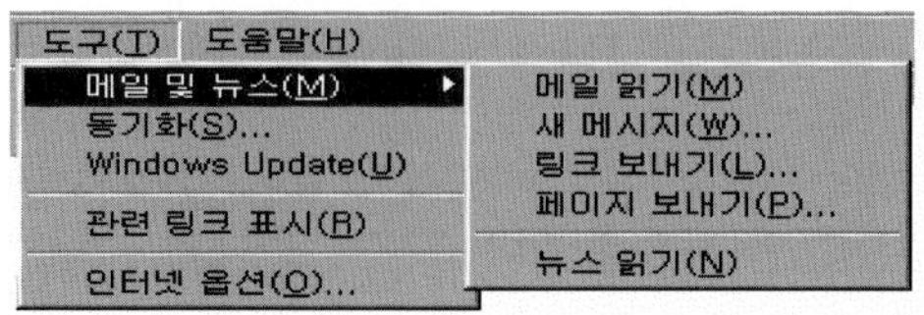

- 메일 및 뉴스 : 메일 읽기, 새 메시지(메일) 작성, 메일을 통한 URL 보내기, 메일을 통한 웹페이지 보내기, 뉴스읽기 기능을 제공한다.
- 동기화 : 오프라인 작업시 최신의 데이터를 유지하기 위하여 사용자 컴퓨터에 있는 데이터와 네트워크 컴퓨터에 있는 데이터를 동기화 시킨다.
- Windows Update : 윈도우 운영체제를 업데이트한다.
- 관련 링크 표시 : 현재 열려있는 페이지에 관련된 다른 사이트를 검색한다.
- 인터넷 옵션 : 익스플로러의 여러 가지 옵션을 변경한다. 옵션 변경은 다음에 기술한다.

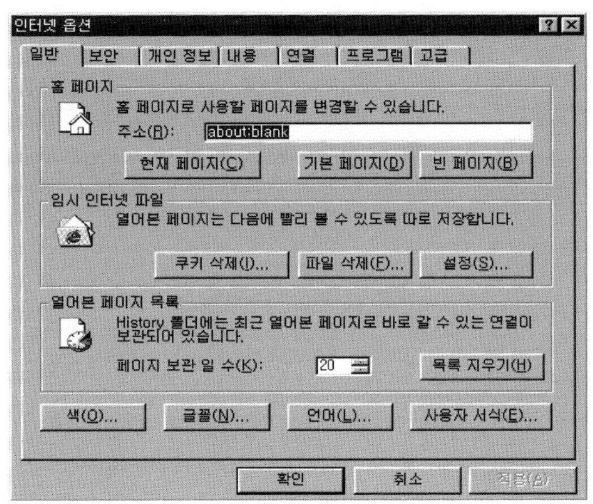

⑤ 도움말 : 사용법에 대한 도움말을 제공한다.

[3] 도구 모음(표준 도구)   도구 모음은 사용자들이 가장 많이 사용하는 기능을 아이콘화하여 제공하는 기능이다. 일반 사용자들은 도구 모음의 기능만으로도 충분히 인터넷을 사용할 수 있다.

① 뒤로 : 이전에 접속한 홈페이지로 되돌아가는 기능이다.

② 앞으로 : 앞으로는 되돌아 온 뒤에 다시 나중에 접속한 웹 문서를 접속하는 기능이다. 즉 A 웹 문서에서 B 웹 문서로 간 뒤, A로 되돌아오고 나서 '앞으로'를 선택하면 다시 B로 접속한다.

③ 중지 : 현재 웹 문서를 접속하는 도중에 시간이 많이 걸릴 경우, 전송을 강제로 중지시키는 명령이다.

④ 새로고침 : 전송시 깨어진 현재 페이지가 있을 경우 이를 다시 접속하여 보여주거나 현재 열려있는 페이지를 최신 내용으로 업데이트하는 기능이다.

⑤ 홈 : 현재 위치에 상관없이 익스플로러를 시작할 때 접속한 홈페이지로 되돌아오는 기능이다.

⑥ 검색 : 이 아이콘을 클릭하면 MSN 검색을 위한 창이 왼쪽에 나타난다. 다시 한번 클릭하면 사라진다..

⑦ 즐겨찾기 : 이 아이콘을 클릭하면 즐겨찾기 창이 왼쪽에 나타난다. 다시 한번 클릭하면 사라진다.

⑧ 기록 : 이 아이콘을 클릭하면 열어본 페이지 목록들을 요일별로 보여주는 창을 왼쪽에 나타낸다. 다시 한번 클릭하면 사라진다.

⑨ 메일 : 메일 읽기, 새 메시지, 링크 보내기, 페이지 보내기, 뉴스 읽기 메뉴가 제공된다.

⑩ 크기 : 화면에 표시되는 글자의 크기를 바꾸는 기능이다.

⑪ 인쇄 : 현재의 페이지를 인쇄하는 도구로, 사용하는 프린터는 윈도우즈 98에 기본으로 설정되어 있는 프린터를 사용한다.

⑫ 편집 : 현재의 페이지를 편집하고자 할 경우 편집할 프로그램을 선택한다. 워드편집용 프로그램을 설치하면 추가되면 편집 가능한 프로그램이 증가한다.

[4] 주소 표시줄 : 여기에 URL 주소를 입력하고 Enter를 치거나 [이동]버튼을 클릭하면 해당 사이트로 연결된다. 여기에 MS사가 만든 새로운 기능이 있는데, 우선

창에 go blue를 적고 Enter 키를 치면 화면이 바뀐다. 야후(Yahoo)란 큼직한 글자가 뜨면서 검색결과가 나온다. 즉 go [keyword]를 치면 야후를 통해서 [keyword]를 검색하고 그 결과를 보여 준다.

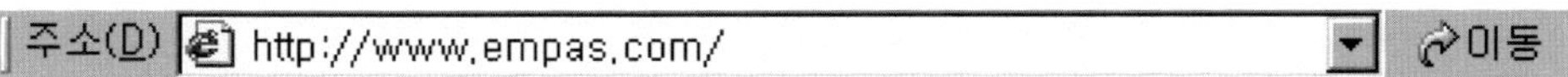

[5] 상태표시줄 : 화면 하단에 나타나며 웹 페이지에 접속되고 있는 상태를 보여 줍니다.

[6] 연결 : 사용하면서 자주 접속하는 사이트가 있을 경우 즐겨찾기로 구성하는 것도 좋지만 매일 접속하는 사이트나 검색에 이용하는 도구는 빠른 접속 설정으로 편리하게 이용할 수 있다. 연결 모음에 바로 가기를 추가하려면, 주소 표시줄에서 웹 페이지 아이콘을 클릭한 후 연결 모음으로 드래그&드롭 하거나 웹 페이지, 즐겨찾기 모음 또는 바탕 화면의 모든 링크를 클릭한 후 연결 모음으로 드래그&드롭 하면 된다.

[7] 표시영역 : 접속한 웹 문서의 내용을 글과 그림으로 보여주는 곳이다.

4.1.4 링크된 페이지로 이동 ■ WWW 특징중의 하나는 문서들이 하이퍼링크를 통해 연결되어 있어 링크를 따라가면서 문서를 검색하도록 되어 있다는 것이다. 즉 하나의 Hypertext 문서내에는 여러개의 다른 문서로의 링크가 있을 수 있으며, 이 링크를 클릭하면 다른 문서로 이동하게 된다.

① 인터넷 익스플로러를 실행시킨다.

② 주소 표시줄에 'http://user.chollian.net/~ikid/site.htm'을 입력한 후 'Enter' 을 친다.

③ 아이를 사랑하는 사람들 홈페이지가 나타나면 마우스를 '물 속에 사는 생물[3-1]'에 위치시킨후 클릭한다. 이때 마우스 포인터가 사람손 모양으로 변하는데, 이것은 이 문 장을 클릭하면 링크된 문서로 이동할 수 있음을 뜻한다.

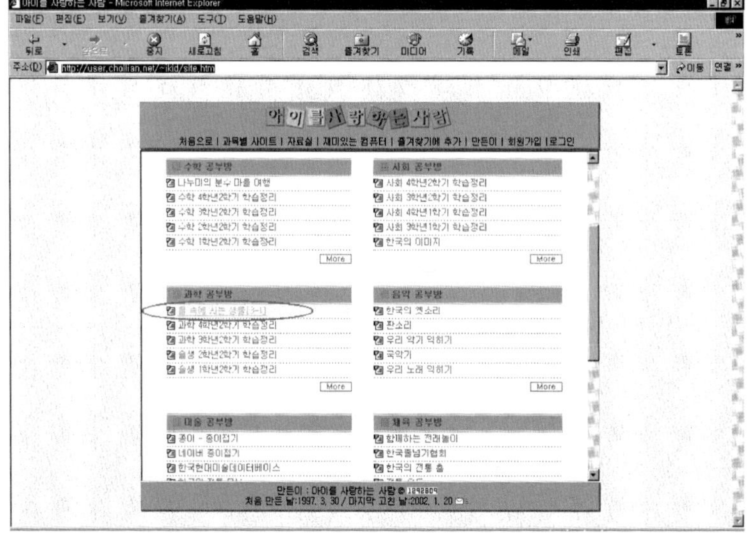

④ 아래의 문서로 이동함을 알 수 있다.

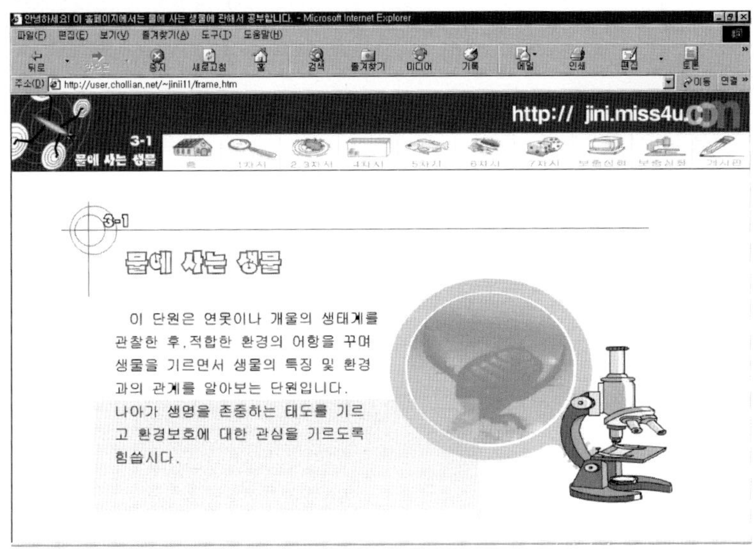

4.1.5 페이지 옮겨 다니기 ■ 인터넷을 여행하다가 지나간 페이지를 다시 보고자

할 때, 이전의 페이지로의 이동과 이전페이지로 이동후 원래의 페이지로 이동하기
위한 방법을 알아보자.

[1] 이전 페이지나 이후 페이지로 이동 : 바로 앞의 페이지나 바로 뒤의 페이지로
이동할 경우는 도구모음의 '앞으로', '뒤로'버튼을 이용한다.

① 인터넷 익스플로러를 실행시킨다.
② 주소 표시줄에 2002년 월드컵 축구대회 조직위원회의 주소 "www.2002worldcupkorea.org"를
입력하고 'Enter'를 친후 2002년 월드컵 축구대회 조직위원회 홈페이지가 나타나면 '한글' 링크를
클릭한다.

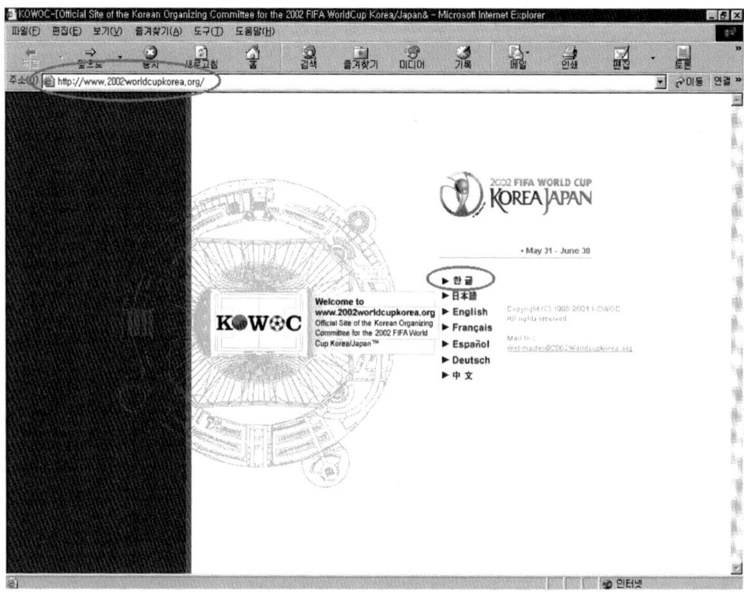

③ 한글 페이지에서 경기일정(한국 & 일본)을 알아보기 위하여 '본선경기 일정'을
클릭한다.

④ '본선경기 일정' 페이지에서 이전 페이지로 이동하기 위해서 도구모음의 '뒤로' 버튼을 클릭한다.

⑤ 이전페이지로 이동한다. 이때 도구모음의 '앞으로' 단추가 활성화 되었음을 볼 수 있다. 이 상태에서 이전의 '본선경기 일정'페이지로 이동하고자 할 경우는 '앞으로' 단추를 클릭하면 된다.

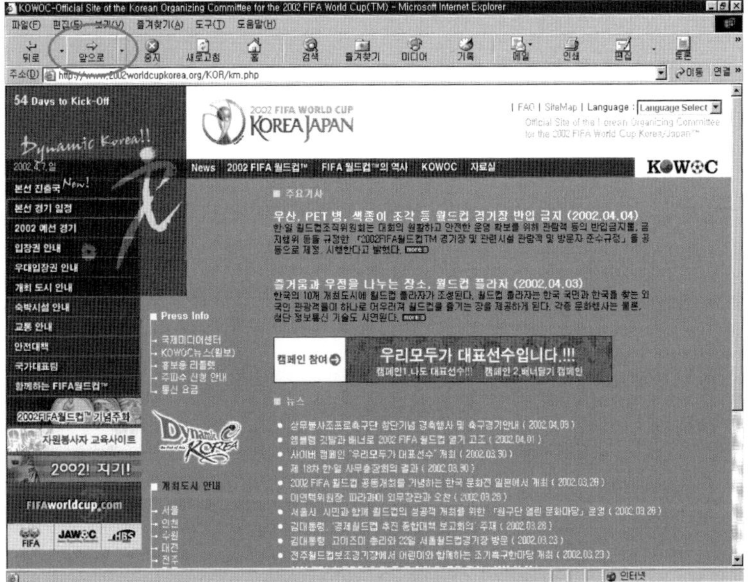

⑥ '앞으로' 단추를 클릭하면 '본선경기 일정' 페이지가 나타난다.

[2] 여러페이지 전이나 여러페이지 후로 이동 : 여러페이지 전이나 여러페이지 후로

이동시에는 '앞으로', '뒤로' 단추옆의 아래 화살표 ▾ 이용하면 편리하다.

① 인터넷 익스플로러를 실행시킨다.
② 주소 표시줄에 2002년 월드컵 축구대회 조직위원회의 주소 "www.2002worldcupkorea.org"
를 입력하고 'Enter'를 친후 2002년 월드컵 축구대회 조직위원회 홈페이지가 나타나면 '한글' 링
크를 클릭한다.

③ 2002년 월드컵에 대해 궁금한 것(개최도시, 본선진출국, 입장권안내 등)들을 링크를 클릭하여 알아본다. 여러페이지를 이동하고 나면 '앞으로', '뒤로' 버튼 옆의 화살표 가 활성화되면서 여러페이지들이 등록된다.

④ 현재 페이지보다 3번째 전에 열었던 페이지로 이동하려면 '뒤로' 버튼 옆의 화살표 를 클릭한 후 3번째 아래의 항목을 클릭한다.

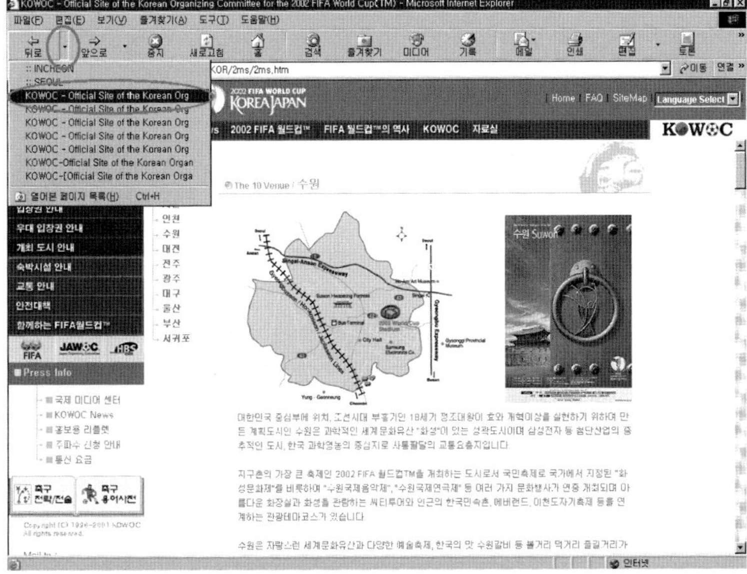

⑤ 현재 페이지보다 3번째 후에 열었던 페이지로 이동하려면 '앞으로' 버튼 옆의 화살표 ▼를 클릭한 후 3번째 아래의 항목을 클릭한다.

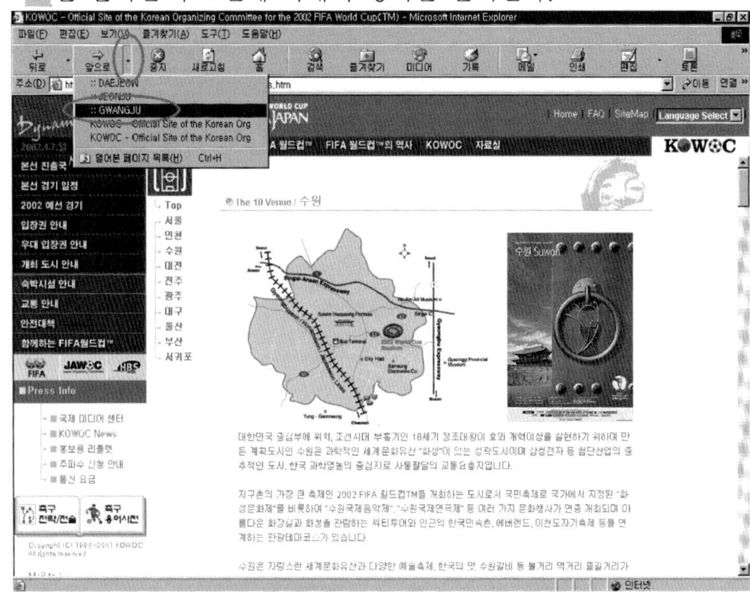

4.1.6 마음에 드는 페이지 즐겨찾기에 등록하기 ■ 인터넷은 수 많은 사이트가 있으나 정작 자기에게 필요한 것은 그 중에 일부이다. 인터넷을 여행하다가 괜찮은 사이트가 있어 자주 방문하게 된다면 '즐겨찾기'에 추가시켜 두면 편리하다.

① 인터넷 익스플로러를 실행시킨다.
② 주소 표시줄에 패러디 신문 홈페이지 주소인 'http://www.ddanzi.com/ddanzziilbo/home.html' 라고 입력한 후 'Enter'를 친다.

③ 딴지일보 홈페이지가 나타나면 [즐겨찾기]-[즐겨찾기에 추가]를 차례로 클릭한다.

④ 즐겨찾기 추가 창이 나타나면 표시할 이름을 입력한 후 [확인] 버튼을 클릭하
거나 기본으로 주어지는 이름을 그냥 사용하려면 [확인] 버튼만을 클릭한다. 여기
서는 '딴지일보'라는 이름으로 즐겨찾기에 추가하였고 즐겨찾기를 클릭하면 '딴지
일보'라는 메뉴가 보이는 것을 확인할 수 있다. 나중에 이곳으로 오고 싶으면 [즐
겨찾기]-[딴지일보]를 차례로 클릭하면 된다.

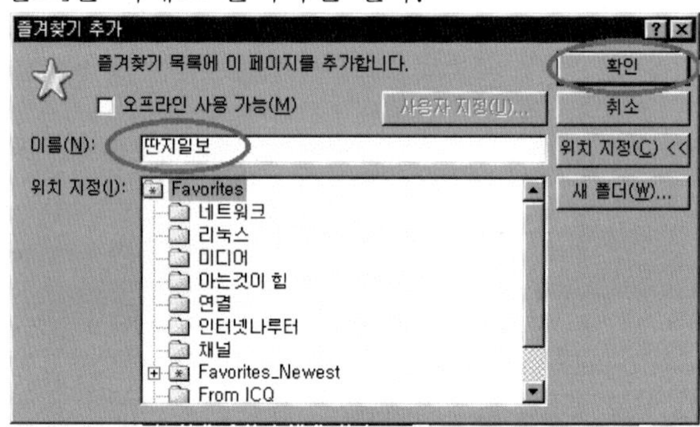

4.1.7 보고싶은 페이지 찾기 ■

찾고자 하는 인터넷 사이트의 주소를 모를 경우,
인터넷 익스플로러에서 지원하는 자동검색 기능을 이용하면 편리하다. 찾고자 하는
정보의 키워드를 주소 표시줄에 한글로 입력하면 MSN의 검색기능과 자동으로 연결
되어 키워드와 관련있는 사이트들이 나열되고, 원하는 사이트를 클릭하면 된다. 검
색에 대한 자세한 내용은 다음 장에서 설명한다.

① 인터넷 익스플로러를 실행시킨다.

② 주소 표시줄에 '국민은행'을 입력한 후 'Enter'을 친다.

③ MSN의 검색 페이지로 연결되면서 '국민은행'이라는 검색어로 검색한 결과를 담고있는 페이지가 나타난다. '1. 국민은행'을 클릭하면 국민은행 홈페이지로 연결된다.

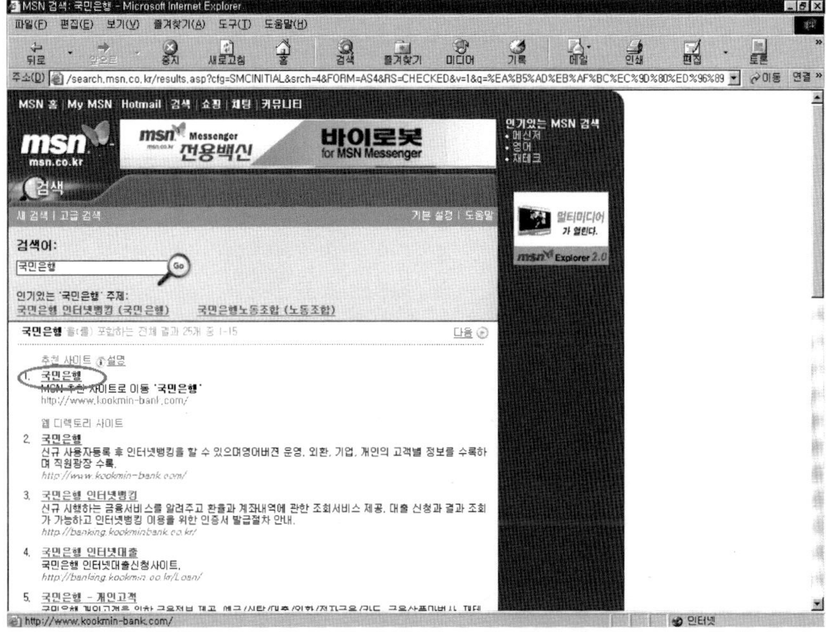

4.1.8 링크된 페이지를 새로운 창에서 열기 ■ 링크된 페이지를 클릭하면 해당페이지가 현재의 창에 나타난다. 그러나 때로는 현재 페이지는 유지한 상태에서 새로운 창에 링크된 페이지를 열고자 하는 경우가 있다. 안철수 연구소 홈페이지에서 무료로 배포하는 백신을 다운 받을 수 있는 페이지를 새창에서 열어보자

① 인터넷 익스플로러를 실행시킨다.

② 홈페이지의 주소 표시줄에 'www.ahnlab.com'를 입력한 후 'Enter'를 친다. 홈페이지의 주소가 'http://home.ahnlab.com/index.html'로 변경되어 나타나는 것을 볼 수 있는데 'www.ahnlab.co.kr'로 입력해도 같은 결과를 얻는다. 이것은 여러개의 도메인 네임을 하나의 홈페이지로 연결하여 놓은 것으로, 이러한 행위는 DNS에서 자동으로 이루어지므로 사용자는 신경쓰지 않아도 된다.

③ 안철수연구소 홈페이지에서 '보안/바이러스정보'에 마우스를 위치시킨후 오른쪽 마우스 버튼을 클릭하고 '새 창에서 링크 열기'를 클릭한다.

④ 원래의 장은 그내로 있으면서 새로운 창에 보안/바이러스 정보가 나타닌다.

⑤ 다운로드 페이지를 새창에서 열어보자. 안철수연구소 홈페이지에서 '다운로드'
에 마우스를 위치시킨후 오른쪽 마우스 버튼을 클릭하고 '새 창에서 링크 열기'를
클릭한다.

⑥ 원래의 창은 그대로 있으면서 새로운 창에 다운로드 정보가 나타난다.

4.1.9 홈페이지 변경 ■ 익스플로러를 시작할 때마다 초기에 나타나는 시작 홈페이지를 사용자 편의에 따라 변경할 수 있다. 매일 아침에 한겨레 신문을 보는 사람은 한겨레 신문사의 홈페이지를 시작 홈페이지로 해두면 익스플로러를 실행시킨 후 한겨레 신문사로 이동하는 수고와 시간 낭비를 줄일 수 있다.

① 인터넷 익스플로러를 실행시킨다.
② 주소 표시줄에 'www.hani.co.kr'을 입력한 후 'Enter'을 친다.

③ 한겨레 신문 홈페이지가 나타나면 [도구]-[인터넷 옵션]을 차례로 클릭한다.

④ [인터넷 옵션]대화상자의 [일반]시트에서 [현재 페이지]버튼을 클릭한 후 [적용]버튼을 클릭한다.

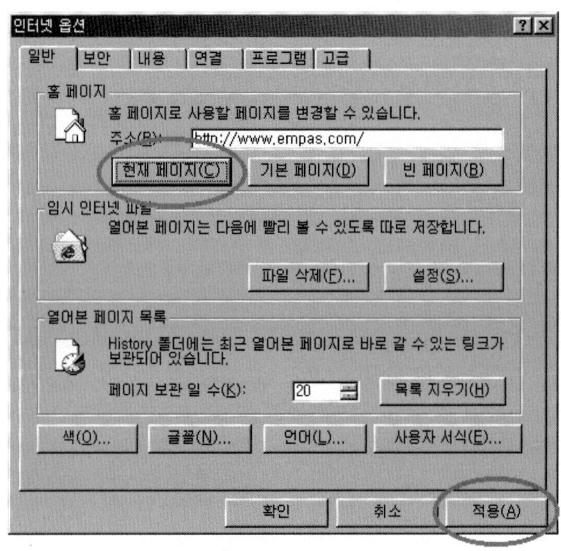

또는 '주소'란에 있는 이전 홈페이지 주소를 지우고 'www.hani.co.kr'을 입력한 후 [적용]버튼을 클릭한다.

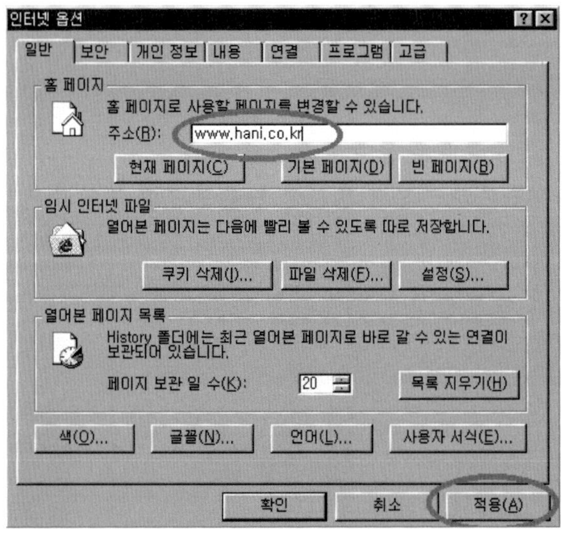

⑤ Alt+F4를 치거나 인터넷 익스플로러 창 오른쪽 위에 있는 ▣를 클릭하여 익스플로러를 종료한 후, ①번 순서대로 인터넷 익스플로러를 다시 실행시킨다. 홈페이지가 'www.hani.co.kr'로 변경되었음을 알 수 있다. 인터넷 여행중에 시작

홈페이지를 열고 싶을 때는 도구모음의 홈 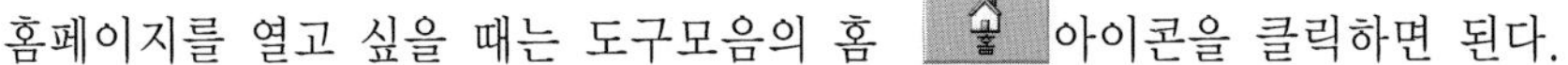 아이콘을 클릭하면 된다.

⑥ 시작 홈페이지를 빈 공간으로 남겨두고 싶은 사람은 ④번에서 [현재 페이지]버튼 대신 [빈 페이지]버튼을 클릭한 후 [적용]버튼을 클릭하면 된다.

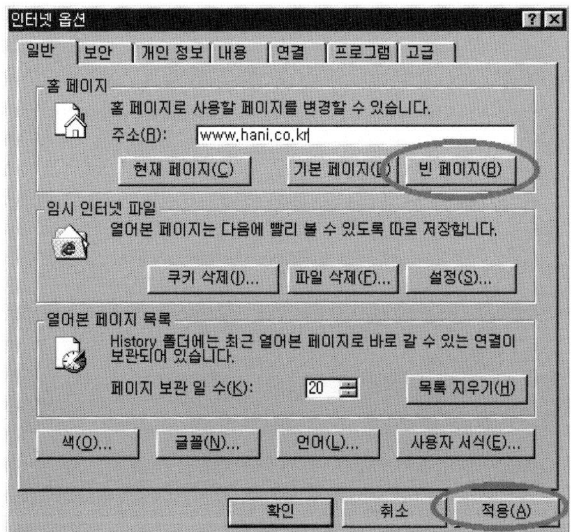

4.1.10 페이지 저장 ■ 인터넷은 정보의 보고이다. 귀중한 자료는 저장하여 두었다가 활용할 수 있다. 인터넷에서 차세대 전투기 후보 기종인 라팔에 대한 자료를 찾아 파일로 저장하여 보자.

① 인터넷 익스플로러를 실행시킨다.
② 홈페이지의 주소 표시줄에 'http://lostuniv.x-y.net/sas/fx/raf.htm'를 입력한 후 'Enter'를 친다.

③ [파일]-[다른 이름으로 저장]를 차례로 클릭한다.

④ [웹페이지 저장] 대화상자가 나타나면 저장할 [폴더]와 [파일이름]을 선택한 후
[저장]버튼을 클릭한다.

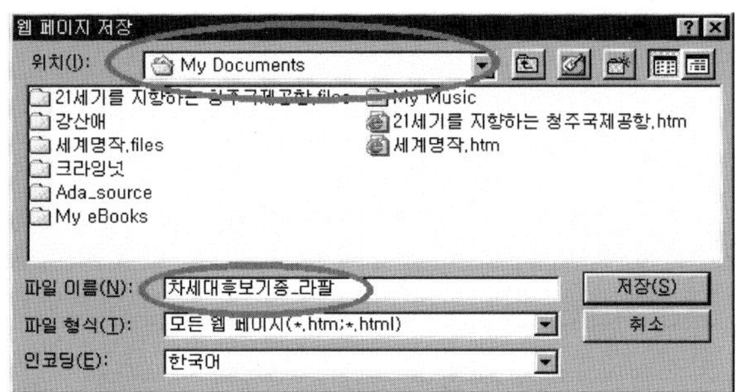

⑤ 저장 진행상태가 나타난 후 사라지면 저장이 완료된 것이다.

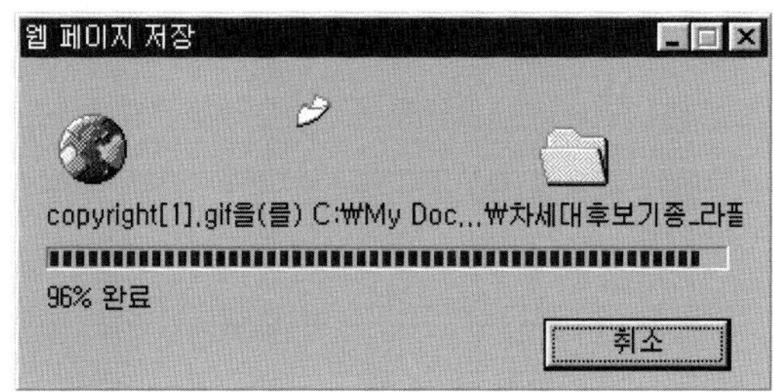

⑥ 탐색기로 "My Documents" 폴더를 검색하면 '차세대후보기종_라팔.htm'이라는
파일과 '차세대후보기종_라팔.files'라는 폴더가 생긴 것을 알 수 있다. '차세대후
보기종_라팔.files'폴더는 '차세대후보기종_라팔.htm'에 포함되어있는 그림 파일들
이 저장되는 폴더이다.

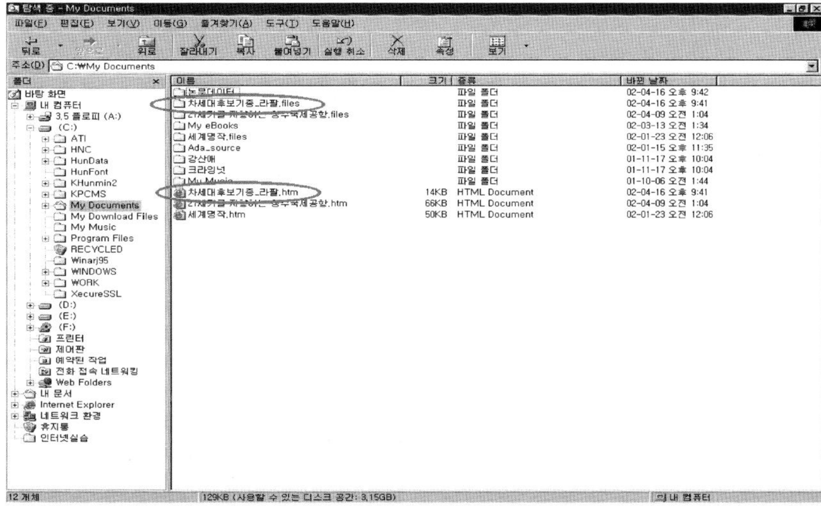

4.1.11 그림 저장   ■   인터넷을 여행하다 보면 정말 멋진 그림들이 많다. 이런 그림들을 내 컴퓨터에 저장하였다가 편지나 리포트등을 작성할 때 이용하면 멋지게 꾸밀 수 있을 것이다.

① 인터넷 익스플로러를 실행시킨다.
② 홈페이지의 주소 표시줄에 'http://lostuniv.x-y.net/sas/fx/f15.htm'라고 입력한 후 'Enter'를 친다.

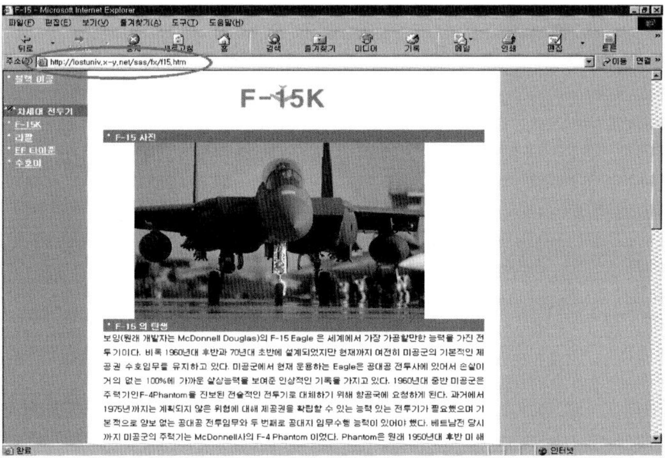

③ 'http://lostuniv.x-y.net/sas/fx/f15.htm' 페이지가 나타나면 원하는 사진에 마우스를 위치시키고 오른쪽 버튼을 클릭한 후 [다른 이름으로 그림 저장]을 클릭한다.

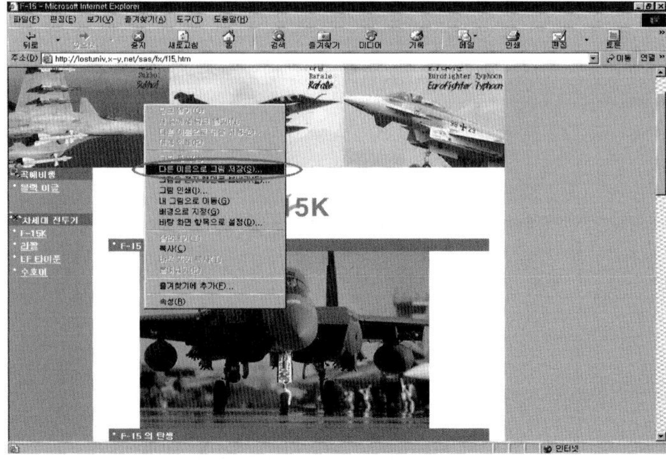

④ '그림 저장' 대화상자에서 '저장위치'와 '파일 이름'을 선택하여 입력한 다음 [저장]버튼을 클릭하면 선택한 위치에 그림 파일이 저장된다.

4.1.12 열어본 페이지

■ 목록보기는 인터넷 익스플로러를 이용하여 방문한 사이트에 대한 정보를 기록하였다가 이용자에게 제공하는 기능으로 이용자가 어느 사이트를 언제 방문했는지를 알 수 있다.

① 인터넷 익스플로러를 실행시킨다.
② 도구모음에서 '기록' 아이콘을 클릭하면 웹페이지 좌측에 '열어본 페이지 목록' 창이 나타난다.

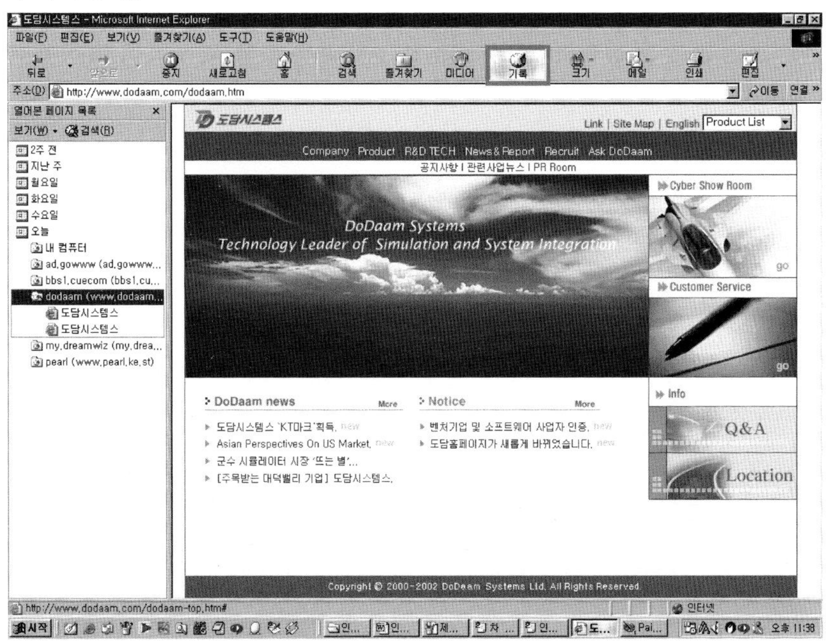

또는

② [보기]-[탐색창]-[열어본 페이지목록]메뉴를 클릭해도 된다.

③ 목록에서 방문하고 싶은 사이트 주소에 마우스포인터를 갖다 놓고 클릭하면 해당 사이트로 바로 이동한다. 이번주 화요일에 방문한 사이트중에서 '딴지일보' 사이트를 클릭하면 바로 딴지일보 사이트로 이동한다.

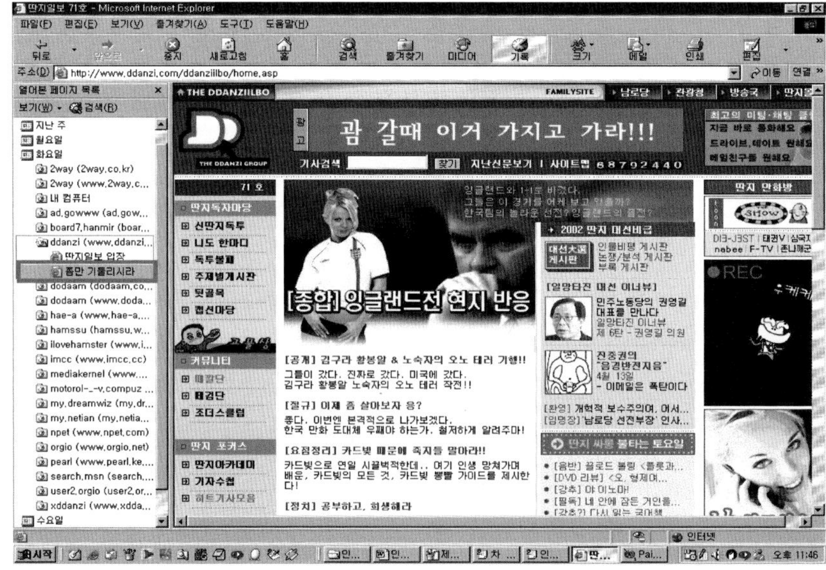

④ 목록중 일부, 1일 또는 1주일 단위로 삭제시킬 수 있다. 삭제하고자 하는 목록에 마우스를 위치시킨 후 오늘쪽 마우스 버튼을 클릭하고 [삭제] 메뉴를 선택하면 목록이 삭제된다.

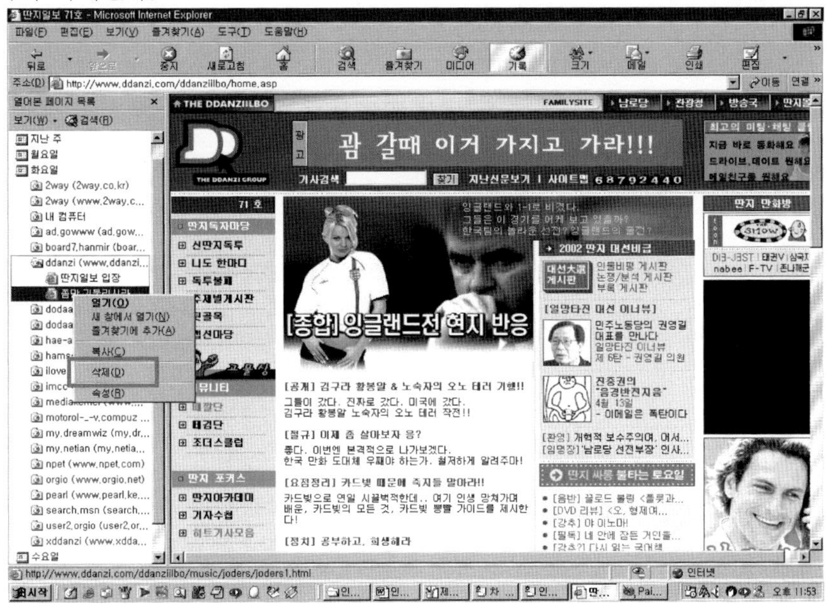

⑤ 목록을 날짜순 또는 사이트 이름순으로 정렬을 할 수도 있다. 기본정렬은 날짜순으로 되어 있으나 [보기]를 클릭하여 사이트순을 클릭하면 목록이 사이트 이름순으로 정렬된다.

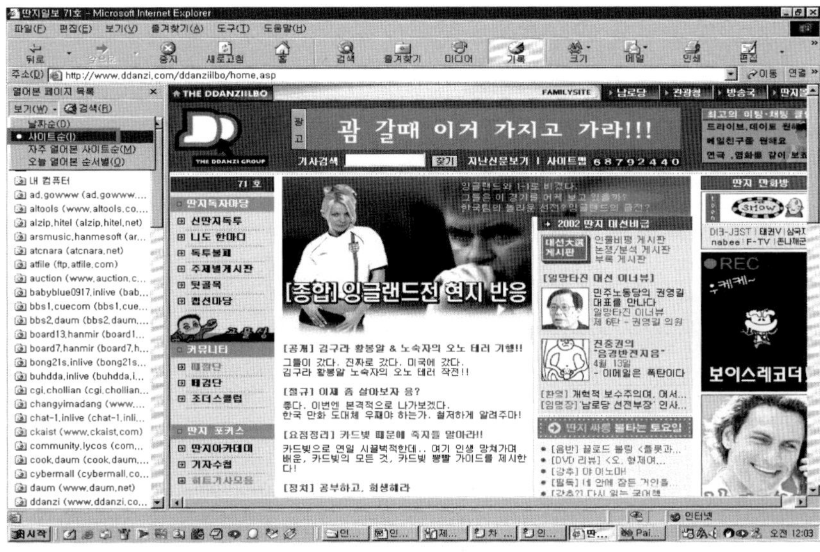

⑥ '열어본 페이지목록' 창이 닫고 싶을 때는 '열어본 페이지목록' 창의 우측상단
의 [닫기] 단추 ✕ 를 클릭하면 창이 없어진다.

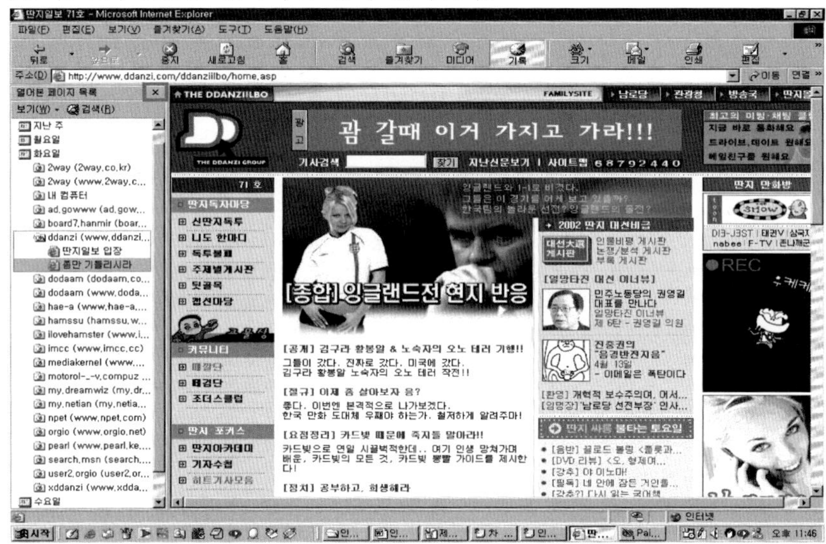

4.1.13 인쇄하기 ■ 인터넷을 검색하다 보면 좋은 내용이나 그림이 많이 있다. 이러
한 그림을 프린트하여 스트랩을 하여 두면 나중에 좋은 자료집이 될 것이다. 숲에
대한 자료를 프린트하여 보자.

① 인터넷 익스플로러를 실행시킨다.
② 홈페이지의 주소 표시줄에 'http://www.forestkorea.org/library/benefit/
default.asp' 라고 입력한 후 'Enter'를 친다.

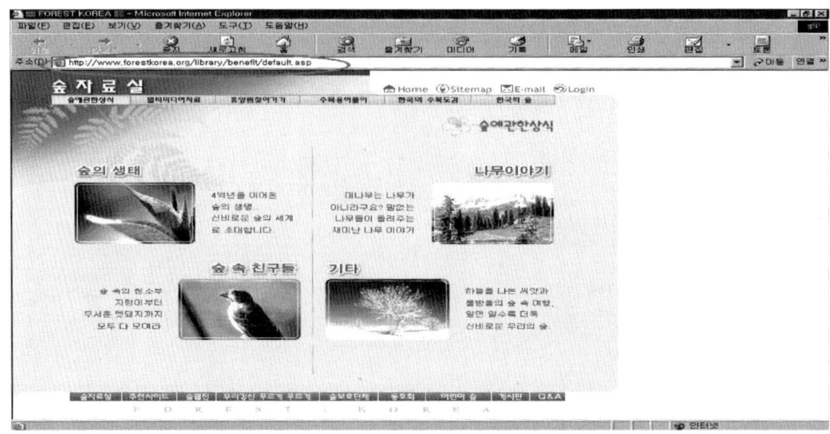

③ '숲 자료실' 홈페이지에서 숲속 친구들에 대한 내용을 보기 위해 새 그림을 클릭 한다.

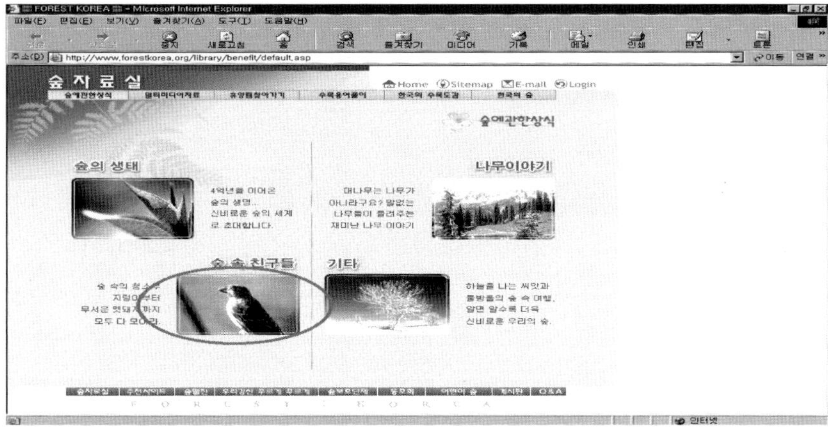

④ 숲 속 친구들 페이지에서 '숲에 감추어진 보물·작은 생물들'을 클릭한다.

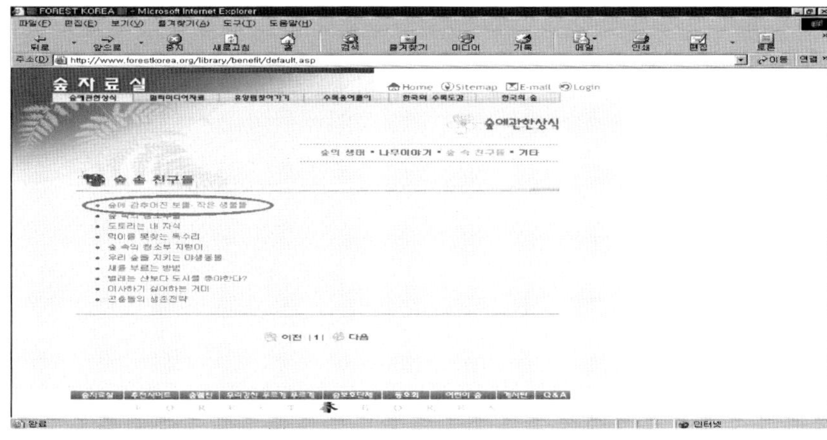

⑤ 숲에 감추어진 보물·작은 생물들에 대한 페이지에서 [파일]-[인쇄 미리 보기]
를 선택한다.

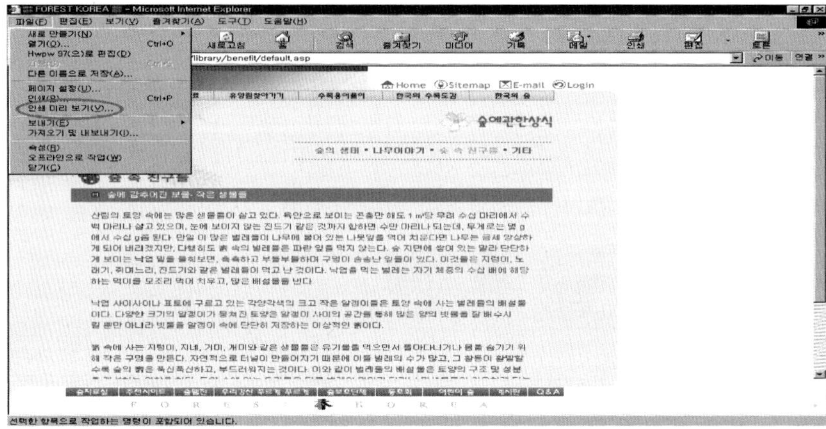

⑥ '인쇄 미리보기' 페이지에서 인쇄의 모양을 확인한 후 '인쇄' 아이콘을 클릭한다.

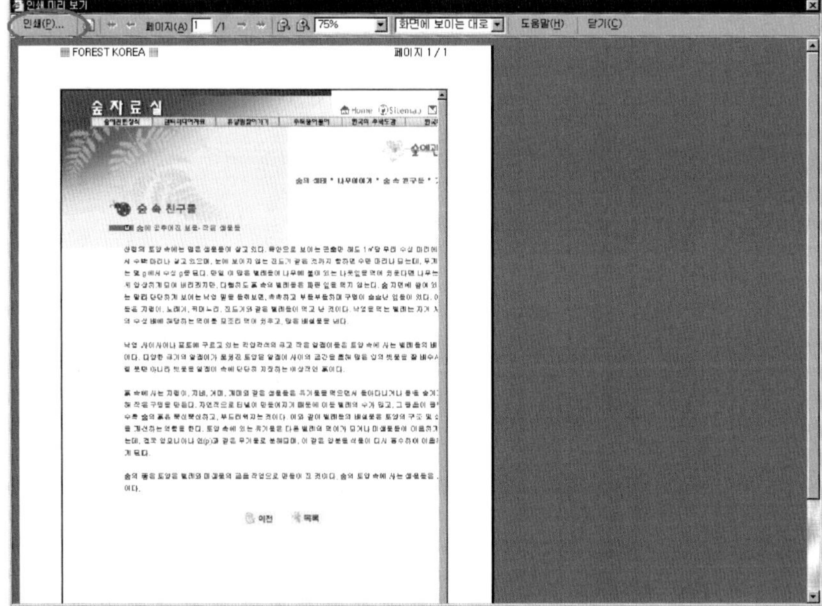

⑦ 자신의 프린터가 선택되었나 확인하고, 인쇄 범위와 인쇄 매수를 선택한 후
[확인]버튼을 클릭하면 그림이 프린트된다.

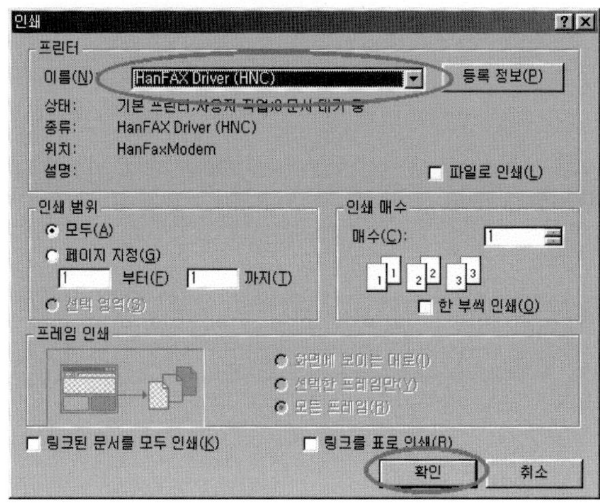

4.1.14 인터넷 익스플로러 흔적 지우기 ■ 인터넷을 사용하고 나면 방문한 사이

트, 열어본 페이지의 내용에 포함된 그림자료등의 자료가 남게된다. 이들 자료는 컴
퓨터 운영체제(윈도우 98)가 인스톨된 드라이버의 [WINDOWS]-[Cookies],
[WINDOWS]-[History], [WINDOWS]-[Temporary Internet Files] 디렉토리에 저장
되어 있다. 이들 자료를 삭제하여 나의 흔적을 없애자.

① 인터넷 익스플로러를 실행시킨다.
② [도구]-[인터넷 옵션] 메뉴를 차례로 클릭한다.

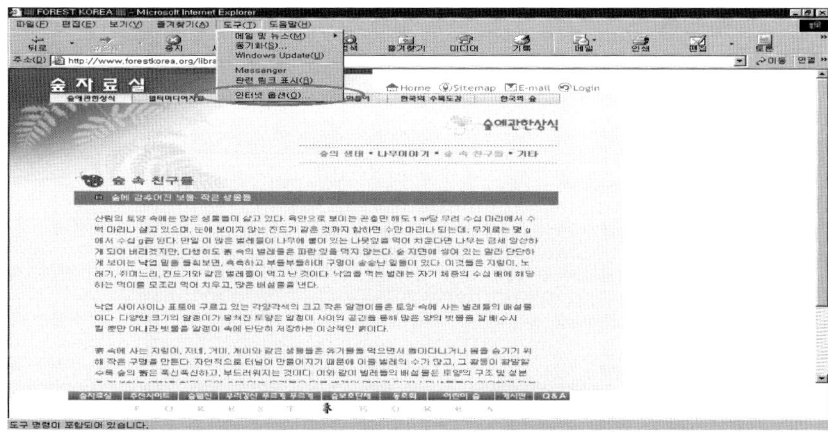

③ '인터넷 옵션' 대화상자에서 '쿠키 삭제' 버튼을 클릭한다.

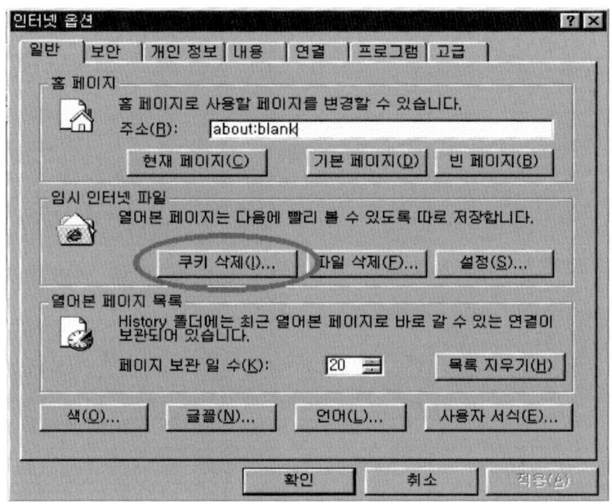

④ 쿠키 삭제를 확인하는 대화상자가 나타나고 '확인' 버튼을 클릭하면 쿠키가 삭제된다. (쿠키는 방문한 사이트에서 보내지는 작은 정보를 담고 있는 것으로 어떤 사이트를 방문했는지를 알 수 있는 자료가 된다.)

⑤ '인터넷 옵션' 대화상자에서 '파일 삭제' 버튼을 클릭한다.

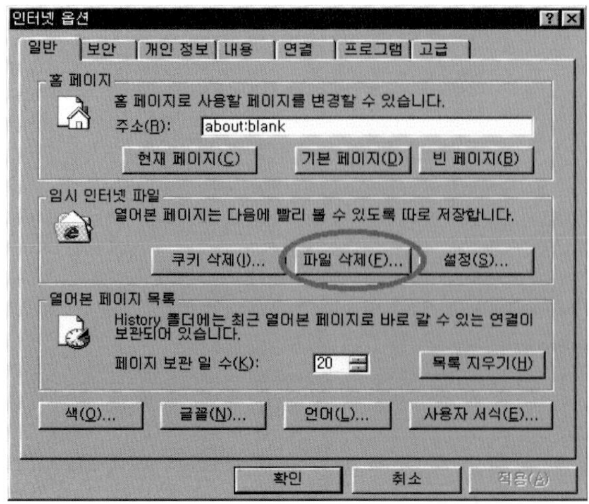

⑥ 파일 삭제를 확인하는 대화상자가 나타나면 '확인' 버튼을 클릭하여 방문한 사이트에서 다운된 파일을 삭제한다. (인터넷의 속도를 빠르게 하기 위하여 방문하는 사이트의 내용을 임시로 저장하였다가 다음에 방문할 때는 내 컴퓨터의 임시 저장공간에 저장된 내용을 나타나게 하므로 인터넷 속도가 빨라지는 효과가 있다. 이러한 파일은 자신이 어떤 사이트를 방문했는지를 알 수 있는 자료가 된다.)

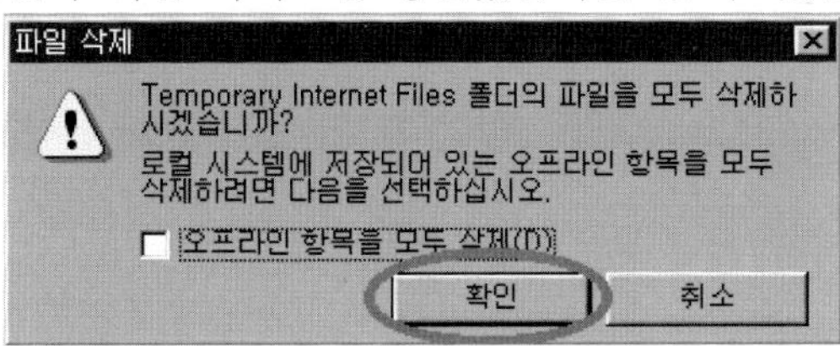

⑦ '인터넷 옵션' 대화상자에서 '목록 지우기' 버튼을 클릭한다.

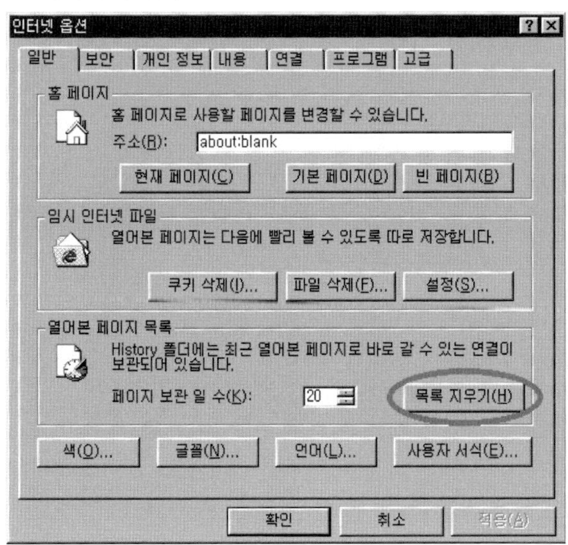

⑧ 방문한 사이트 기록 삭제를 확인하는 대화상자가 나타나면 '확인' 버튼을 클릭하여 방문한 사이트의 기록을 삭제한다.

⑨ 탐색기에서 위에 언급한 디렉토리를 검사하면 디렉토리가 비어 있는 것을 알 수 있다.

4.1.15 보안설정 ■ 인터넷 익스플로러에서는 인터넷 웹 사이트를 여러 개의 영역 (인터넷, 로컬 인트라넷, 신뢰할 수 있는 사이트, 제한된 사이트)으로 구분하고 영역별로 적절한 보안 수준을 설정할 수 있다. 익스플로러는 웹 사이트의 내용을 보거나 다운로드 할 때마다 웹 사이트의 영역을 확인하여 상태표시줄의 오른쪽에 표시한다.

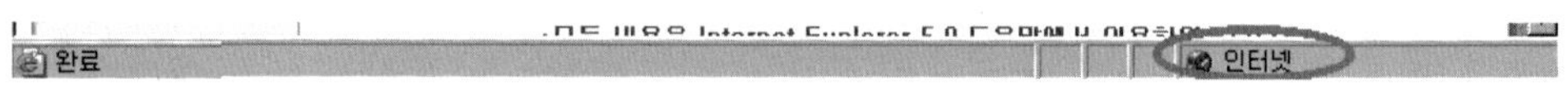

① 인터넷 익스플로러를 실행시킨다.
② 도구메뉴에서 [인터넷 옵션]을 클릭한다.

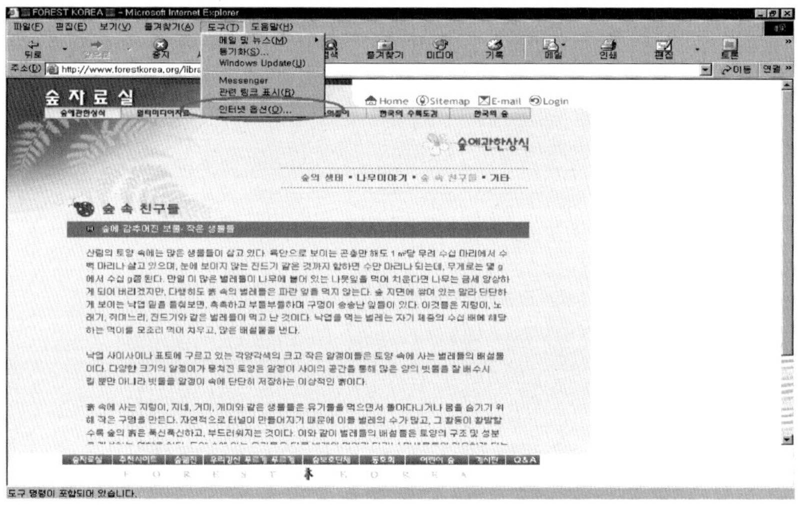

③ [인터넷 옵션] 대화상자에서 [보안] 시트를 클릭한다.

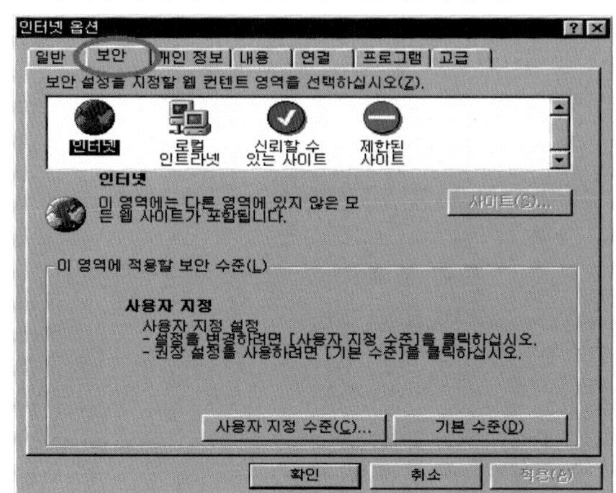

④ [인터넷] 영역을 클릭한다.

인터넷 영역은 사용자 조직의 시스템이나 인트라넷에 존재하지 않는 사이트 또는 어떤 영역에도 지정되지 않은 사이트들의 영역이다. 인터넷 영역의 기본 보안 수준은 보통이다. '이 영역에 적용할 보안 수준(L)' 슬라이더를 이용하여 원하는 보안수준으로 사용자가 변경할 수 있다.

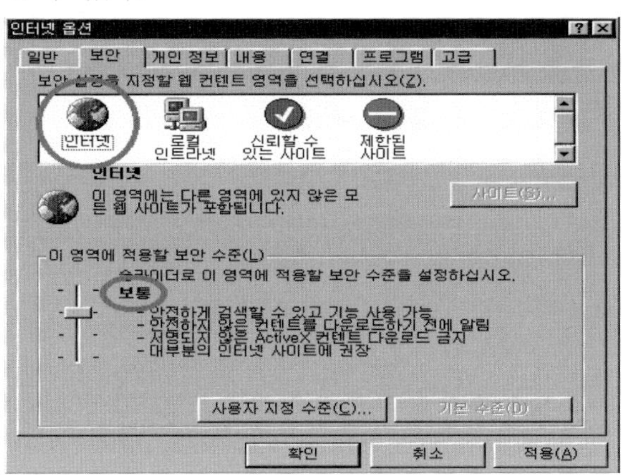

⑤ [로컬 인트라넷] 영역을 클릭한다.

로컬 인트라넷 영역은 사용자 조직의 인트라넷에 있는 모든 웹사이트를 포함할 수도 있고 사용자가 지정할 수도 있다. 로컬 인트라넷 영역을 지정하고자 할 경우에는 [사이트]버튼을 클릭하여 수행한다. 로컬 인트라넷 영역의 기본 보안 수준은 낮음으로 지정되어 있으며, '이 영역에 적용할 보안 수준(L)' 슬라이더를 이용하여 원하는 보안 수준으로 사용자가 변경할 수 있다.

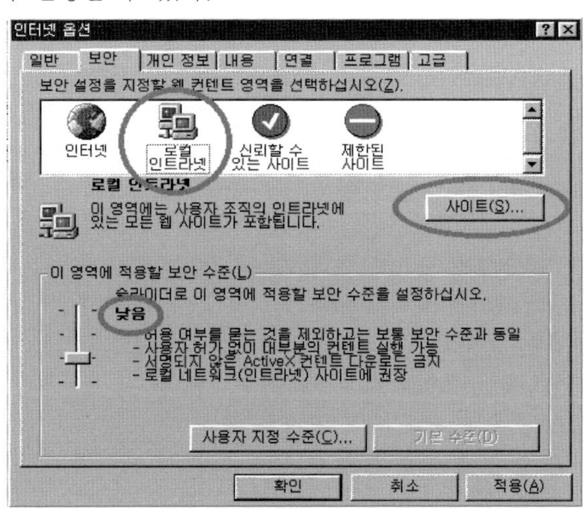

⑥ [신뢰할 수 있는 사이트] 영역을 클릭한다.

신뢰할 수 있는 사이트 영역은 시스템이나 데이터 손상에 대해 걱정하지 않고 파일을 다운로드하거나 실행할 수 있다고 신뢰하는 사이트로 사용자가 지정한다. 사이트 지정은 [사이트]버튼을 클릭하여 '신뢰할 수 있는 사이트'로 지정하고자 하는 웹 사이트의 주소를 등록하면 된다. 신뢰할 수 있는 사이트 영역의 기본 보안 수준은 낮음이며, '이 영역에 적용할 보안 수준(L)' 슬라이더를 이용하여 원하는 보안수준으로 사용자가 변경할 수 있다.

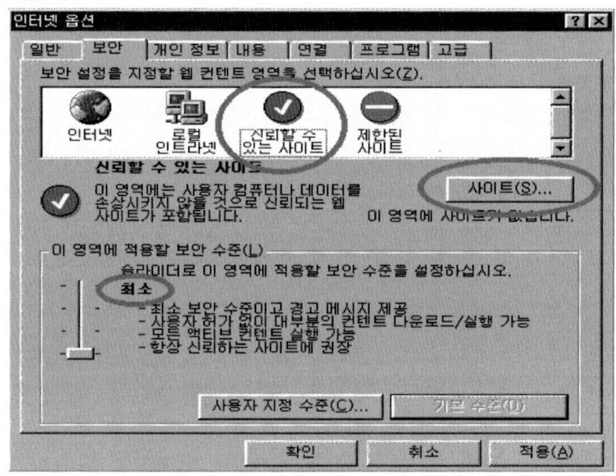

⑦ [제한된 사이트] 영역을 클릭한다.

제한된 사이트 영역은 신뢰할 수 없는 사이트로, 이 사이트의 파일을 다운로드하거나 실행하면 시스템이나 데이터가 손상될 수 될 수 있는 사이트가 포함된다. 사이트 지정은 [사이트]버튼을 클릭하여 '제한된 사이트'로 지정하고자 하는 웹 사이트의 주소를 등록하면 된다. 제한된 사이트 영역의 기본 보안 수준은 높음이며, '이 영역에 적용할 보안 수준(L)' 슬라이더를 이용하여 원하는 보안수준으로 사용자가 변경할 수 있다.

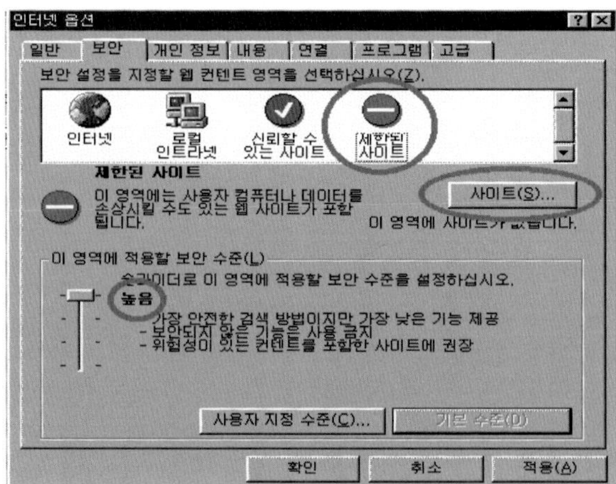

4.1.16 페이지 일부분 문서에 붙이기 ■ 인터넷에서 원하는 정보를 찾아 문서 편집기에서 편집을 하고자 할 경우에는 웹 문서의 전체보다는 일부분에 대한 자료가 필요하다. 고래에 대한 자료를 인터넷에서 찾아 문서 편집기에서 편집하여 보자.

① 인터넷 익스플로러를 실행시킨다.

② 홈페이지의 주소 표시줄에 'http://www.kordi.re.kr/antarctica/Biology/Whale.htm' 라고 입력한 후 'Enter'를 친다.

③ 고래에 대한 내용을 복사하기 위하여 원하는 정보를 담고 있는 부분을 선택한다. 마우스를 원하는 정보의 처음 부분에 위치시키고 왼쪽 마우스 버튼을 누른 상태에서 원하는 정보의 마지막 부분까지 드래그한 후 마우스 버튼을 놓는다. 선택한 부분이 반전되어 표시되면, 반전된 영역에 마우스를 위치시키고 오른쪽 마우스 버튼을 클릭한다. 서브메뉴가 나타나면 복사를 클릭한다.

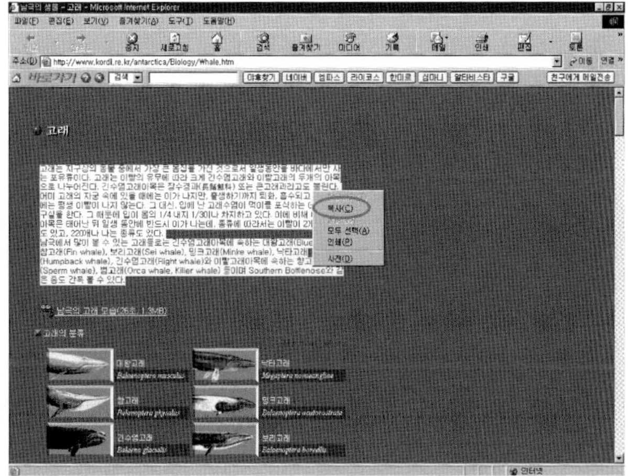

④ 문서 편집기(여기서는 한글)에서 [편집]-[붙이기]를 차례로 클릭하거나 키보드
에서 [CTRL+v]를 누른다.

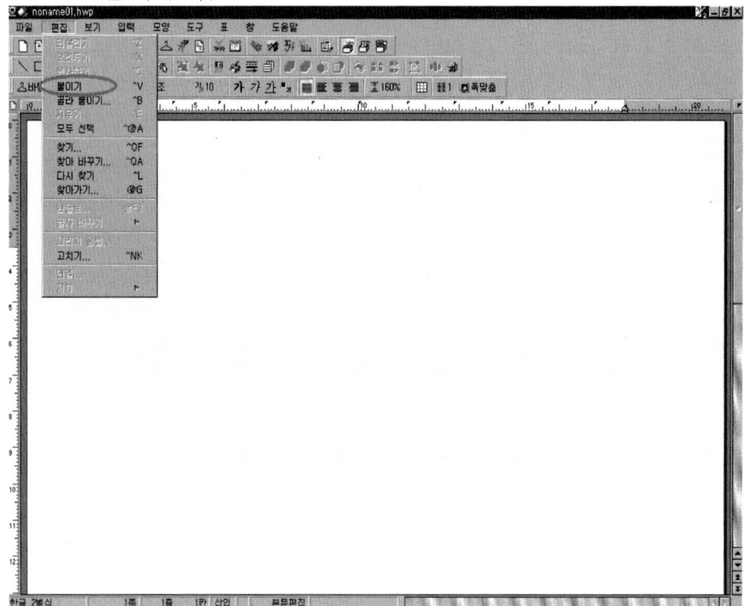

⑤ 임시 공간에 저장되어 있던 고래에 대한 내용이 문서편집기에 붙여진다. 이제
부터는 문서 편집기를 이용하여 원하는 형태로 편집하면 된다.

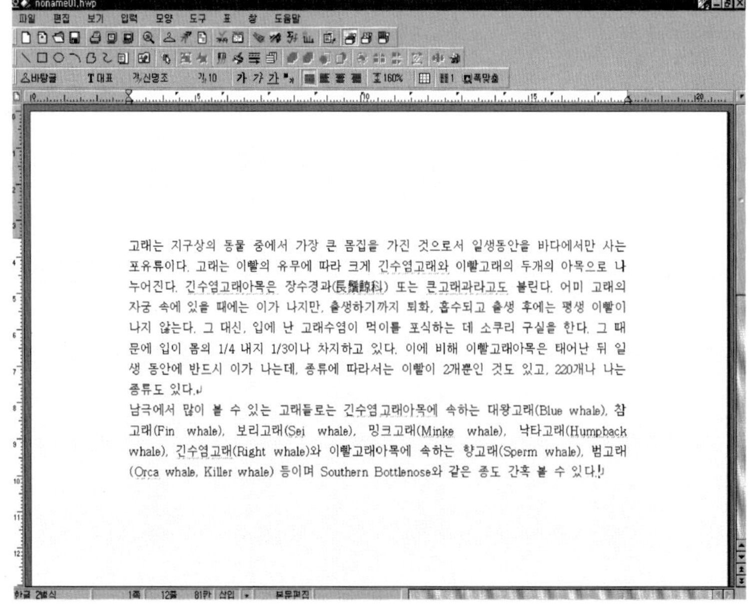

4.1.17 액세스 제한 ■ 인터넷을 이용하면 다양한 종류의 정보를 볼 수 있다. 그러나 이들 정보들 중에는 폭력적이거나 외설적이어서 어린이와 청소년들에게는 적합하지 않은 내용도 포함되어있으며 이들 웹 사이트는 어린이나 청소년의 접근을 차단할 필요가 있다.

인터넷 익스플로러에서는 적합하지 않은 정보를 담고 있는 웹 사이트로의 접근을 제한할 수 있도록 내용 관리자라는 기능을 제공하고 있으며, 내용 관리자에는 섹스, 신체 정도, 언어 및 폭력의 네 가지 분류 항목에 대한 등급 수준을 적절할 수준으로 조정하여 부적절한 웹사이트로의 접근을 제한할 수 있다. 또한 지정한 등급에 상관없이 항상 볼 수 없는 웹 사이트 목록을 설정할 수 있으며, 반대로 항상 볼 수 있는 웹 사이트 목록을 설정할 수 있다.

① 인터넷 익스플로러를 실행시킨다.
② 도구메뉴에서 [인터넷 옵션]을 클릭한다.

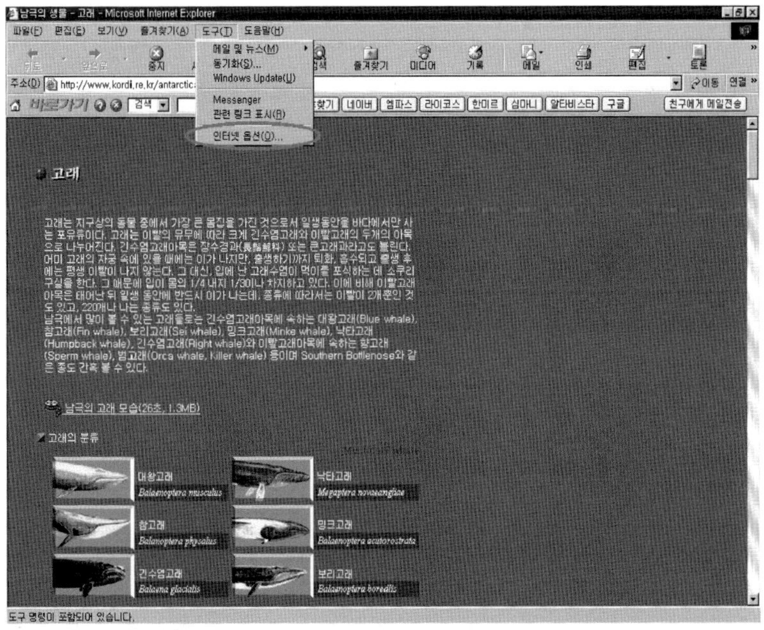

③ [인터넷 옵션] 대화상자에서 [내용] 시트를 클릭한다.

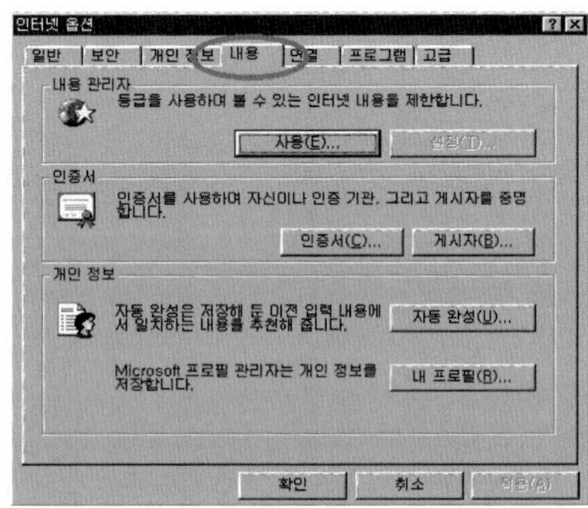

또는

① [시작]-[설정]-[제어판]을 차례로 클릭한다.
② [인터넷 옵션] 아이콘을 더블클릭한다.

③ [내용] 시트를 클릭한다.

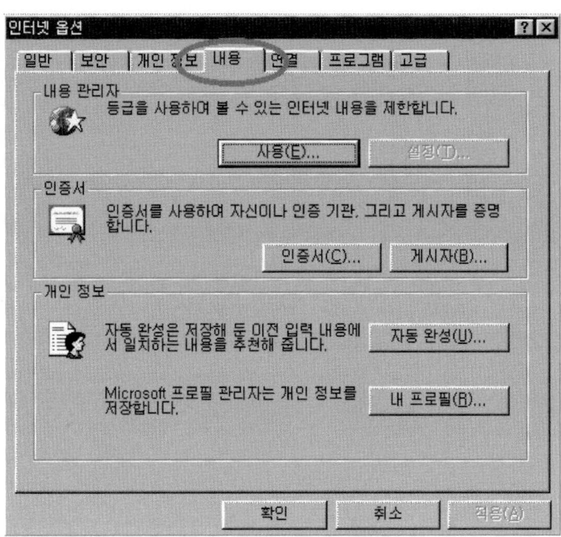

④ [내용관리자]에서 [사용]버튼을 클릭한다.

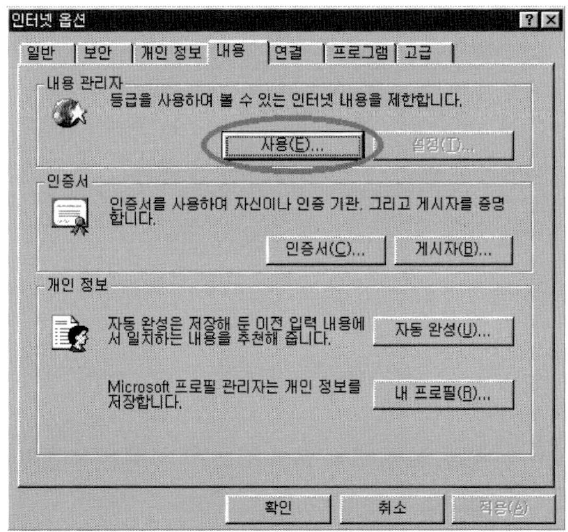

⑤ 등급 수준을 저정하고자 하는 항목을 선택한 후 수준 조정 슬라이더를 조절한다.

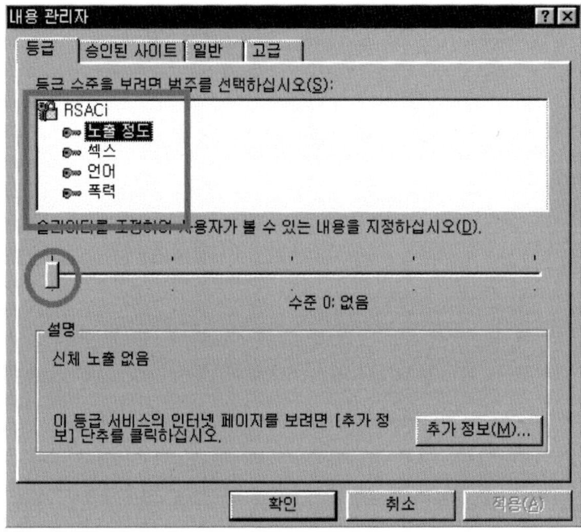

⑥ [승인된 사이트] 시트를 클릭한 후 항상 볼 수 있는 사이트나 항상 볼 수 없는
사이트를 지정한다.

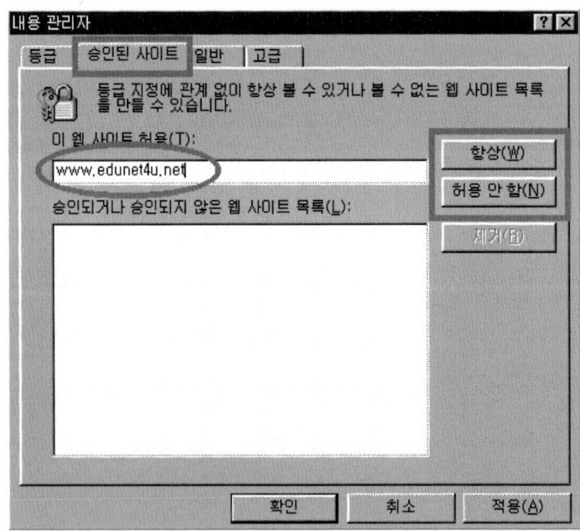

⑦ 항상 허용하는 사이트는 로 표시되고, 항상 허용하지 않는 사이트는 로 표시된다. 등급수준과 허용 사이트를 모두 지정하였으면 [적용] 버튼을 클릭한다.

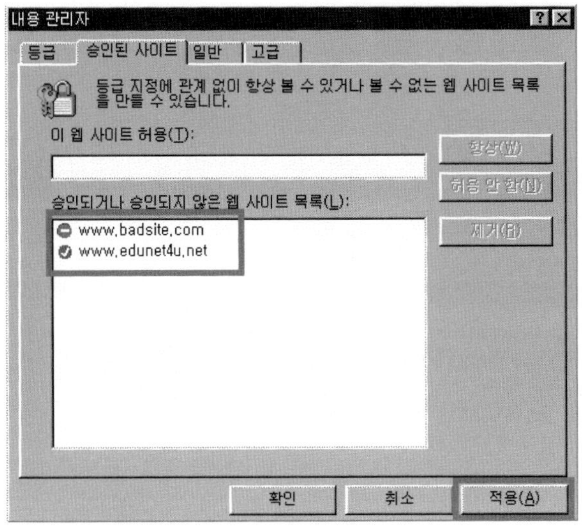

⑧ 설정된 내용 관리자의 내용을 아무나 변경할 수 있다면 등급 수준을 설정하여도 무용지물이다. 내용 관리자 내용의 변경 권한이 있는 사람만 변경이 가능하도록 하기 위해서는 암호를 설정하여 놓으면 된다. [일반]시트를 클릭한 후 감독자 암호를 설정하면 된다.

4.1.18 즐겨찾기 정리하기 ■ 즐겨찾기기능은 인터넷을 이용할 때 유용하게 사용되는 기능이다. 그러나 즐겨찾기 목록이 커지면 직관성이 떨어져 불편해진다. 이런 불편을 해소하기 위해 즐겨찾기 페이지를 각 주제별로 폴더로 만들어 관리하면 편리하다.

① 인터넷 익스플로러를 실행시킨다.
② [즐겨찾기] 메뉴를 클릭한 후 [즐겨찾기 구성]을 클릭한다.

또는

① 인터넷 익스플로러를 실행시킨다.

② 도구바에서 [즐겨찾기]를 클릭한 후, 즐겨찾기 창에서 [구성]을 클릭한다.

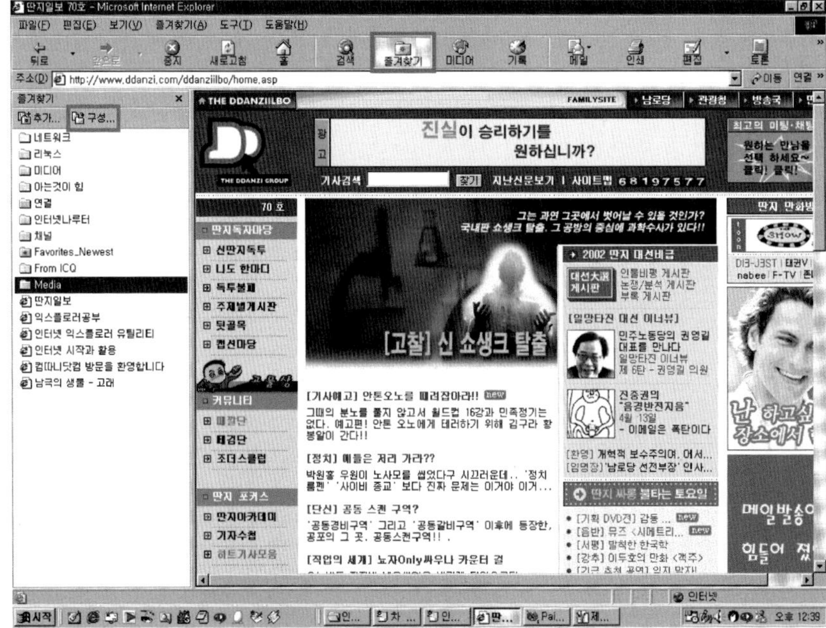

③ [폴더 만들기]를 클릭하고 폴더 이름(동물이야기)을 입력한 다음 'Enter' 친다.

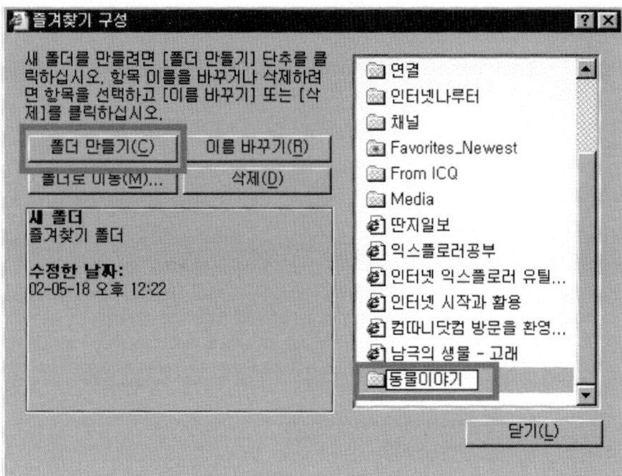

④ 목록에서 바로 가기(또는 폴더)를 클릭한 후, 드래그하여 해당 폴더에 끌어 놓는다.

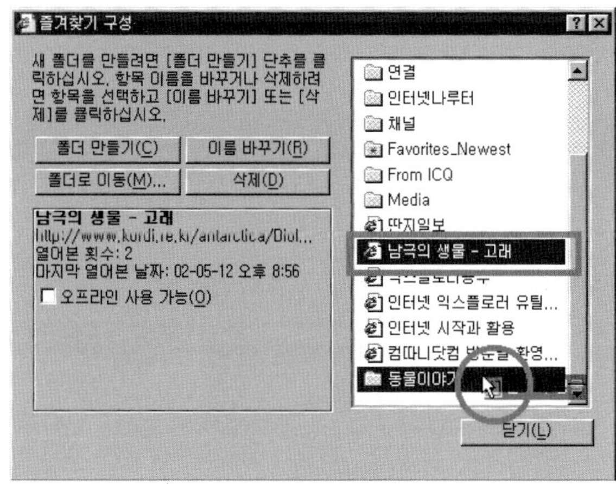

⑤ 생성된 폴더로 이동하면 바로가기(또는 폴더)가 이동되어 있는 것을 볼 수 있
다. 이와 같은 방법을 반복하여 항목별로 즐겨찾기를 구성한다.

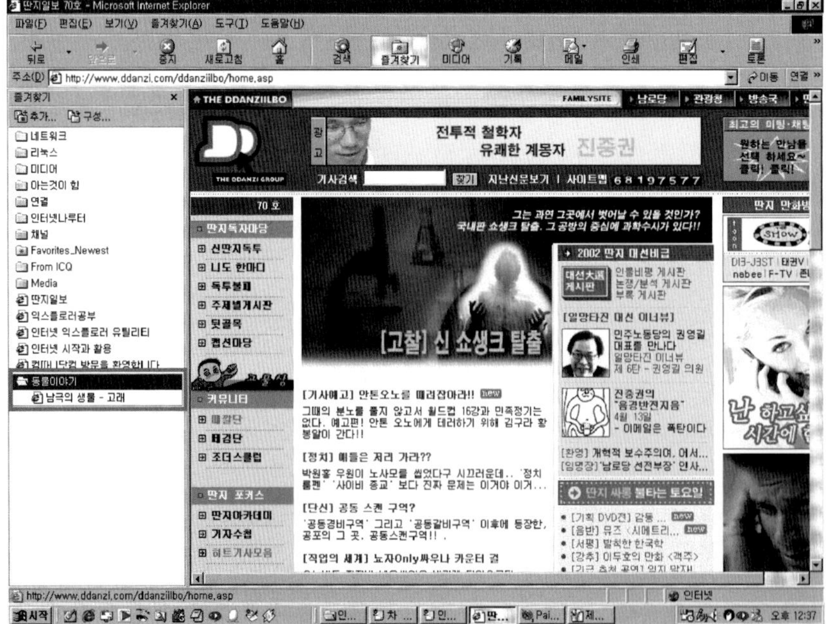

4.1.19 웹페이지 글꼴 변경 ■ 글꼴은 사람의 취향에 따라 다르며 현재의 인터넷 익스플로러에 나타나는 글꼴이 마음에 들지 않으면 변경할 수 있다. 인터넷 익스플로러의 글꼴을 자신의 취향에 맞게 과감하게 바꾸자.

① 인터넷 익스플로러를 실행시킨다.
② [도구]-[인터넷 옵션]을 차례로 클릭한다.

③ '인터넷 옵션' 대화상자가 나타나면 '일반'시트에서 [글꼴]버튼을 클릭한다.

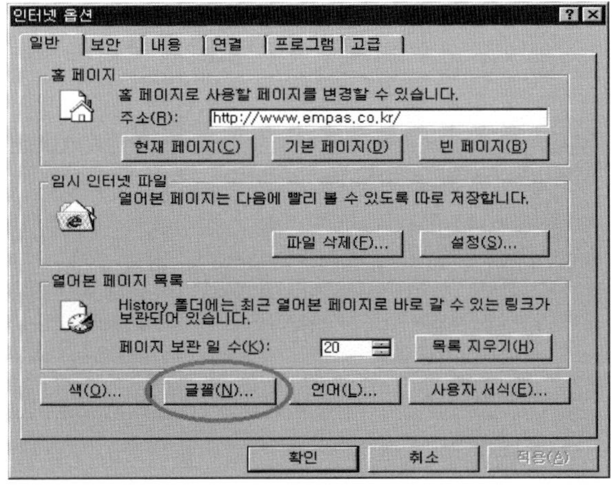

④ '글꼴' 대화상자가 나타나면 '웹페이지 글꼴'과 '일반 텍스트 글꼴'을 모두 [돋음체]로 선택한 후 [확인]버튼을 클릭한다. 자기가 원하는 글꼴이 있으면 그 글꼴을 선택한 후 [확인]버튼을 클릭한다.

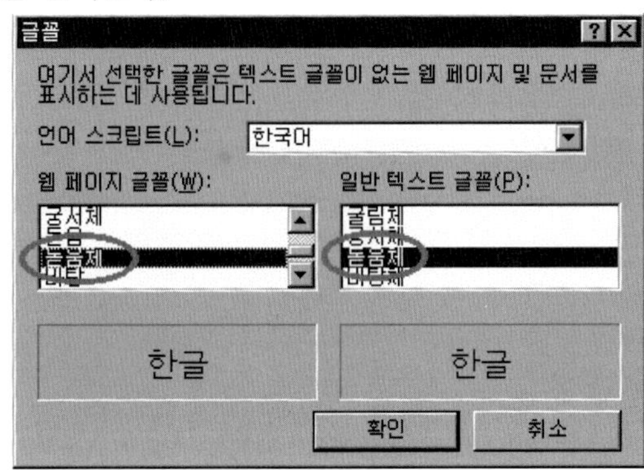

4.1.20 도구모음 변경 ■ 도구모음은 사용자들이 가장 많이 사용하는 기능을 아이콘으로 제공하여 사용자에게 편이성을 제공하는 것으로 사용자의 필요에 따라 기능과 위치를 변경할 수 있다.

① 인터넷 익스플로러를 실행시킨다.
② [보기]-[도구모음]-[사용자 정의]를 차례로 클릭한다.

또는

② '도구모음'에서 오른쪽 마우스 버튼을 클릭한 후 [사용자 정의]를 클릭한다.

③ 이동하고자 하는 도구 아이콘을 글릭한 후 드래그하여 이동하면 '현재 도구 모음
단추'창 왼쪽 옆에 이동되는 자리가 표시된다. 원하는 위치에서 마우스 버튼을 놓으
면 된다.

④ 이동된 것을 확인한 후 닫기를 클릭한다.

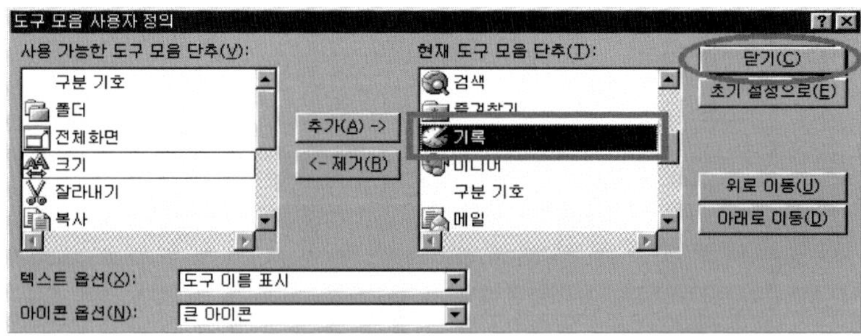

⑤ [미디어] 도구 아이콘과 [기록] 도구 아이콘의 위치가 바뀐 것을 볼 수 있다.

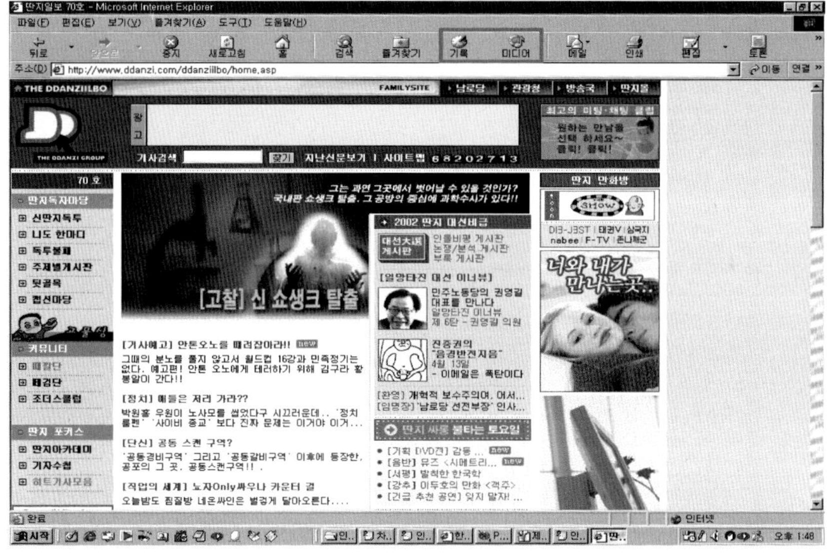

⑥ ②을 수행하여 '도구 모음 사용자 정의' 창을 나타나게 한다.

⑦ '사용 가능한 도구 모음 단추' 창에서 추가하고자 하는 도구를 클릭하고 '현재
도구 모음 단추' 창에서 원하는 위치를 클릭한 후 [추가]버튼을 클릭한다.

⑧ '현재 도구 모음 단추'에 추가된 것을 볼 수 있다. [닫기] 버튼을 클릭한다.

⑨ 인터넷 익스플로러의 도구모음에도 추가된 것을 알 수 있다.

4.1.21 파일 다운로드 ■ 인터넷은 정보의 보고이다. 이런 정보들 중에는 프로그램, 파일형태로 되어 있는 자료, 게임 등과 같이 인터넷 익스플로러에서는 볼 수 없고 다운로드 받아서 자신의 컴퓨터에서 실행시켜야 하는 자료들이 있다. 파일 압축해제에 범용으로 사용할 수 있는 알집을 다운로드 해보자. 알집은 압축을 하거나 압축을 해제하는데 사용하는 프로그램으로 여러형태의 압축파일을 해제할 수 있으며 개인 사용자에게는 무료로 배포되고 있다.

① 인터넷 익스플로러를 실행시킨다.

② 주소 표시줄에 'http://www.altools.co.kr/alzip/z_down.asp'를 입력한 후 'Enter'를 친다.

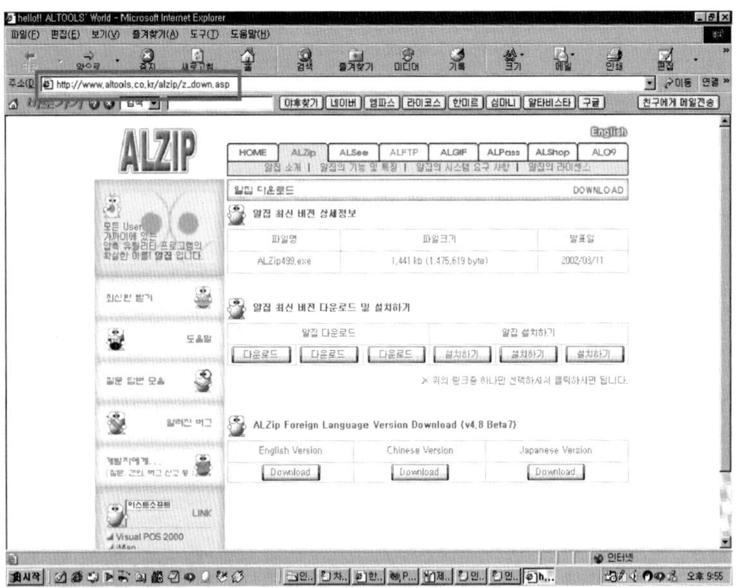

③ '다운로드' 링크에 마우스를 위치한 후 오른쪽 마우스 버튼하고 '다른 이름으로 대상 저장' 클릭한다.

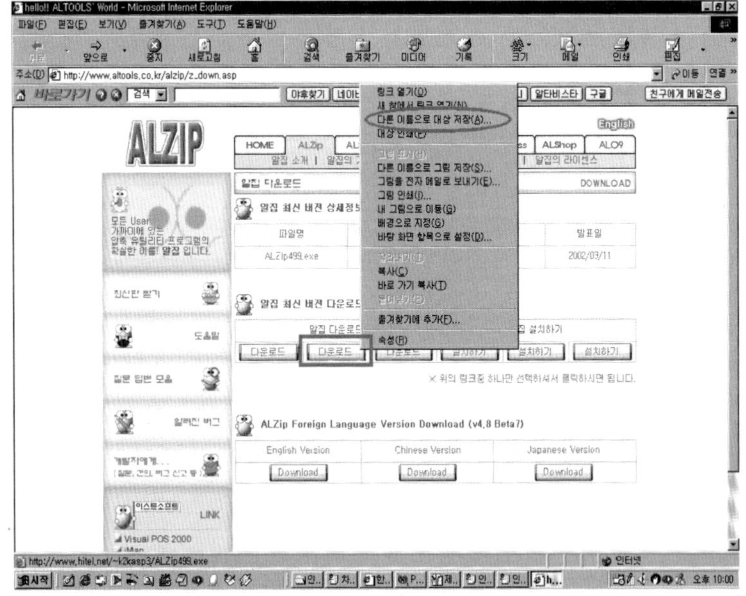

④ '파일 다운로드' 창이 나타났다가 잠시 후 저장할 폴더와 파일이름을 지정할 수 있는 '다름 이름으로 저장' 창이 나타난다. 다운로드하여 저장할 폴더와 파일이름을 지정한 후 [저장]버튼을 클릭한다.

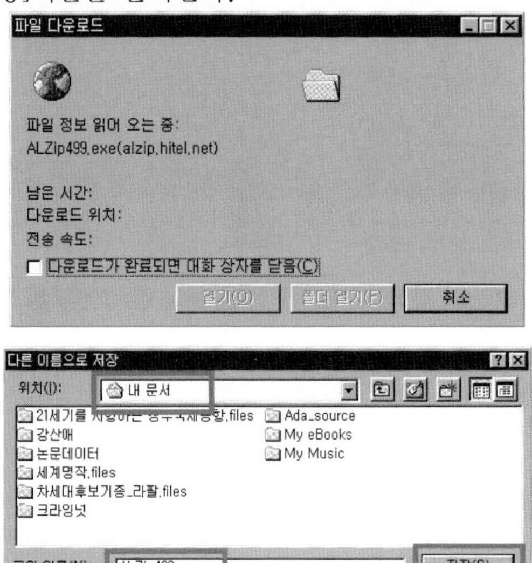

⑤ 다운로드 상태를 나타내는 창이 나타나고, 다운로드가 완료되면 '다운로드 완료'장이 나타난다. [폴더 얼기] 버튼을 클릭한나.

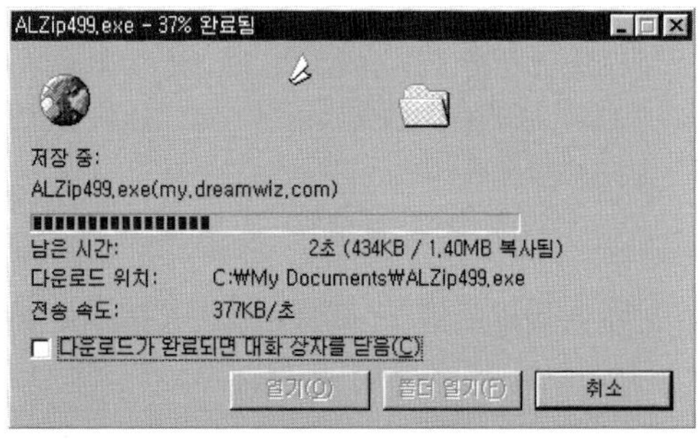

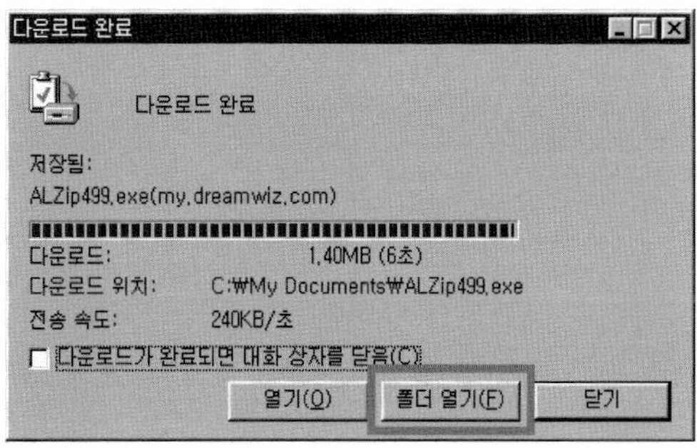

⑥ 저장된 폴더창에서 다운로드한 파일이 있음을 확인 할 수 있다.

4.1.22 압축하기/압축풀기 ▪ 압축이란 파일에 저장되어 있는 정보를 압축하여 보다 적은 기억 공간에 동일한 정보를 저장하는 기술을 말한다. 인터넷에서는 다운로드/ 업로드 속도를 향상시키기 위한 하나의 방법으로 파일을 압축한다. 이렇게 압축된 파일은 파일의 크기가 작아져 다운로드/업로드하는데 소요되는 시간을 줄여준다. 파 일이 압축되었는지 파일의 확장자를 통하여 알 수 있는데 확장자가 zip, rar, arj, bh, lzh, cab, jar, tar, ace 등으로 되어 있으면 압축된 파일이다. 압축된 파일을 풀기 위해서는 압축된 파일형태를 지원하는 압축 유틸리티가 있어야 한다. 압축 유 틸리티로는 winzip, winrar, winace, 지놀펜, 밤톨이, 알집 등 다수가 있다. 이들 중에서 알집은 19가지 형태의 압축파일을 지원하여 가장 널리 사용되는 압축 유틸리 티 중 하나이다.

[1] 알집 설치하기

① 이전페이지에서 다운로드하여 저장해둔 'ALZip499.exe'를 더블클릭한다.

② 알집 설치 창이 나타나면 [다음]버튼을 클릭한다.

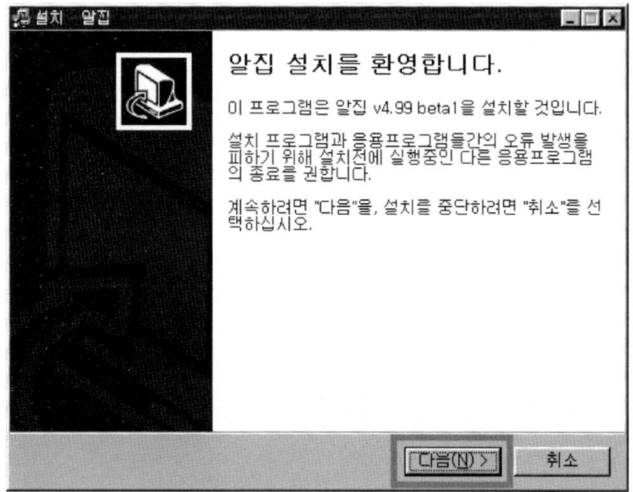

③ 알집을 설치할 폴더를 선택한 후 [다음]버튼을 클릭한다. 기본적으로 주어지는
폴더를 사용하는 것이 좋다.

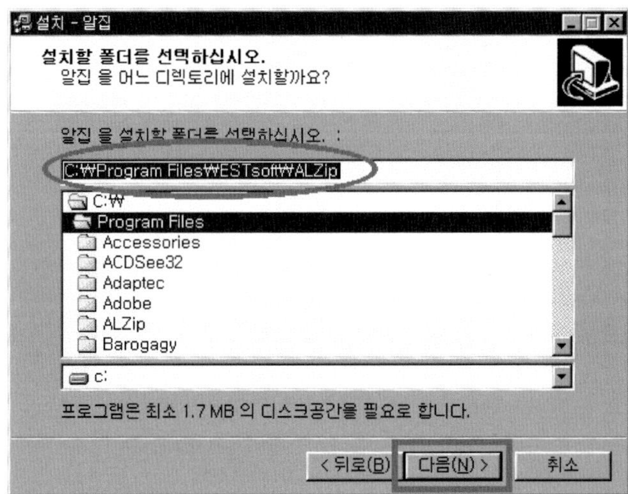

④ 윈도우에서 　시작　을 클릭하여 '프로그램'의 서브메뉴에 나타날 프로그램 이
름을 선택한 후 [다음]버튼을 클릭한다. 기본적으로 주어지는 이름을 그냥 사용하
는 것이 좋다.

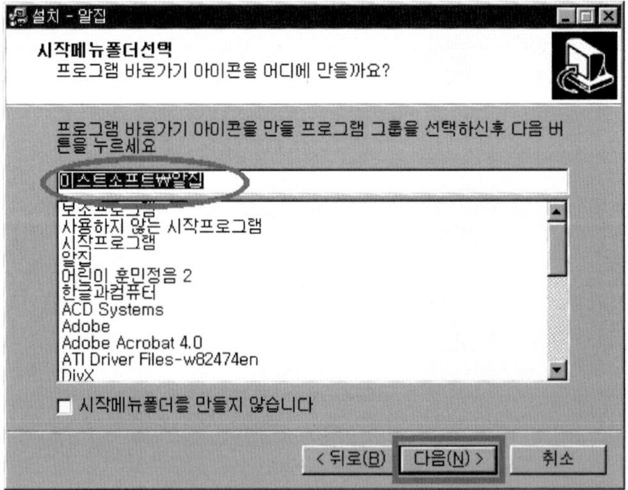

⑤ '아이콘 설정' 창이 나오면 [다음] 버튼을 클릭한다.

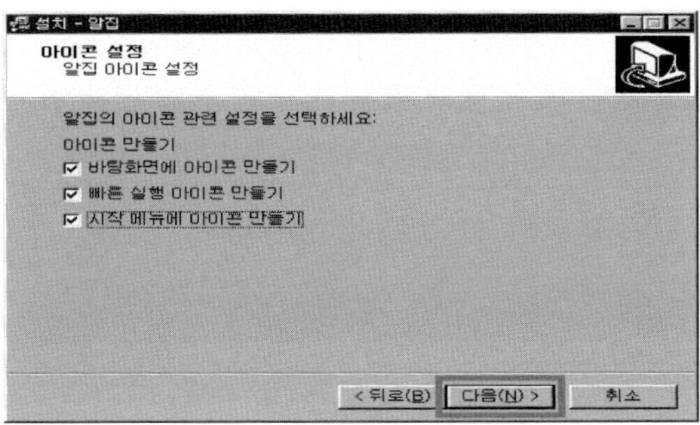

⑥ 설치를 위한 설정 정보가 나타나면 [다음]버튼을 클릭한다. 설정을 변경하고자 하면 [뒤로] 버튼을 클릭하여 다시 설정하면 된다.

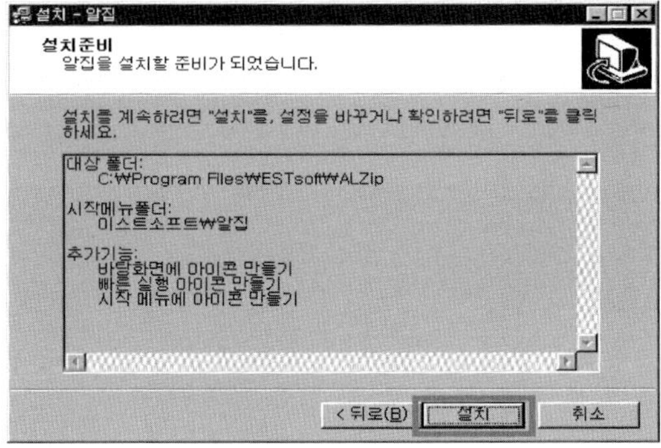

⑦ 설치 상황을 알려주는 창이 나타난다. 설치를 중단하고자 하면 [취소] 버튼을 클릭하면 된다.

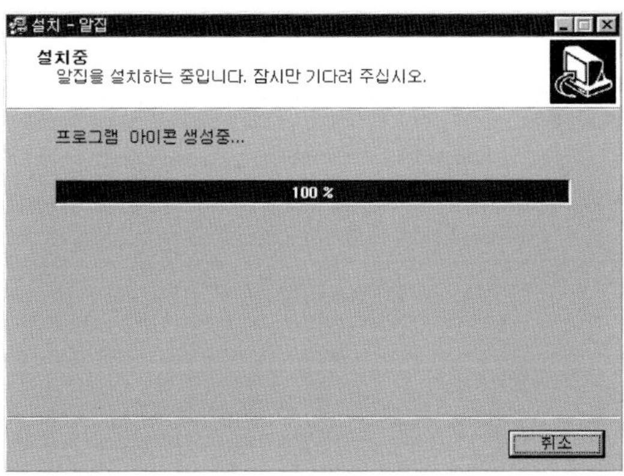

⑧ 설치가 완료 직전에 알집의 라이센스에 대한 정보창이 나타나고 바로 뒤에 '환경설정' 창이 나타난다. 환경설정은 주어지는 설정을 그대로 사용하는 것이 좋다. '환경설정'에서 [확인] 버튼을 클릭한다.

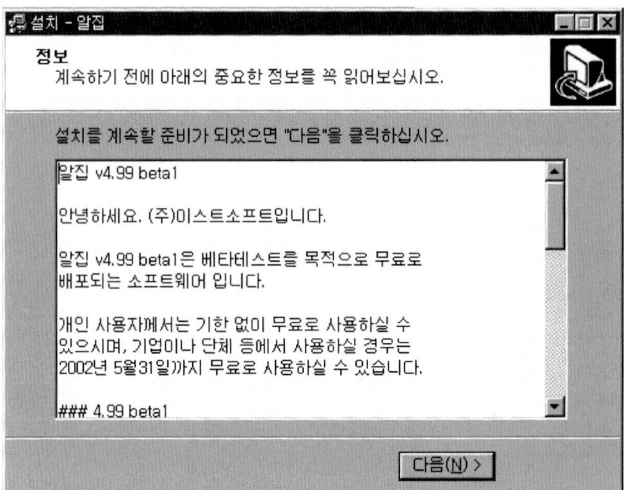

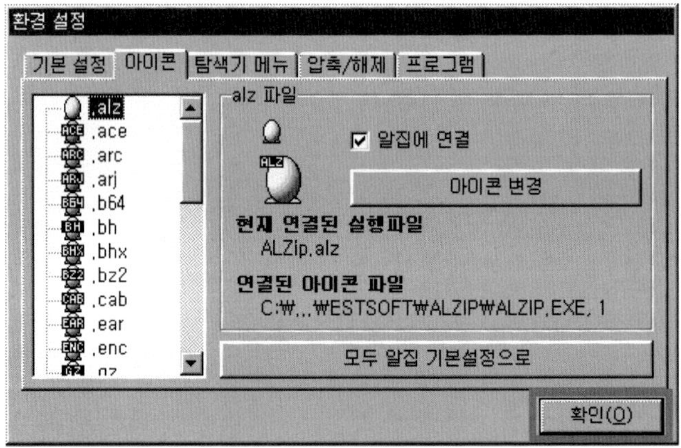

⑨ 환경 설정을 완료한 후 '라이센스 정보'창에서 [다음]버튼을 클릭하면 '알집 설
치완료' 창이 나타난다. [종료] 버튼을 클릭하면 알집 설치가 완료된다.

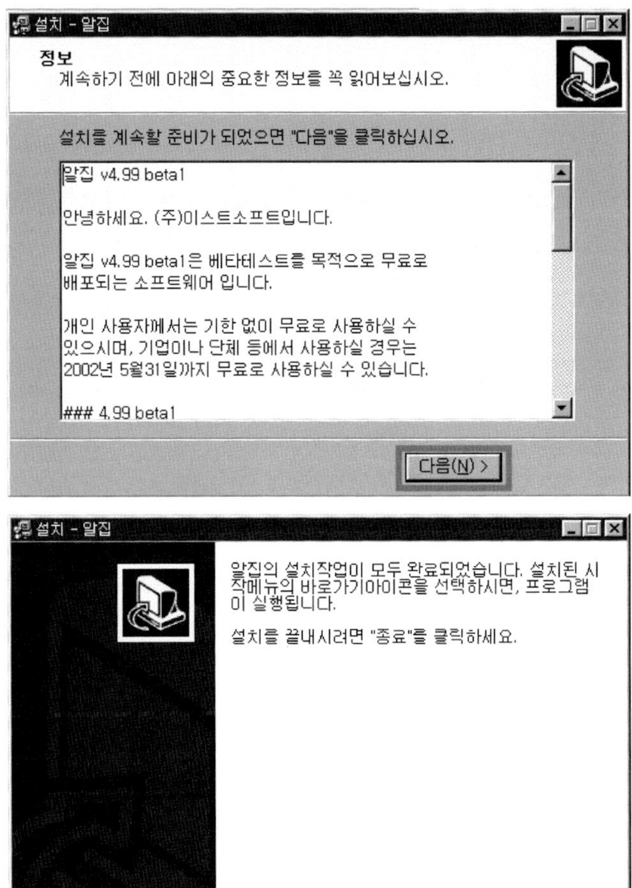

[2] 압축하기 : 파일을 압축하는 방법은 여러 가지가 있다. 가장 간단한 방법을
이용하여 압축을 해보자. 나머지 방법은 알집을 실행시킨 후 도움말을 이용하면 쉽
게 할 수 있다.

① 윈도우즈 탐색기에서 압축하고자 하는 파일 또는 폴더를 선택한 후 마우스 오른쪽 버튼을 클릭한다. 메뉴에서 '알집으로 압축하기'를 클릭한다.

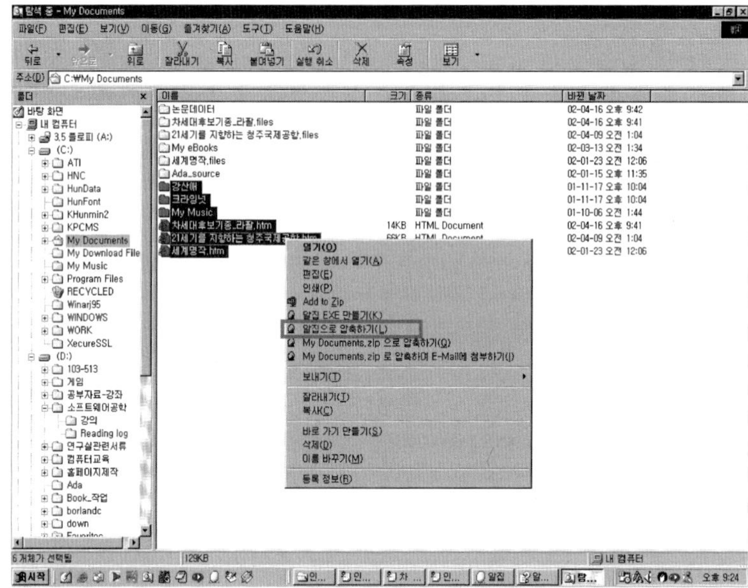

② '압축하기' 대화상자가 나타나면 압축되어 생성될 파일 이름을 기입한 후 [압축]버튼을 클릭한다. '압축하기' 대화상자에서는 압축파일의 형태, 압축율, 분할압축, 하위폴더의 포함여부 등에 대한 선택을 할 수 있고, 암호를 설정할 수도 있다. 암호를 모르면 압축을 풀 수 없다.

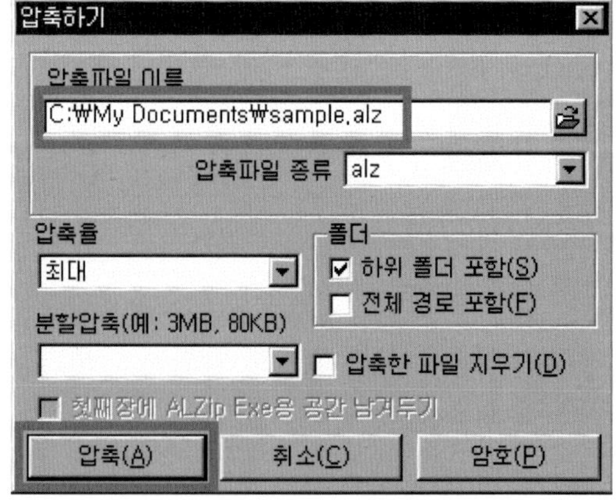

③ 압축진행을 알 수 있는 '압축하기' 창이 나타나고, 잠시 기다리면 압축이 완료
되면서 '압축하기' 창이 사라진다. 윈도우 탐색기를 보면 'sample.alz' 파일이 생
성된 것을 볼 수 있다.

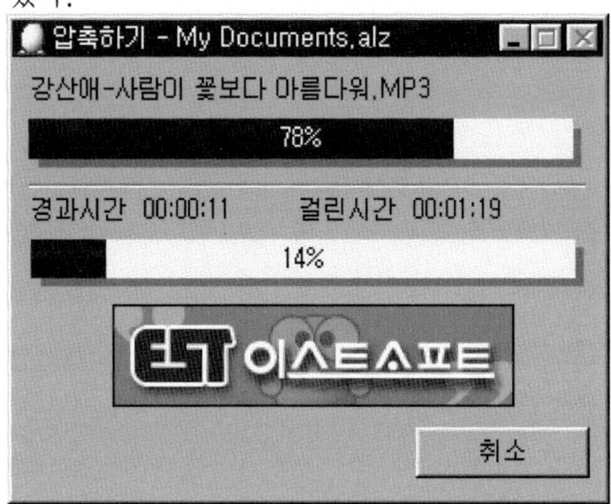

[3] 압축풀기

① 좀 전에 압축했던 파일에 마우스를 갖다놓고 오른쪽 마우스 버튼을 클릭한 후 '알집으로 압축풀기'를 클릭한다.

② '압축풀기' 대화상자가 나타나면 압축을 풀 폴더를 선택한 후 [압축풀기] 버튼을 클릭한다.

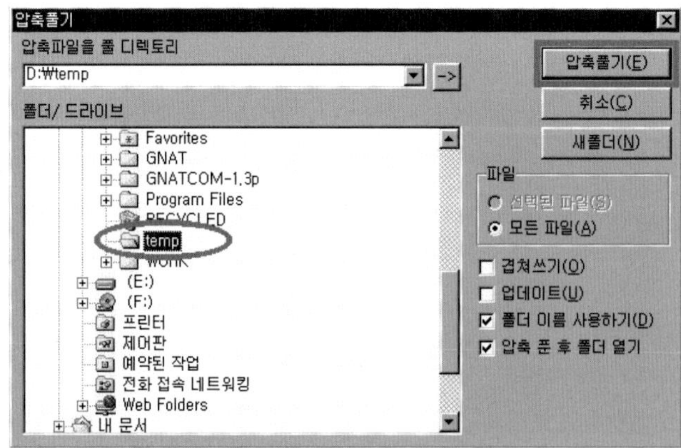

③ 압축풀기 진행을 알려주는 창이 나타나고, 잠시 기다리면 압축풀기가 완료되면서 '압축풀기' 창이 사라지고 압축이 풀린 폴더창이 나타난다. 압축했던 파일들이 생성된 것을 볼 수 있다.

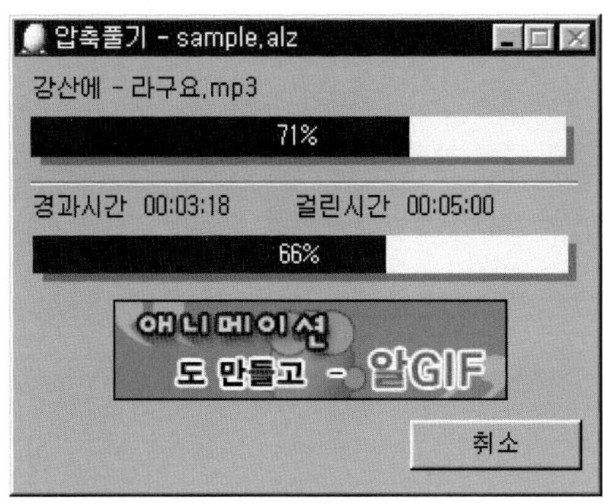

4.2 인터넷 활용

4.2.1 인터넷으로 편지 주고 받기 ▪

[1] 전자우편(E-mail)   : 전자메일이라고도 하는 전자우편은 인터넷 서비스들 중에서 가장 많이 이용되고 있는 서비스중의 하나이다. 전자우편 시스템은 문서뿐만 아니라 음성데이터, 화상데이터, 프로그램 등 모든 종류의 정보를 ASCII문자로 저장하여 전송하는 것이다.

특히 인터넷에서 상대방에게 편지를 주고받을 수 있는 전자 메일은 기존의 우체국 시스템에 비해 여러 장점을 가진다.

- 경제적이다.

우표를 붙일 필요가 없어 편지를 보내는데 비용이 들지 않는다.

- 신속하다. (일반 편지는 부치고 받는데 까지 가까운 곳은 2일, 외국같이 먼 곳은 며칠씩 걸린다. 그에 비해 전자우편은 몇 초면 받는 사람에게 전송된다.)

- 편리하다. (시간에 구애받을 필요가 없고, 같은 내용을 여러 사람에게 동시에 보낼 수 있다.

- 받은 편지 관리가 용이하다.

- 데이터 파일뿐만 아니라 동영상, 그림, 소리 등의 파일을 첨부하여 보낼 수 있다.

[2] 전자우편 주소   : 일반 편지를 주고받기 위해서는 집 주소가 필요하듯이 전자우편을 보내고 받기 위해서는 전자우편 주소가 필요하다. 전자우편 주소는 '사용자의 ID@호스트 컴퓨터의 이름'으로 구성된다. 예를 들어 메일서버에서 부여받은 자신의 ID가 skyman이고 호스트 컴퓨터 도메인이 intizen.co.kr이라면 자신의 전자우편 주소는 'skyman@intizen.co.kr'이다. @는 영어의 'at'을 뜻하는 것으로 사용자가 어느 호스트에 있는지를 나타내며, '엣'이라고 읽는다. 그러나 대부분 사람들은 생긴 모습이 골뱅이 같다하여 '골뱅이'라고 읽는다.

[3] 전자우편 프로토콜   : 인터넷의 메일 시스템은 메일을 주고받기 위해 TCP/IP 계열의 프로토콜인 SMTP(Simple Mail Transfer Protocol)을 사용하는데, SMTP는 LAN이나 WAN과 같은 네트워크에도 사용되며 간단하고 단순한 기능만을 제공하는 FTP와 비슷하다.

 SMTP는 메시지를 큐(Queue)에 담아 관리하는데, 메일 애플리케이션이 SMTP에 메시지를 보낼 때마다 SMTP는 출발지 큐에 메시지를 보관하고, 이제 다른 네트웍(또는 인터넷)의 컴퓨터에 접속 할 때 큐에 저장된 메시지를 보낸다. 만약 메시지를 보낼 수 없는 어떤 사정이 있다면 하루 내지는 이틀동안 몇 번의 시도를 계속하며, 만약 메시지를 보낼 수 없다면 에러 메시지와 함께 메일을 보낸 사람에게 되돌려 보내거나 아예 시스템에서 삭제한다.

4.2.1.1 아웃룩 익스프레스 사용하기 ▪ WWW 서비스를 이용하기 위해서 익스플로러와 같은 웹브라우저가 필요하듯이 전자우편을 주고받기 위해서는 아웃룩 익스프레스와 같은 '전자우편관리'프로그램이 필요하다. 특히 아웃룩 익스프레스는 윈도우 98에 내장되어 있어 별도로 구입할 필요가 없이 쉽게 이용할 수 있다. 그러나 주의해야할 것은 요즘 무료로 전자메일 계정을 주는 곳 중 많은 곳이 아웃룩 익스프레스와 같은 메일관리 프로그램으로는 메일을 받아 볼 수 없고, 웹브라우저로 해당 홈페이지에 접속해야만 메일을 볼 수 있다는 것이다. 이 경우를 웹메일이라고 따로 분류하기도 하며 다음절에서 다룬다.

[1] 아웃룩 익스프레스 실행과 끝내기

① [시자]-[프로그램]-[Outlook Express]를 차례로 클릭하여 아웃룩 익스프레스를 실행시킨다. 아웃룩 익스프레스를 처음 실행하는 경우는 인터넷 연결 마법사가 실행되지만, 그렇지 않은 경우는 아웃룩 익스프레스 화면이 나타난다.

② 아웃룩 익스프레스가 시작되면 계정이 되어있는 서버로부터 새로운 메일을 받는다. 메일을 다 받으면 받은 메일의 개수를 상태표시줄에 표시하고 받은 편지함에도 표시해준다.

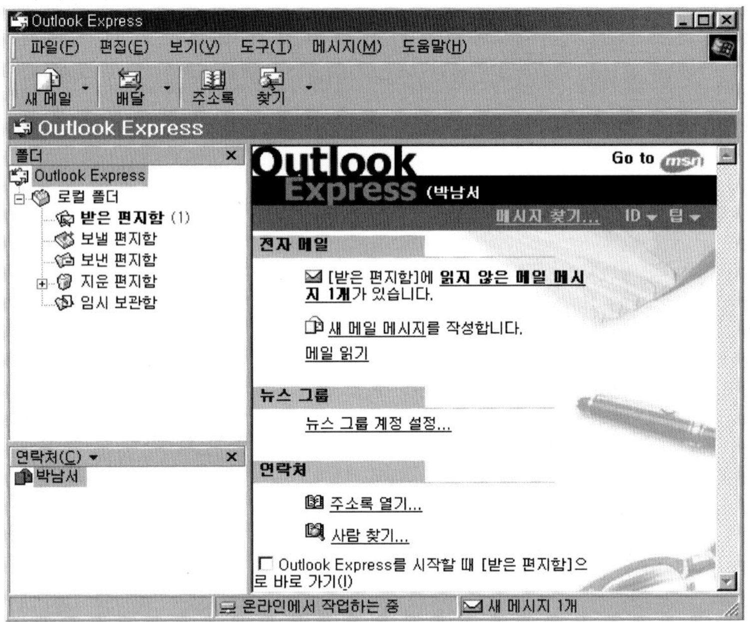

[2] 아웃룩 익스프레스 화면 구성

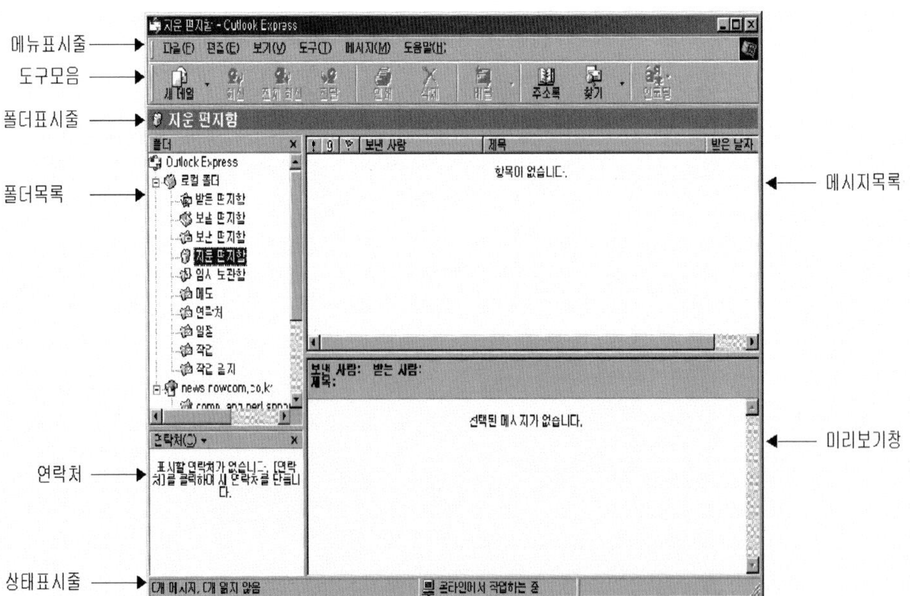

① 메뉴표시줄

아웃룩 익스프레스의 모든 기능을 사용할 수 있도록 메뉴를 제공하며 각 메뉴별로 하위 메뉴가 있다.

파일(F)   편집(E)   보기(V)   도구(T)   메시지(M)   도움말(H)

파일	메시지를 관리하기 위한 메뉴로 새로만들기, 가져오기, 저장, 끝내기 등의 하위 메뉴가 있다.
편집	선택된 메시지의 편집을 위한 메뉴로 복사, 찾기, 폴더로 이동, 삭제 등의 하위 메뉴가 있다.
보기	아웃룩 익스프레스의 보여지는 모습을 설정하는 메뉴로 텍스트 크기, 현재 보기, 정렬기준, 인코딩, 레이아웃, 새로고침 등의 하위 메뉴가 있다.
도구	계정을 추가/삭제하거나 주소록을 관리하기 위한 도구들이 있는 메뉴로 계정, 주소록, 배달, 모두 동기화, 옵션 등의 하위 메뉴가 있다.
메시지	메시지를 보내고 받을 때 사용하는 메뉴로 새로만들기, 회신, 편지지사용, 전달, 첨부파일로 전달 등의 하위 메뉴가 있다.
도움말	아웃룩 익스프레스 사용에 대한 도움말을 제공한다.

② 도구 모음 : 아웃룩 익스프레스의 자주 사용되는 기능들을 아이콘으로 표시한 곳으로 작업의 종류에 따라 도구 모음에 나타나는 아이콘들이 달라진다.

③ 폴더 표시줄 : 현재 폴더의 이름을 보여주는 곳으로, 메일을 폴더를 이용해여 관리할 수 있도록 해 주며, ID를 만들었다면 ID의 이름도 보여준다.

받은 편지함

④ 폴더 목록 : 기본 폴더의 목록이나 새로 만들어진 폴더의 목록을 보여준다.

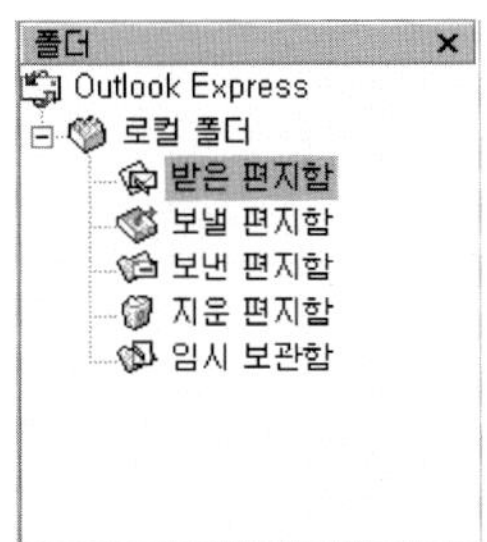

받은 편지함	새로 받은 메시지는 이곳에서 볼 수 있고 다른 곳으로 옮기기 전까지 이곳에 계속 남이 있다.
보낼 편지함	작성한 메시지는 [배달] 버튼을 클릭하기 전까지는 이곳에 임시 저장된다.
보낸 편지함	보낸 메일들의 복사본이 저장된다.
지운 편지함	메일을 지우면 지워진 메일들이 보관된다. [휴지통]과 비슷한 성격으로 메일을 완전히 지우기 위해서는 [지운 편지함]에서 메시지를 삭제해야 한다.
임시 보관함	메시지를 작성하고 나중에 보내기 전에 그 메시지에 무언가 더 작업할 것이 있다면 메시지를 닫고서 익스프레스가 메시지를 저장하도록 하기만 하면 메시지는 이 보관함에 저장된다. 임시 보관된 메시지를 가지고 나중에 작업을 계속할 수 있다.

⑤ 메시지 목록 : 선택된 폴더의 목록들을 보여준다.

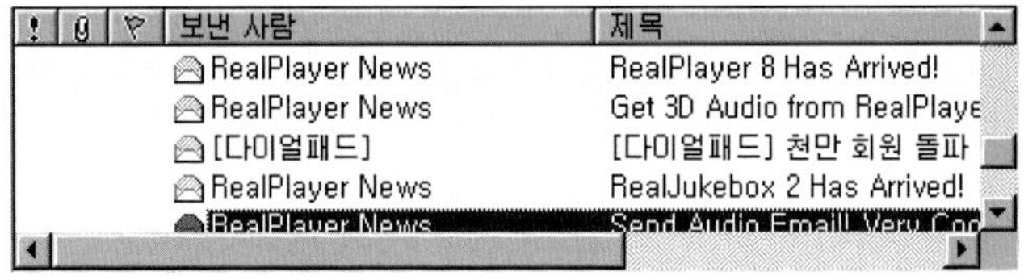

⑥ 미리 보기 창 : 메시지 목록에서 선택된 메시지의 내용을 보여준다.

⑦ 상태 표시줄 : 아웃룩 익스프레스의 상태와 무슨 작업을 하고 있는지에 대한 정보를 표시한다.

⑧ 연락처 목록 : 여러분이 만든 연락처들을 볼 수 있는 곳으로 만일 한 개 이상
의 ID를 만들었다면 이 목록은 현재 ID의 연락처를 보여준다.

⑨ 아웃룩 표시줄 : [보기]-[레이아웃]을 선택해서 '아웃룩 표시줄' 항목을 체크하
면 화면의 맨 왼쪽에 아웃룩 표시줄이 나타난다. 이 표시줄은 아웃룩 익스프레스
의 다양한 편지함들을 보여준다.

[3] 아웃룩 익스프레스 메일 계정 설정 : 전자우편을 컴퓨터와 컴퓨터가 직접 편지
를 주고받는 것이 아니고, 메일서버(Mail Server: 전자우편을 중계해주는 컴퓨터)를
통해야 하기 때문에 메일서버에 대한 정보가 필요하다.

① [도구]-[계정]을 차례로 클릭한다.

② '인터넷 계정' 대화 상자가 나타나면 [추가]-[메일]을 차례로 클릭한다.

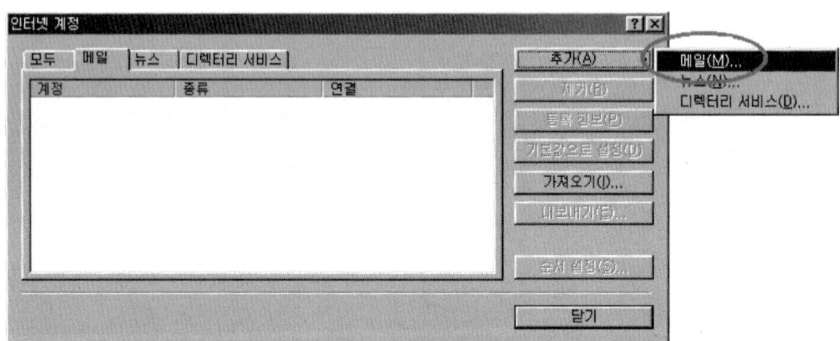

③ '인터넷 연결 마법사'의 사용자 이름을 표기하는 대화상자가 나타나면 메일을 보낼 때 표시하고 싶은 이름을 입력한 후 [다음]버튼을 클릭한다.

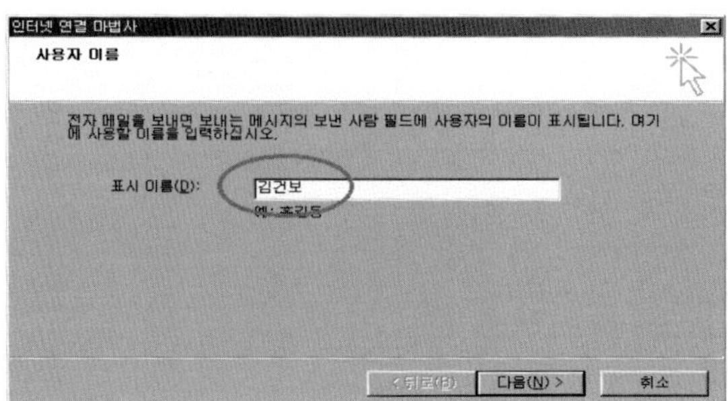

④ 자신의 전자메일 주소를 입력한 후 [다음]버튼을 클릭한다.

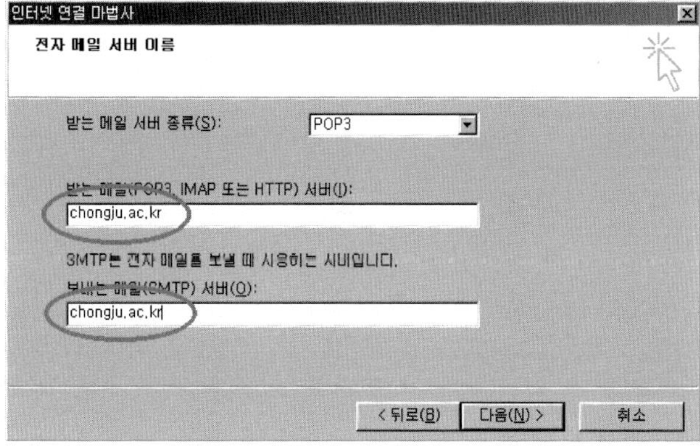

⑤ 전자메일 서버는 자신의 전자메일 주소에서 아이디를 제외한 것으로 받는 메일 서버와 보내는 메일 서버는 보통 같다. 메일 서버를 입력한 후 [다음]버튼을 클릭한다.

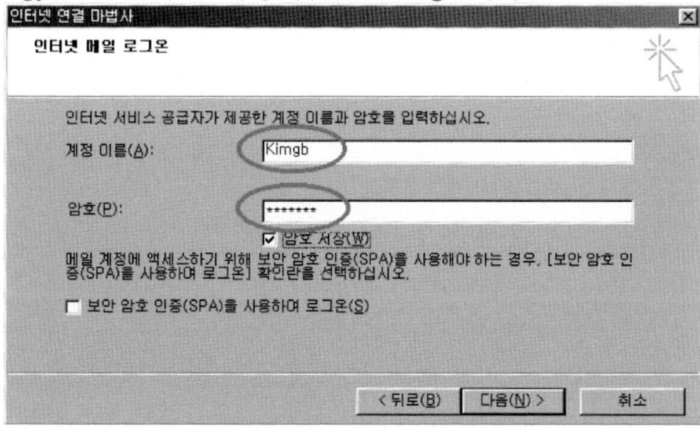

⑥ 전자메일을 계정을 받을 때 부여받은 계정이름(아이디) 암호를 입력한다. 아이디는 보통 전자메일 주소의 @앞에 있는 것과 동일하다. 즉 전자메일 주소가 'kimgb@chongju.ac.kr'라면 계정이름은 'kimgb'이다.

⑦ 전자메일 계정 설정을 완료하기 위하여 저장을 알리는 대화 상자가 나타나면 [마침]을 클릭한다.

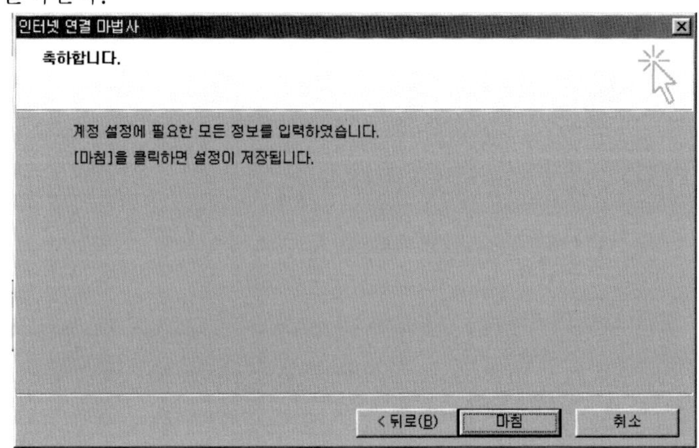

⑧ 계정 설정이 완료되었음을 알 수 있다. [닫기]를 클릭하여 계정 설정을 완료한다.

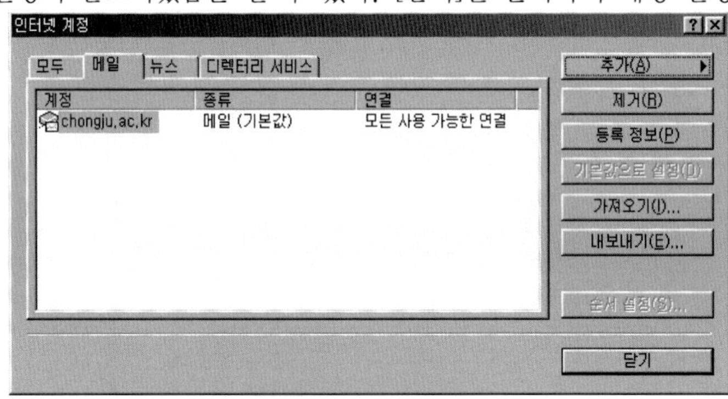

[4] 편지 보내기

① [시작]-[프로그램]-[Outlook Express]를 차례로 클릭하여 아웃룩 익스프레스를
실행시킨다.

② 아웃룩 익스프레스가 실행되면 도구모음에서 [새메일] 아이콘을 클릭한다. [새
메일]아이콘 옆에 있는 ▾를 클릭하면 편지지를 선택할 수 있다.

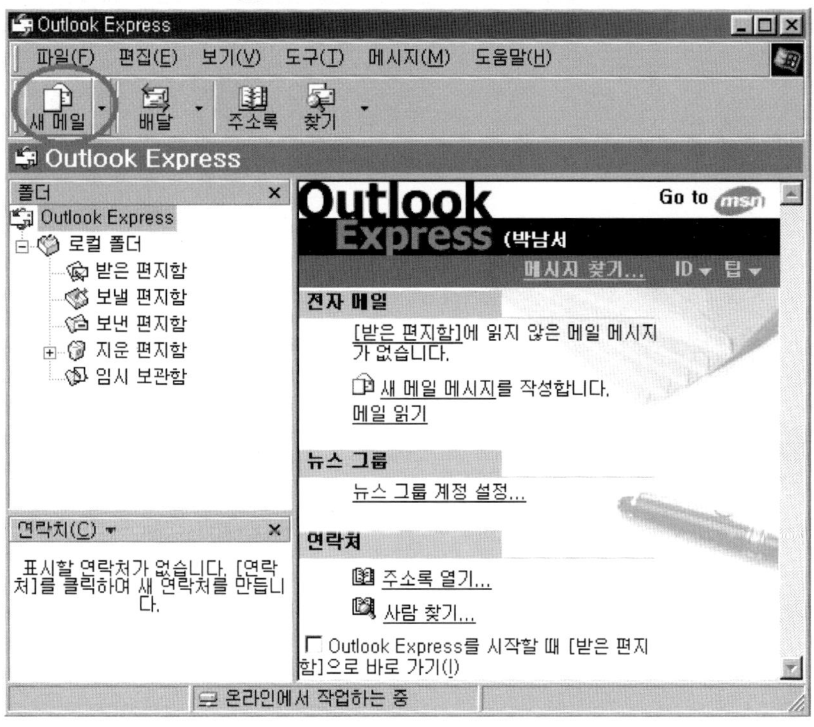

③ 새메시지 화면이 나타나면 '받는사람'에 받는 사람 전자메일 주소, '제목'에 제목을 쓴 다음 본론을 쓴다. 편지를 다 쓰고 나면 보내기 아이콘 [보내기] 을 클릭한다.

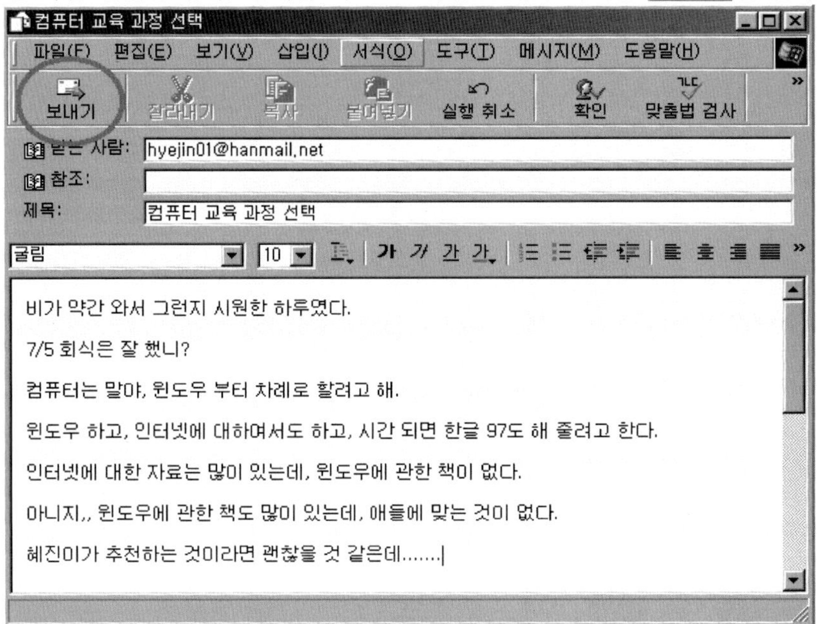

④ 상태표시줄에 '연결하는 중' 메시지가 나온 후 '새 메시지 없음'이 지시되면 메일 전송이 완료된다. 이때 보낸편지함을 보면 조금전에 보낸 편지가 있음을 확인할 수 있다.

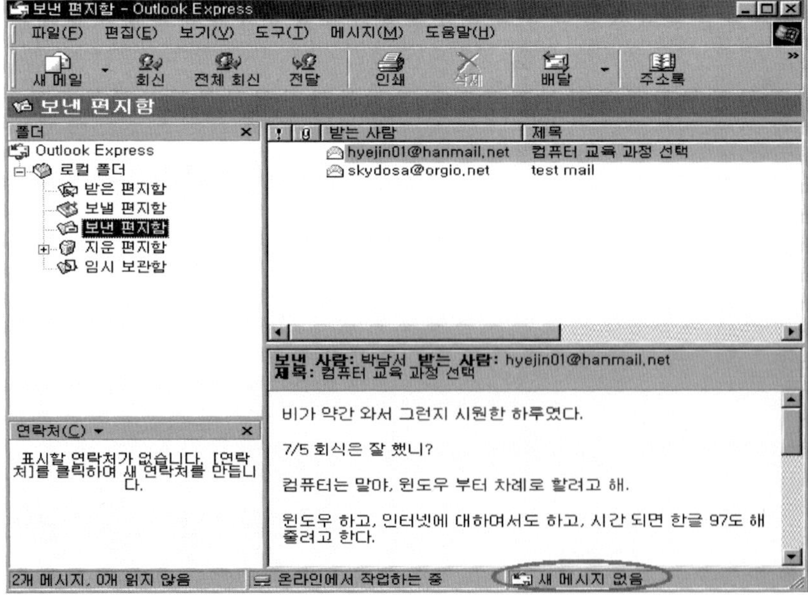

[5] 편지에 파일 첨부하여 보내기(사진 첨부)

① [시작]-[프로그램]-[Outlook Express]를 차례로 클릭하여 아웃룩 익스프레스를 실행시킨다.

② 아웃룩 익스프레스가 실행되면 도구모음에서 [새메일] 아이콘을 클릭한다. [새메일] 아이콘 옆에 있는 ▼를 클릭하면 편지지를 선택할 수 있다.

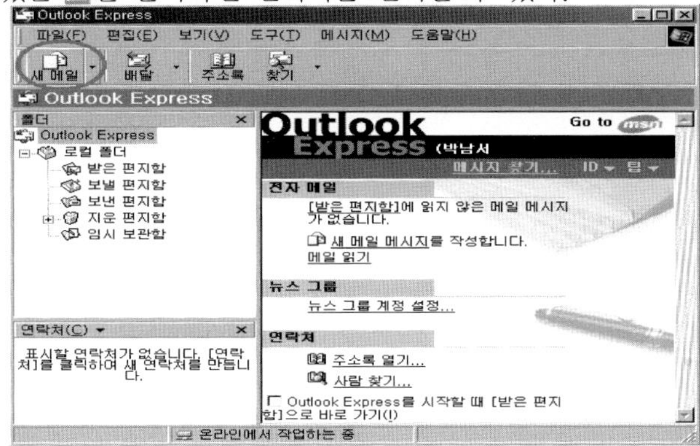

③ 새 메시지창에서 메일을 작성한 후 첨부아이콘 [첨부] 을 클릭하거나 [삽입]-[파일첨부]를 차례로 클릭한다.

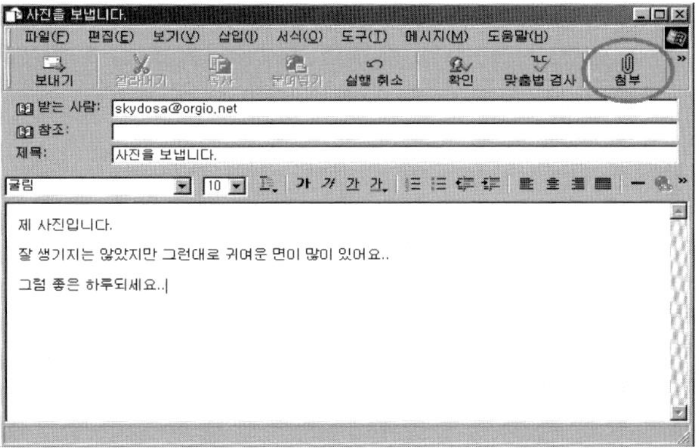

④ 첨부하고자 하는 파일을 선택한 후, [첨부]버튼을 클릭한다. 그림파일 뿐만 아니라 소리, 데이터 파일등 모든 파일을 첨부할 수 있다.

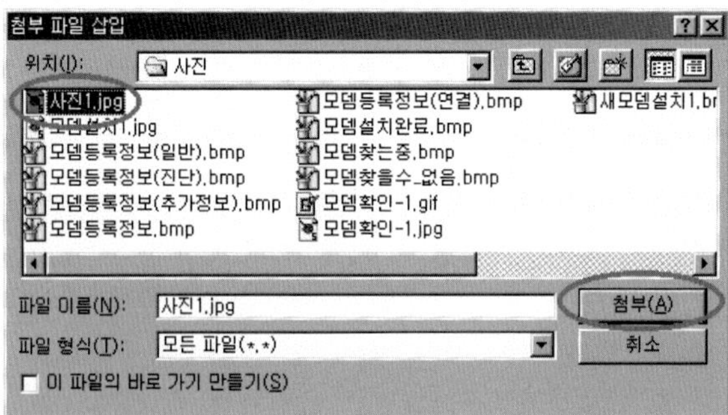

⑤ 머리글에 [첨부]항목이 생기면서 첨부된 파일명이 표시된다.

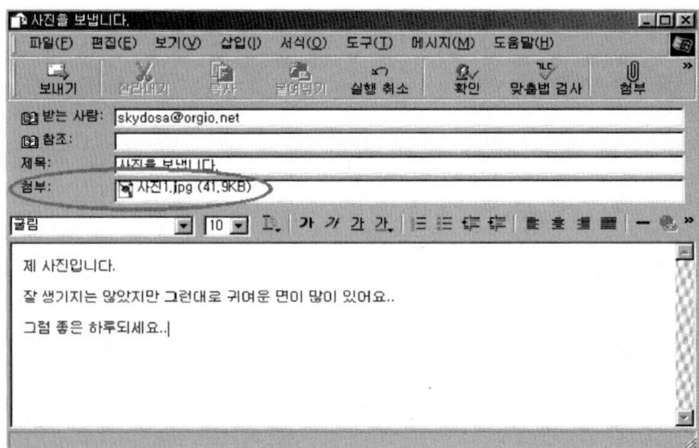

⑥ '보내기' 아이콘을 클릭하여 메일을 보낸다.

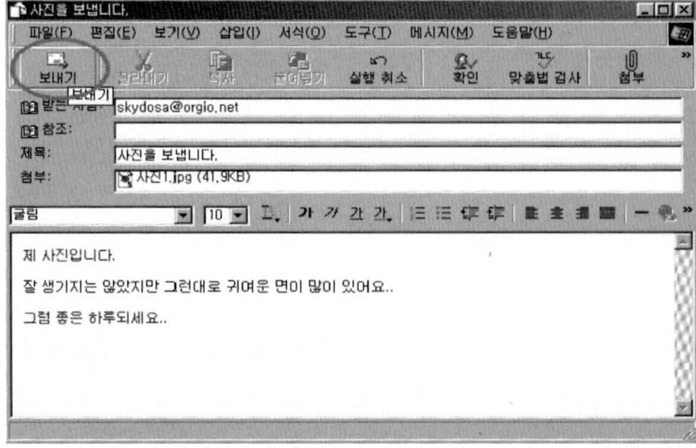

⑦ 메일을 보내고 난 후 보낸 편지함을 보면 보낸 편지 옆에 첨부된 파일이 있음을
알리는 　 표시 가 나타난다.

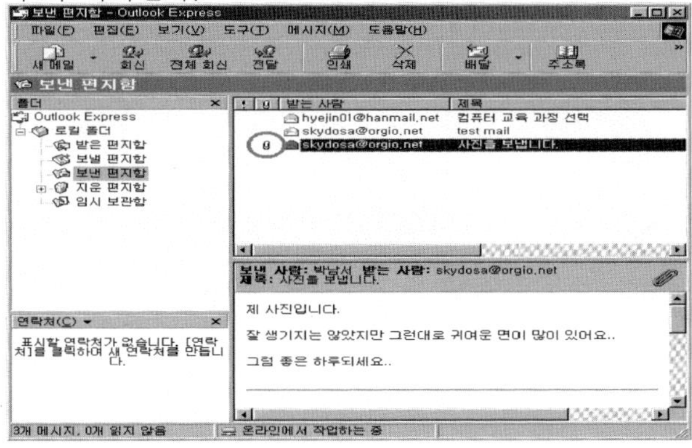

[6] 편지 읽기

① [시작]-[프로그램]-[Outlook Express]를 차례로 클릭하여 아웃룩 익스프레스를
실행시킨다.

② 아웃룩 익스프레스가 시작되면서 계정이 되어 있는 메일 서버로부터 새로운 메일을
받는다. 다 받으면 아래와 같이 새로 받은 메일이 메시지 목록에 볼트체로 나타나고
선택된 메일의 내용이 미리보기창에 보여지므로 스크롤바를 이동시켜 읽으면 된다. 이
메일의 경우 첨부 파일이 있으므로 첨부파일 표시아이콘을 클릭하여 첨부 파일을 다운
받는다.

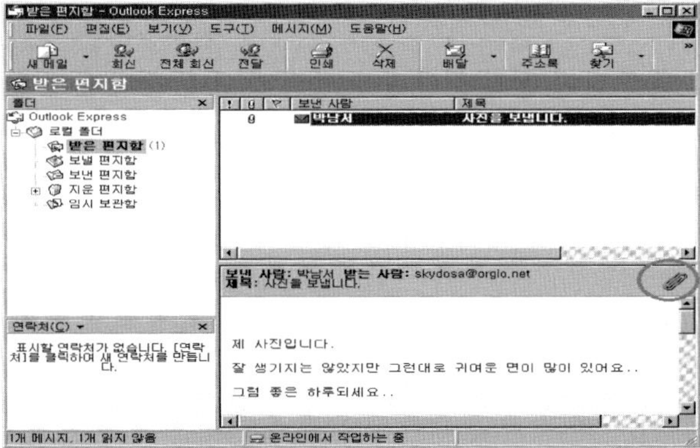

③ 첨부파일 아이콘을 클릭한 후 첨부파일 이름을 클릭한다.

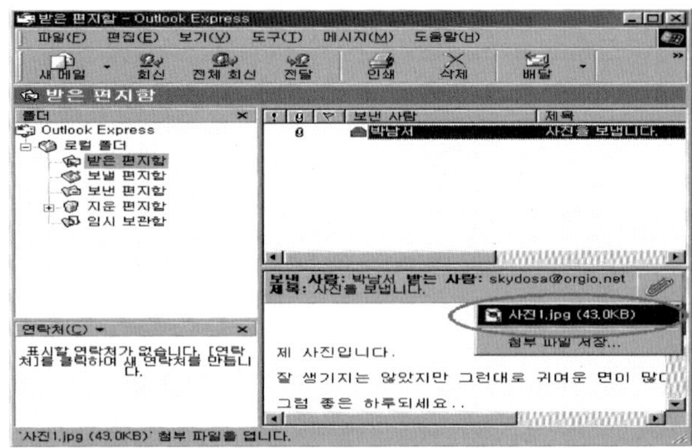

④ 첨부파일 열기 경고 대화상자가 나타나면 '디스크에 저장'을 선택한 후 [확인]
버튼을 클릭한다.

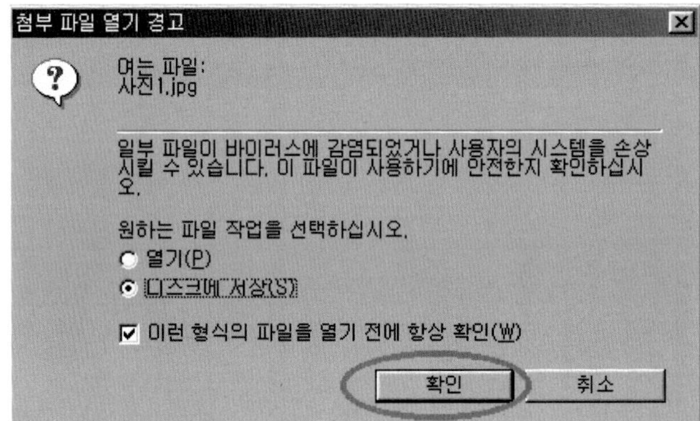

⑤ '다른 이름으로 첨부 파일 저장' 대화상자가 나타나면 적당한 폴더를 선택한 후
[저장]버튼을 클릭하여 첨부파일을 자신의 컴퓨터 하드디스크에 저장한다.

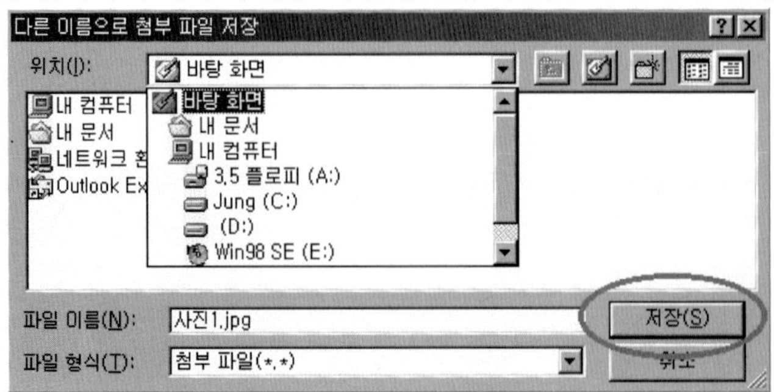

[7] 답장 쓰기

① [시작]-[프로그램]-[Outlook Express]를 차례로 클릭하여 아웃룩 익스프레스를
실행시킨다.

② '받은 편지함'을 클릭한 다음 '메시지 목록' 창에서 답장을 보내고자 하는 메일을
선택한 후에 '회신' 아이콘을 클릭한다.

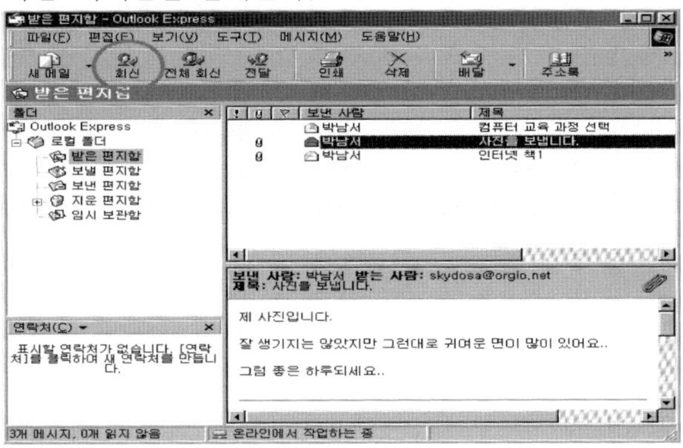

③ '받는 사람'과 '제목' 이 자동으로 입력되어 나타난다. 편지 내용을 쓴 다음 '보내기'
아이콘을 클릭하면 답장 보내기가 완료된다. 참고로 제목은 변경 가능하고, 밑에 나오
는 받은 내용도 지울 수 있다.

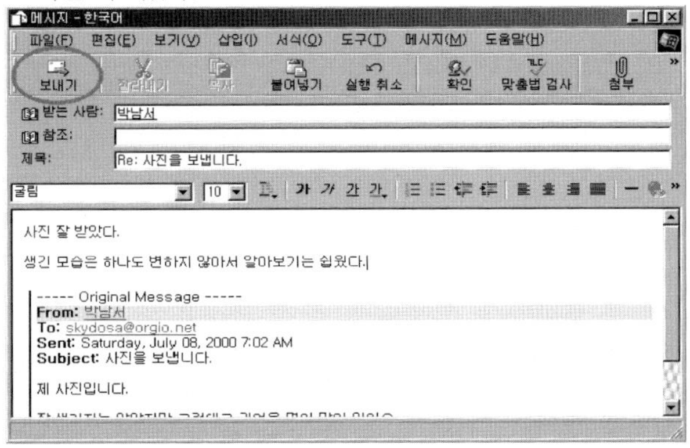

[8] 메일 배달   : 아웃룩 익스프레스가 실행되어 있는 상태에서 수신된 메일이
있는지 확인할 수 있다.

① 아웃룩 익스프레스를 활성화 시킨 후 '폴더목록'에서 'Outlook Express'를 선

택한 후 배달  아이콘을 클릭한다. 또는 배달 아이콘 옆의 ▾를 눌러 하위 메

뉴중 '모두배달'을 선택한다.

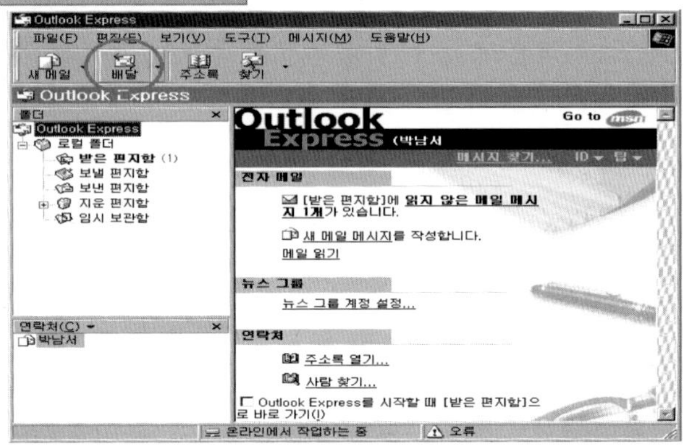

② 계정에 등록된 모든 메일서버에 연결하여 현재까지 수신된 메일을 수신 받고, 모두 받으면 자동으로 연결을 끊는다.

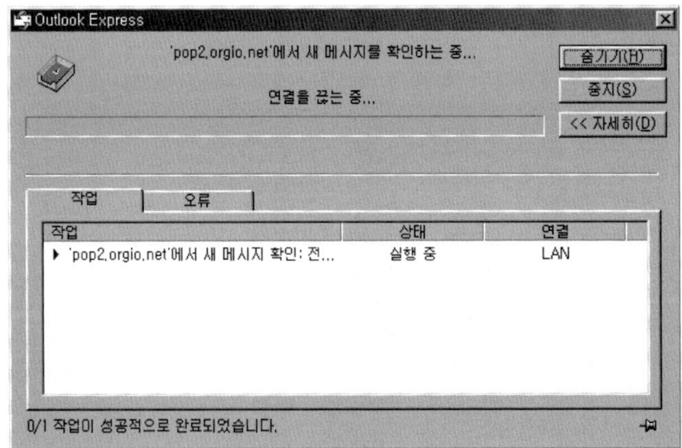

③ 수신된 메일이 없으면 '새 메시지 없음' 메시지를 상태 표시줄에 표시하고, 새 메일이 있으면 '새 메시지 2개' 와 같이 새 메일의 수를 표시한다.

[9] 전자메일 계정 수정   : 전자메일의 주소가 바뀌면 계정을 수정해야 한다.

① 아웃룩 익스프레스를 실행시켜 [도구]-[계정]을 차례로 클릭한다.

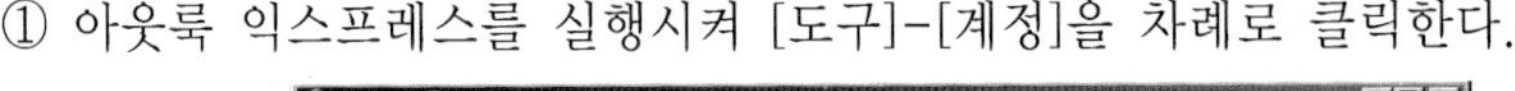

② '인터넷 계정' 대화상자에서 '메일' 시트를 클릭하고 수정하고자 하는 계정을 선택한 후 [등록정보]버튼을 클릭한다.

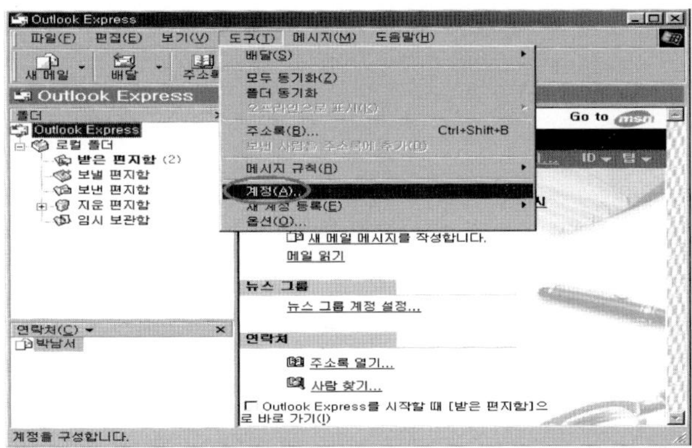

③ '등록정보'의 '일반' 시트에서 전자메일 주소를 변경한 후 [확인]버튼을 클릭한다.

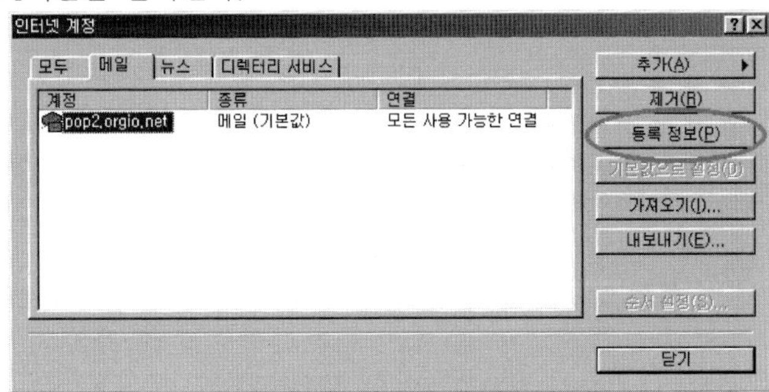

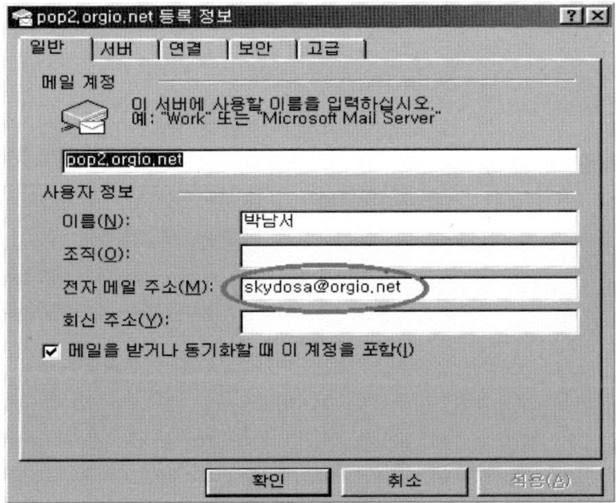

④ '인터넷 계정'에서 [닫기]버튼을 클릭하여 메일 주소 수정을 완료한다.

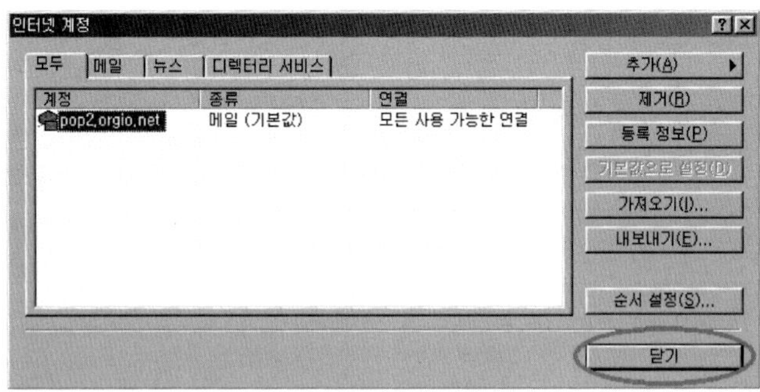

[10] 전자우편 계정 추가 : 요즘은 무료로 메일 계정을 주고 있어 한 사람이 2~
3개의 메일 계정을 가지고 있는 것이 보통이다. 모든 메일 계정을 등록시켜 두면 아
웃룩 익스프레스가 실행될 때 등록된 메일 계정의 서버에 접속하여 수신된 메일을
모두 내 컴퓨터로 내려 받는다.

① 아웃룩 익스프레스를 실행시켜 [도구]-[계정]을 차례로 클릭한다.

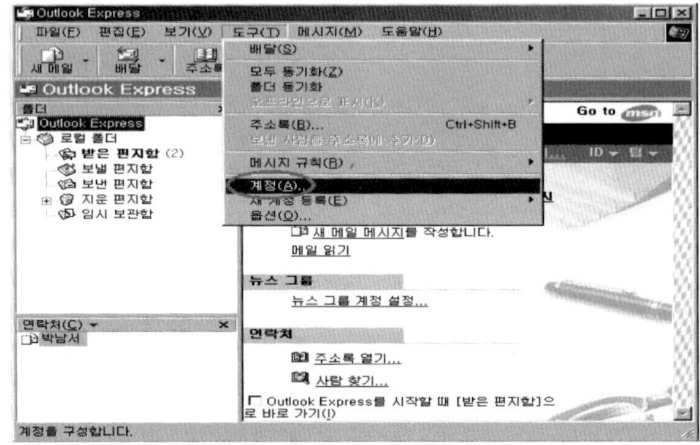

② '인터넷 계정' 대화상자가 나타나면 [추가]-[메일]을 차례로 클릭한다.

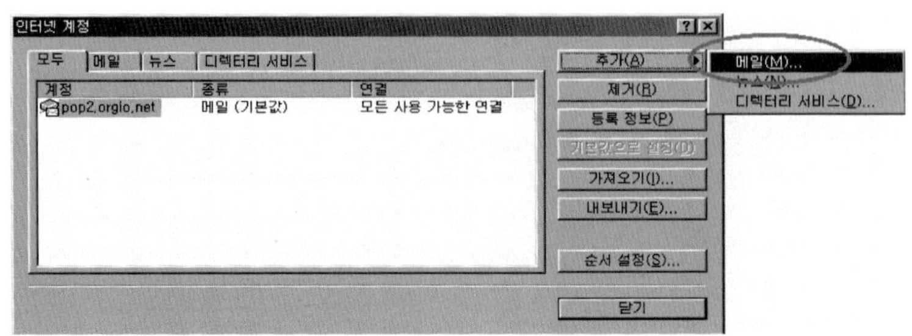

③ '사용자 이름'대화 상자에서 다른 사람에게 메일을 보낼 때 표시할 이름을 입력한 후 [다음]버튼을 클릭한다. 보통은 자신의 이름이다.

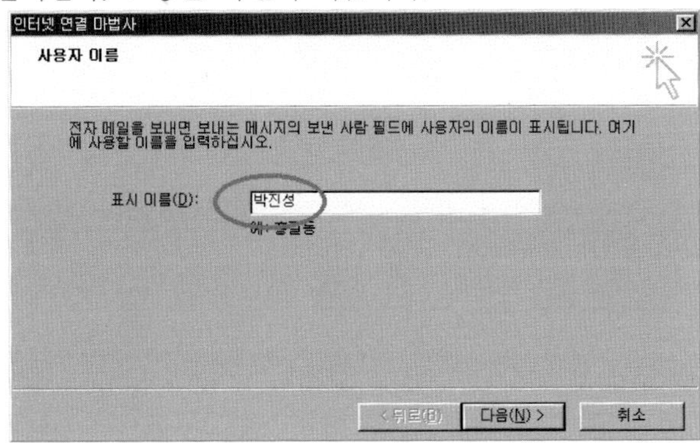

④ '사용하고 싶은 전자메일 주소가 있습니다' 항목을 선택하고, 인터넷 전자 메일 주소를 입력한 후 [다음]버튼을 클릭한다.

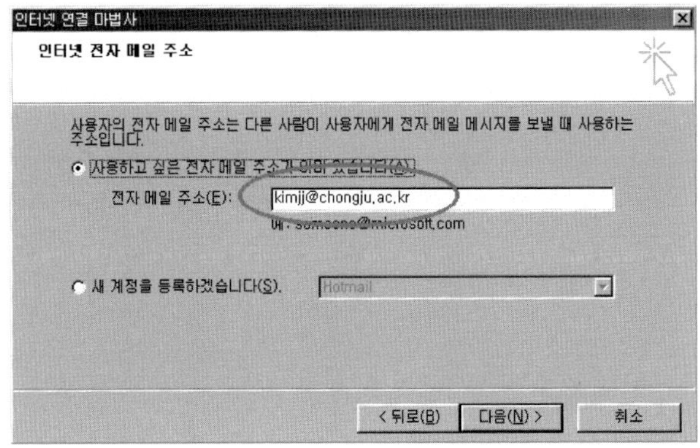

⑤ 받는 메일 서버와 보내는 메일 서버를 입력한 후 [다음]버튼을 클릭한다. 받는 메일 서버와 보내는 메일 서버는 일반적으로 동일하고, 자신의 전자 메일 주소에서 'ID@'부분을 제외한 부분인 경우가 대부분이다.

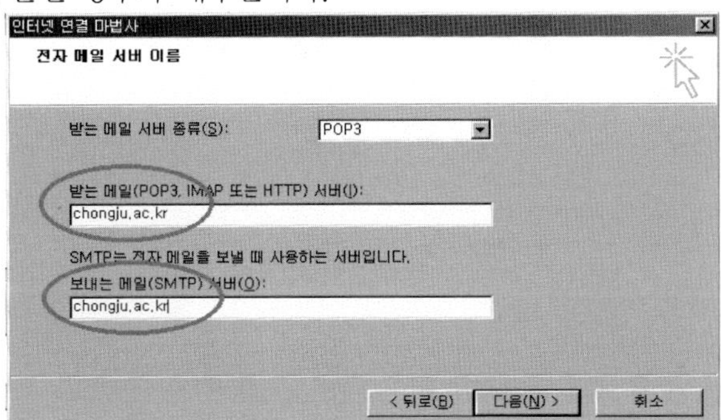

⑥ 메일계정을 받을 때 입력했던 ID와 암호를 입력한 후 [다음]버튼을 클릭한다. '
암호 저장'을 선택하면 메일을 받을 때 암호를 입력하지 않아도 된다.

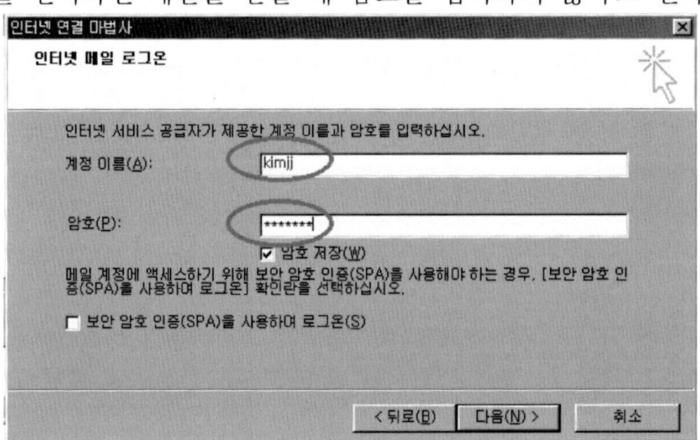

⑦ [마침]버튼을 클릭하여 메일 계정 추가를 완료한다.

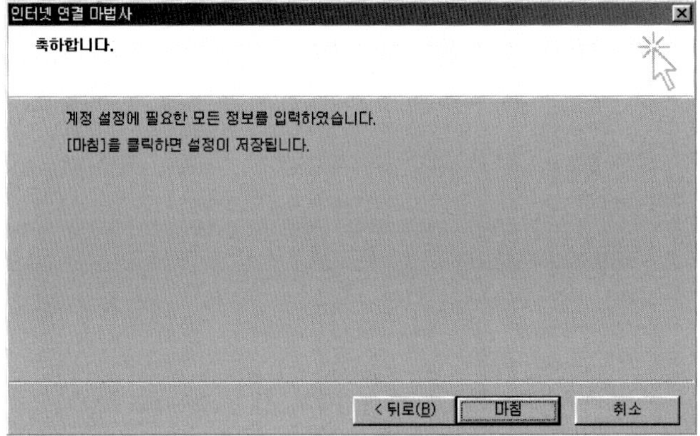

⑧ '인터넷 계정' 대화상자 다시 나타나면 새로운 메일 계정이 추가되었음을 알 수 있다.
[닫기]버튼을 클릭한다.

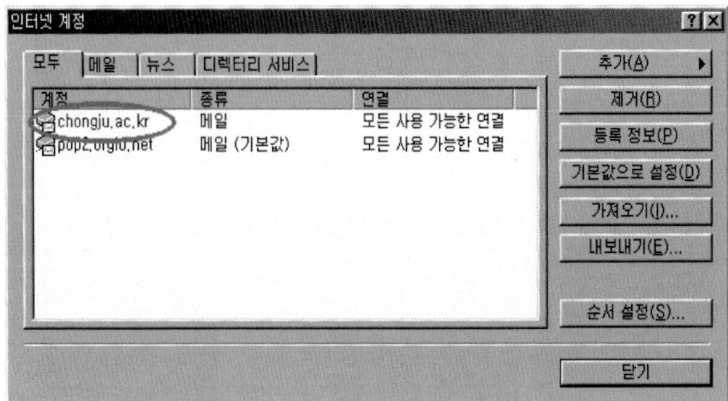

⑨ 새로운 전자 메일 계정으로부터 메일 수신여부를 확인하기 위해 '배달' 아이콘을 클릭한다. 나머지 과정은 '[8]메일 배달'을 참고하기 바란다.

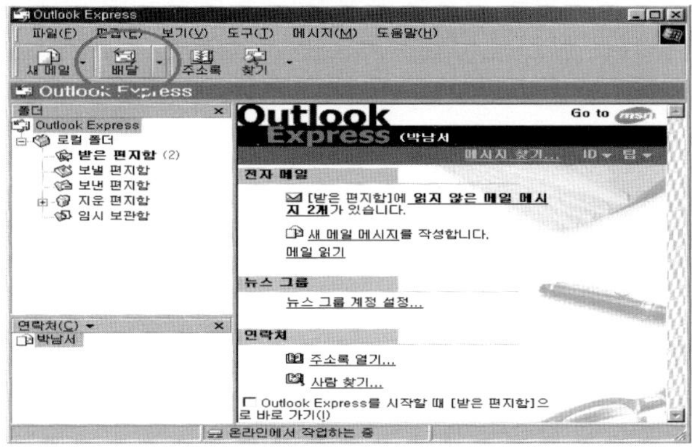

[11] 받은 메일 관리 : 아웃룩 익스프레스에서는 받은 메일들을 여러 가지 방법으로 정렬하여 관리할 수 있고, 메시지를 인쇄할 수 있다.

① 메일 정렬하기에 앞서 받은 편지함의 메시지 목록 창에 나타난 각 열의 단추들에 대하여 알아본다.

!	0	♡	보낸 사람	제목	받은 날짜

우선 순위(!)	메일을 우선 순위에 따라서 정렬하는데 이용되며 긴급한 메시지를 목록의 가장 위에 위치시킨다.
첨부파일(0)	메시지에 첨부 파일이 있는지 여부를 나타낸다. 첨부 파일이 있는 메시지를 가장 위에 위치시킨다.
플래그(♡)	메시지에 플래그(중요한 메일임을 표시함)가 있는지 여부를 나타내며 플래그가 있는 메일을 가장 위에 위치시킨다. 또한 플래그 설정도 할 수 있다.
보낸 사람	메시지를 보낸 사람의 이름을 기준으로 정렬한다.
제목	메시지의 제목에 의해 정렬한다.
받은 날짜	메시지를 받은 날짜 순서로 정렬한다. 메시지를 정렬하는 가장 좋은 방법 중에 하나이다.

② 메시지 정렬하기 : 위에서 설명한 단추들은 메시지 목록에 있는 각 열들의 제목을 나타내며, 이 단추들을 이용해서 다양한 방법으로 메시지들을 정렬할 수 있다. 기본적으로 메시지 목록은 메시지를 받은 날짜의 순서대로 정렬되는데, 가장 최근에 받은 메시지가 맨 아래쪽에 온다. 아웃룩 익스프레스에서는 오름차순(A에서 Z순)이나 내림차순(Z에서 A순)의 두 가지 정렬방식을 제공한다. 정렬순서를 바꾸기 위해서는 [보기]-[정렬 기준]을 차례로 클릭한 후 [오름차순 정렬]이나 [내림차순 정렬]을 선택하거나 또는 간단히 열 제목을 마우스로 클릭한다.

ⅰ. 받은 편지함을 선택하면 메시지 목록 창의 윗부분에 단추들이 표시된 가로줄이 나타난다. [보기]-[열]을 선택하여 각자의 취향에 따라 표시될 열이나 숨길 열을 선택한다.

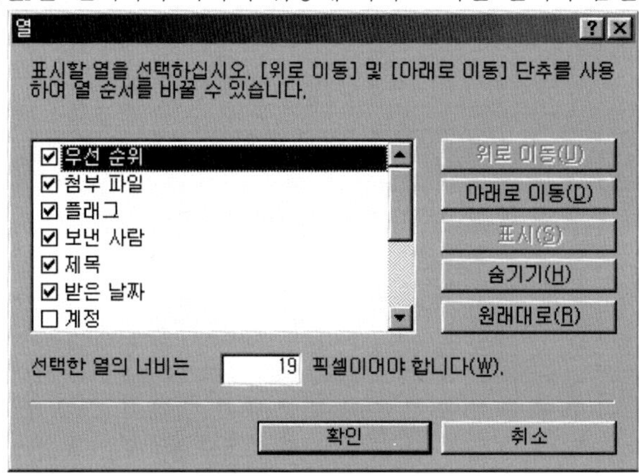

ⅱ. 선택한 열에 의해 메시지를 정렬하려면 [보기]-[정렬 기준]을 차례로 클릭한 후 하위 메뉴가 나타나면 먼저 정렬할 기준 열을 선택한다. 이미 선택되어 있는 정렬 방식(오름차순정렬)으로 기준열에 의해 정렬되는 것을 볼 수 있다.

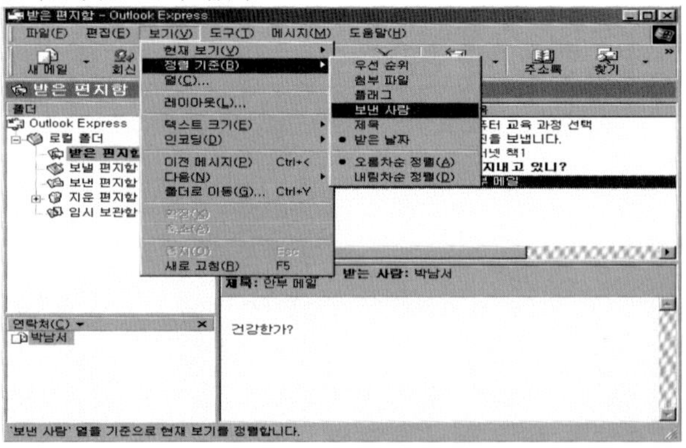

iii. 정렬 방식을 바꾸고자 하면 [보기]−[정렬기준]을 차례로 클릭한 후 [오름차순 정렬]
이나 [내림차순 정렬]을 선택하면 된다.

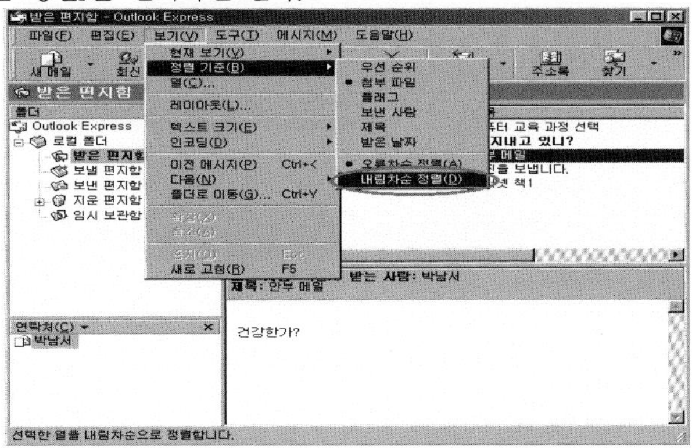

iv. 정렬하는 간단한 방법은 '메시지 목록' 창에서 정렬할 열의 단추를 클릭하는 것으
로, 선택한 정렬 방식으로 정렬되는 것을 볼 수 있다. 클릭한 열에 △ ▽이 나타
나고 클릭할 때마다 바뀌는 것을 볼 수 있는데 △는 오름차순 정렬을 나타내고,
▽는 내림차순 정렬을 나타낸다.

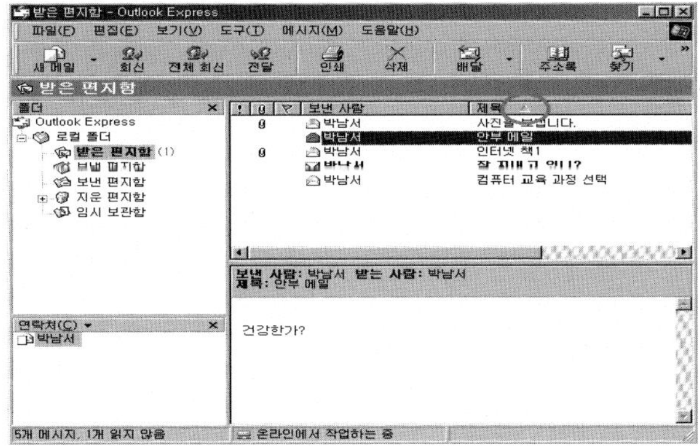

③ 메시지 인쇄하기 : 메시지를 인쇄하려면 '메시지 목록' 창에서 인쇄할 메시지를 먼
저 선택한 후 도구 모음의 [인쇄] 단추를 클릭하거나 [파일]−[인쇄]를 차례로 클릭한다.

ⅰ. 인쇄할 메시지를 선택한 후 [파일]-[인쇄]를 차례로 클릭한다.

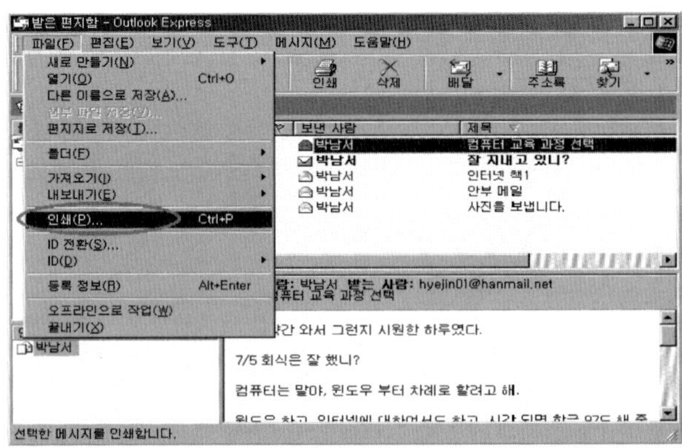

ⅱ. [인쇄] 대화 상자가 나타나면 인쇄할 페이지, 프린터 종류, 인쇄 매수등 원하는 인쇄 옵션을 선택하고 [확인] 단추를 클릭한다.

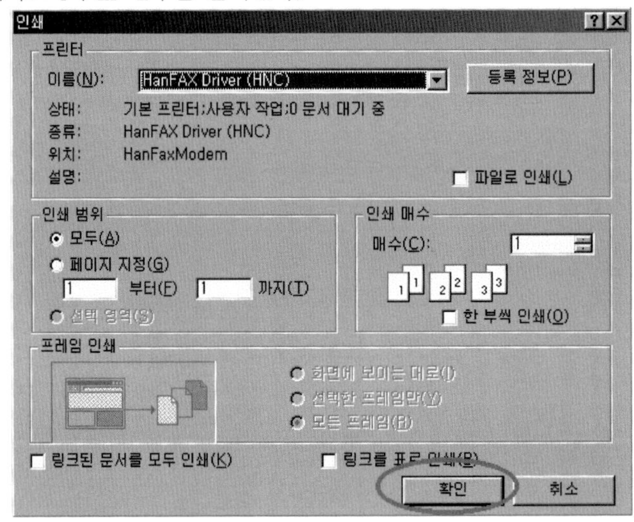

[12] 주소록 관리 : 주소록이라는 것은 여러분이 수첩에 친구의 연락처를 메모하여 가지고 다니듯이 아웃룩 익스프레스에 연락처를 메모하는 것이라고 생각하면 된다. 이 주소록을 활용하면 전자우편 주소를 빠르게 입력할 수 있게 해주고, 입력할 때 발생할 수 있는 오류를 줄 일 수 있다. 간단하게 받은 메시지를 통하여 메시지를 보낸 사람에 대한 정보를 빠르게 주소록에 추가하는 방법과 수동으로 주소록에 추가하는 방법을 알아본다.

① 받은 전자메일로 주소록에 추가

ⅰ. 메시지 목록에서 주소록에 추가하고 싶은 주소를 포함하고 있는 메시지를 선택한 다음, [도구]-[보낸 사람을 주소록에 추가]를 차례로 클릭하거나 메시지 제목에서 마우스의 오른쪽 단추를 눌러 [보낸 사람을 주소록에 추가]를 클릭하면 된다.

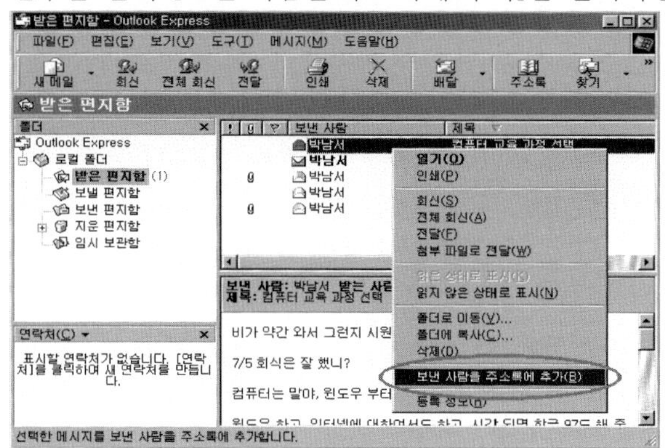

ⅱ. 화면의 왼쪽 하단에 있는 [연락처] 목록에 추가된 것을 확인할 수 있습니다. 만일 [연락처] 목록이 화면에 나타나지 않았다면 [보기]-[레이아웃]- [연락처]를 체크한 후 [확인]버튼을 클릭하면 된다.

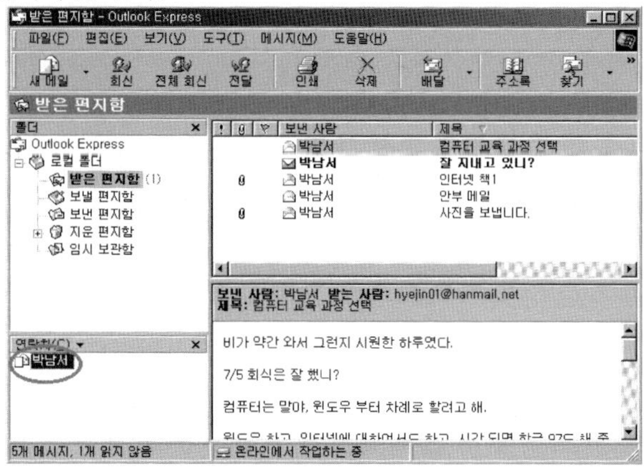

② 수동으로 주소록에 추가

ⅰ. '연락처' 창에서 '연락처'를 클릭한 후 '새 연락처'를 클릭한다.

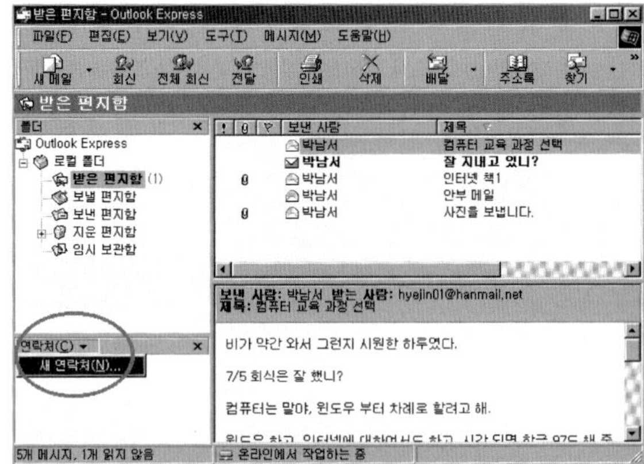

ii. 추가하고자 하는 사람의 성과 이름을 쓰고 '표시' 항목을 선택하면 창 이름이 '표시'
항목의 것으로 변경된다. '전자메일 주소' 항목을 입력하고 [추가]버튼을 클릭하면 아래
창에 전자메일 주소가 추가된다.

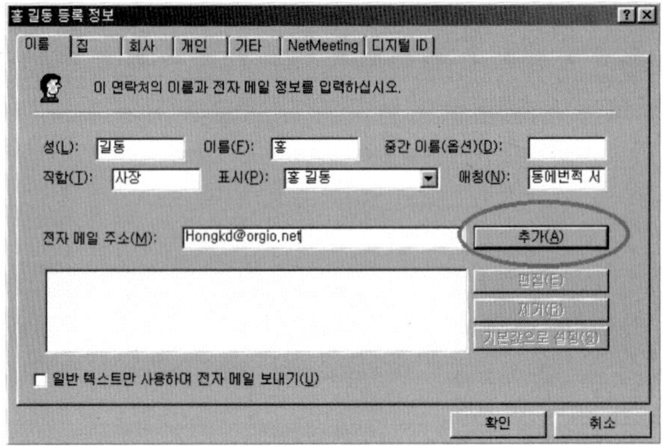

iii. 전자메일 주소가 여러개인 경우 전부 입력을 할 수 있다. 입력이 완료되면 [확인]
버튼을 클릭하여 주소록에 추가를 완료한다.

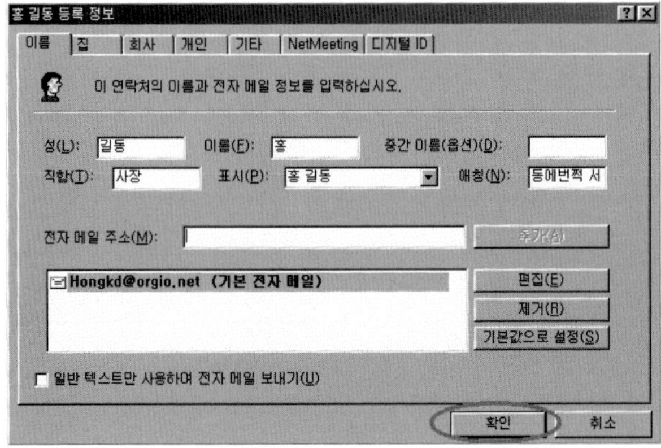

③ 주소록 변경

ⅰ. 입력한 연락처의 정보가 바뀌었다거나 필요없는 연락처가 있다면 [연락처]창에서 해당하는 연락처를 클릭한 다음, 마우스의 오른쪽 버튼을 클릭하여 [등록정보]를 선택한다.

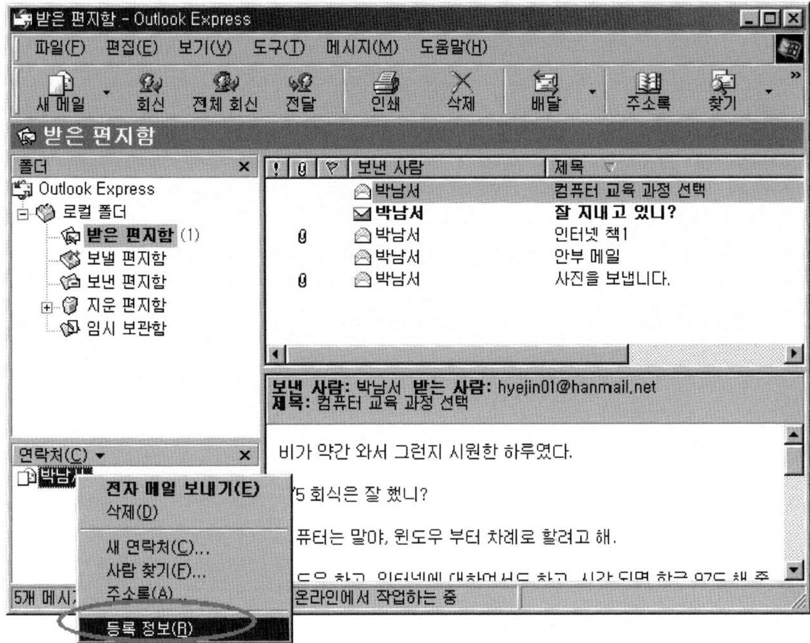

ⅱ. 수정할 항목의 시트를 클릭하여 내용을 수정한 다음 [확인]버튼을 클릭합니다.

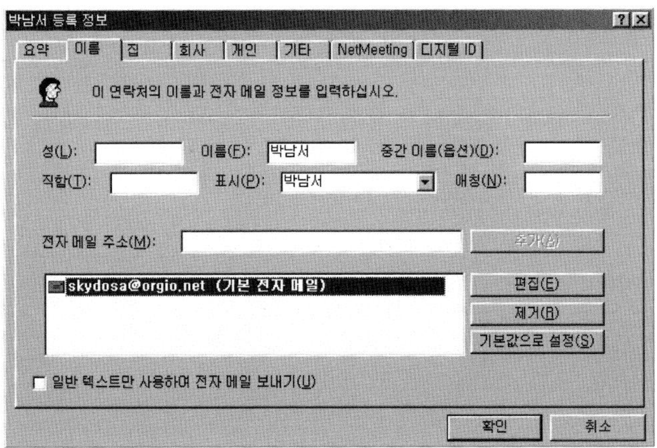

iii. 연락처 정보를 지우려면 마우스의 오른쪽 버튼을 클릭한 다음 [삭제]를 클릭한다.

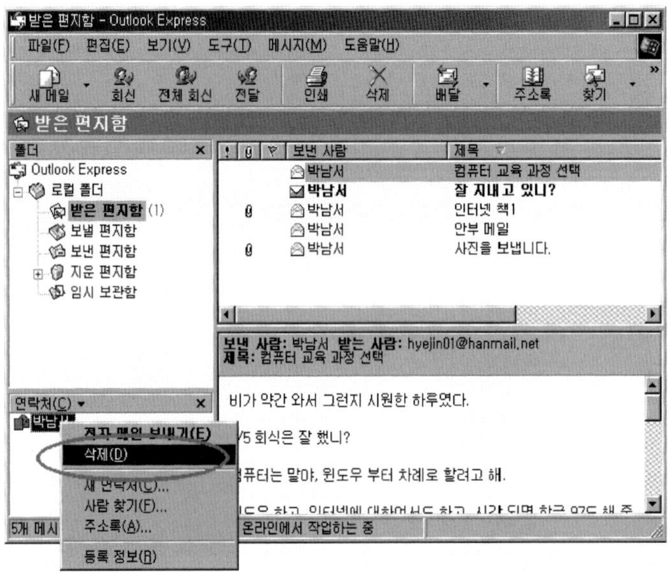

④ 주소록 정렬

i. 도구 모음의 [주소록] 아이콘을 클릭한다.

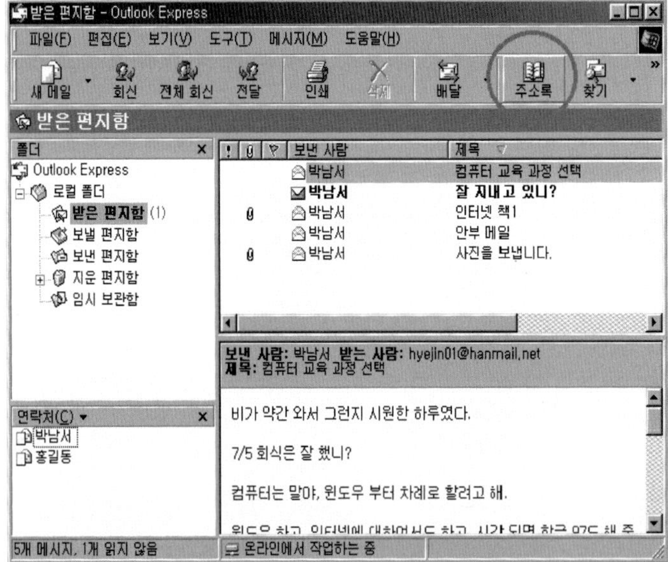

ii. [주소록]창에서 주소록 항목의 맨 윗 줄에 있는 항목의 버튼을 클릭하면 오름차순이나
내림차순으로 정렬할 수 있다.

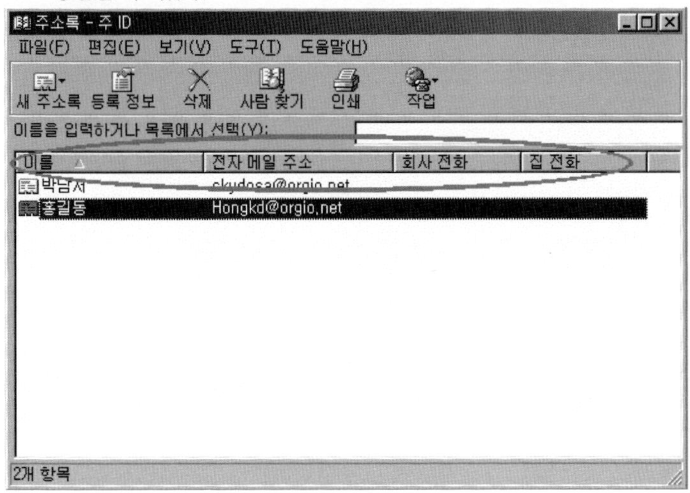

4.2.1.2 웹메일 사용하기 ■ 현재 무료로 전자메일 계정을 주는 곳 중 많은 곳이 아
웃룩 익스프레스와 같은 메일관리 프로그램으로는 메일을 받아 볼 수 없고, 웹브라
우저로 각자의 홈페이지에 접속해야만 메일을 볼 수 있다. 이런 경우를 웹메일이라
하여 전자메일과 분리하여 부르기도 한다. 여기서는 '오르지오' 홈페이지를 예로 들
었다. 오르지오는 웹메일과 전자메일을 모두 지원하는 사이트 중의 하나이다.

___[1] 웹메일 홈페이지 접속___ : 웹메일 홈페이지는 보통 자신의 메일 주소의 '@'
다음에 있는 주소와 동일하다. 자신의 메일 주소가 'parkns@orgio.net'이라 하면 접속할
홈페이지는 'www.orgio.net'이다. 인터넷에 접속한 후 주소표시줄에 'www.orgio.net'을
입력한 후 'Enter'를 친다.

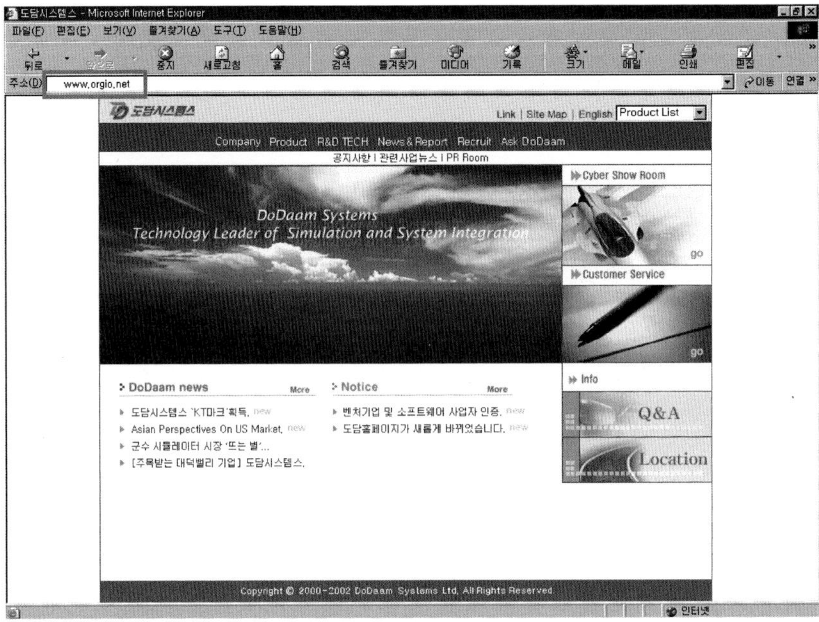

[2] 로그인

① 홈페이지에 접속하면 자신의 아이디와 비밀번호를 입력한 후 [로그인]을 클릭한다. 다른 웹메일 홈페이지도 환경은 비슷하다.

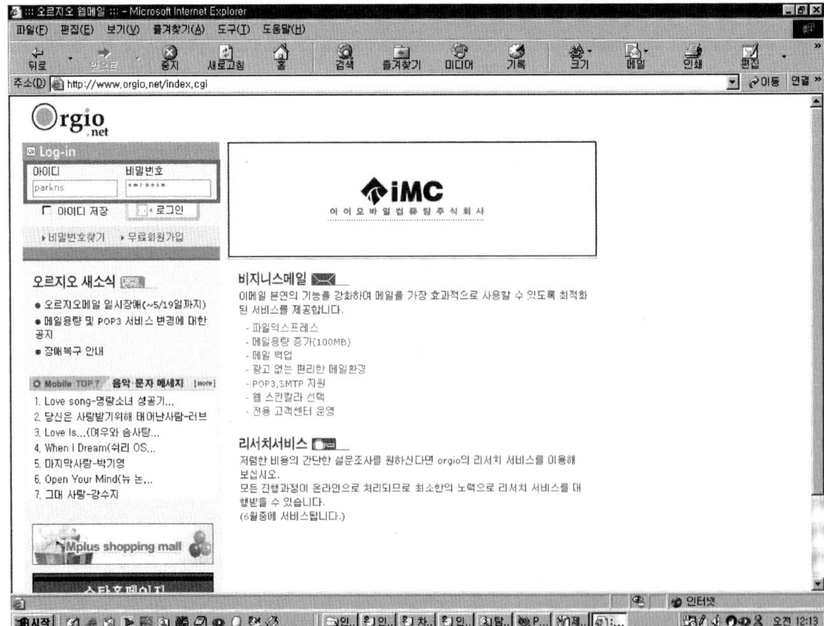

② 로그인하면 현재 자신의 편지함 상태와 새로운 메일이 있는지를 알려준다.

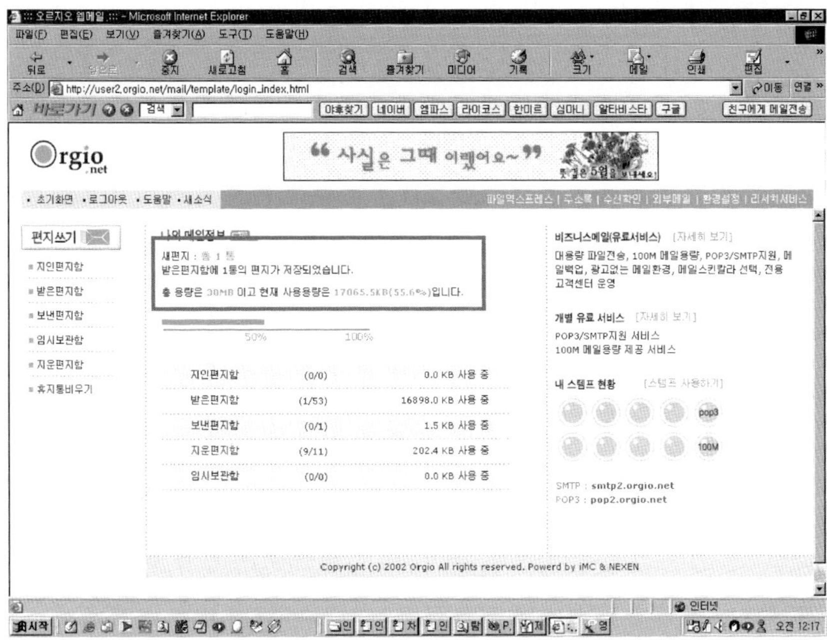

[3] 전자메일 읽기 : '받은 편지함' 링크를 클릭한다. 받은편지함의 내용이 우측상단 프레임에 나타나고 원하는 메일을 클릭하면 메일의 내용이 우측하단 프레임에 나타난다.

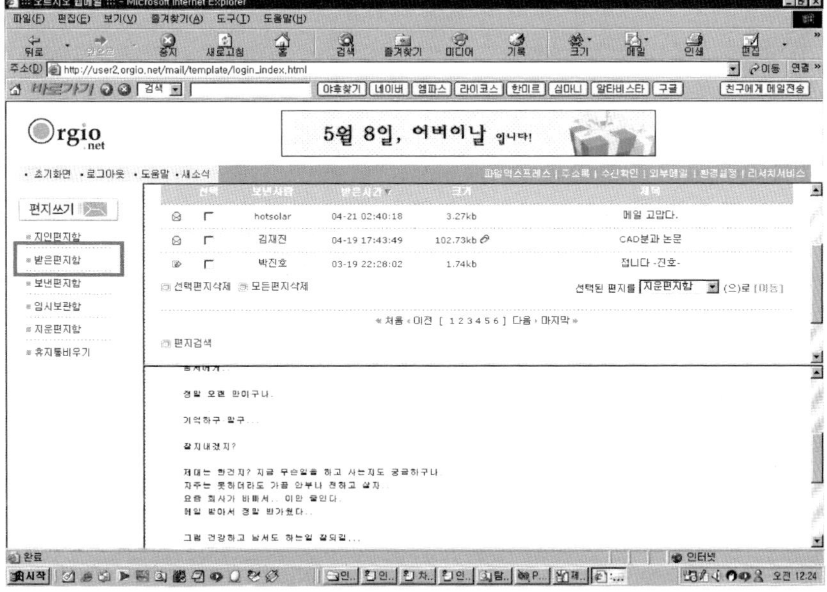

[4 전자메일 보내기] : '편지쓰기' 링크를 클릭한 후 메일을 작성하고, [보내기]를 클릭한다.

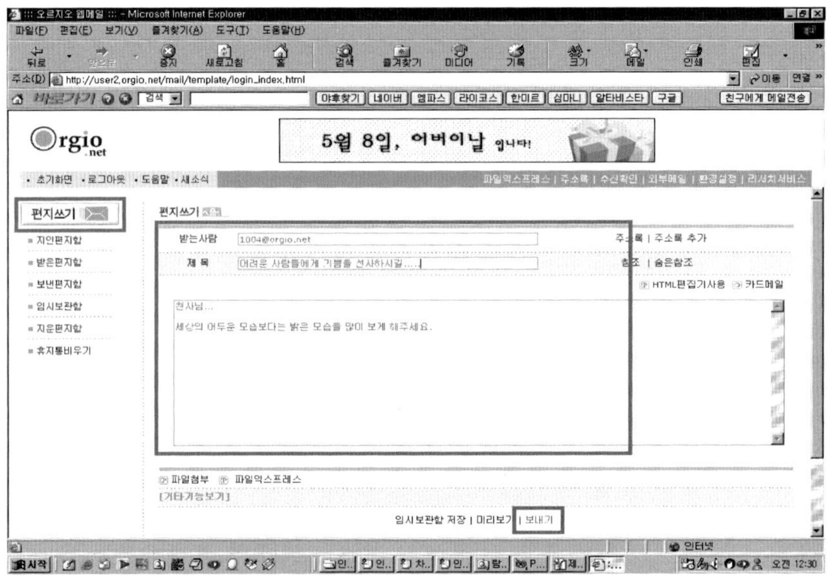

[5] 메일 지우기 : '받은편지함'을 클릭한다. 메일 목록에서 지울 메일을 선택(☑)한 후 '선택편지삭제'를 클릭하면 선택된 편지가 삭제된다. 전체 메일을 지울 경우는 '모든편지삭제'를 클릭하면 된다. 주의할 것은 '모든편지삭제'를 클릭하면 메일이 휴지통으로 가지 않고 지워진다는 것이다.

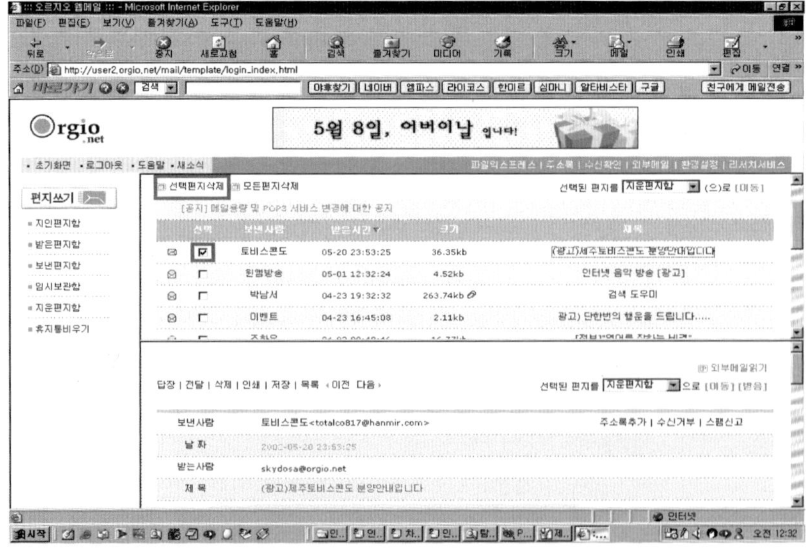

4.2.2 채팅 ■ 채팅은 온라인 대화를 일컫는 말로 같은 시간에 인터넷에 접속해 있는 다른 사람들과 이야기를 나누는 것을 말한다. 여기서 "이야기를 나눈다"는 것은 메시지 저장소 역할을 하는 사이트를 매개로 해서 인터넷상의 각기 다른 사이트에서 채팅에 참가하고 있는 사용자간에 키보드로 입력한 메시지를 네트워크(Network)를 통해 컴퓨터끼리 실시간으로 서로 교환하는 것을 의미한다. 이러한 방법은 꼭 말하는 것과 같이 상대방이나 여러 사람의 답을 들을 수 있다는 장점을 가지고 있고, 대화방을 만들어 몇 사람에서부터 몇 십 명까지 함께 대화를 나눌 수도 있다. 따라서 시간과 공간 제약 없이 해외에 있는 사람과도 즐거운 대화를 나눌 수 있다.

① 인터넷 익스플로러를 실행시킨다.

② 홈페이지 주소표시줄에 우리나라의 대표적인 채팅 사이트인 세이클럽의 URL 'www.sayclub.com'을 입력한 후 'Enter'를 친다.

③ 세이클럽에 회원등록이 되어있지 않으면 [회원등록]을 클릭한다.

④ 세이클럽 "세이클럽 이용자 약관"이 나타나면 이용자 약관을 읽어 본 후 '위의 이용자
약관에 동의합니다' 좌측 사각공간을 클릭한 후 '만 14세 이상 등록하기'를 클릭한다.

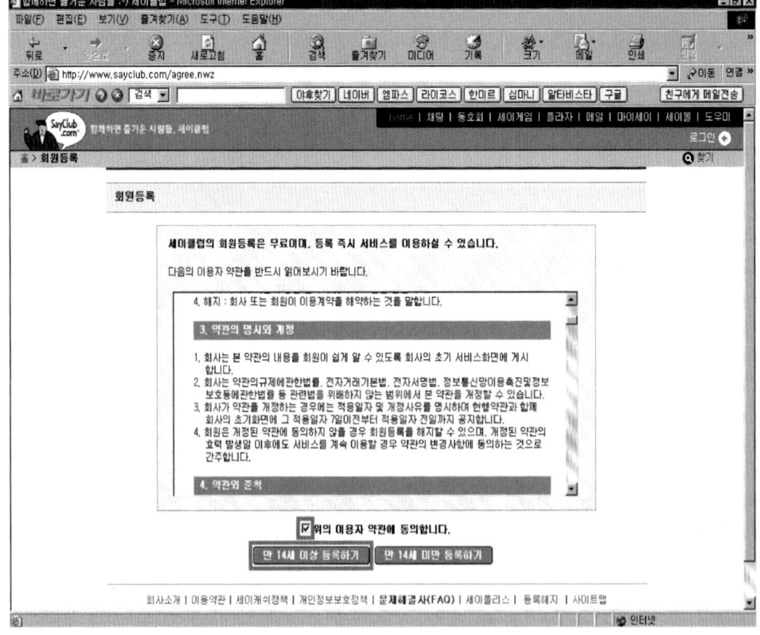

⑤ ID중복 검사를 하여 중복되지 않는 ID를 선택하고 이름과 주민등록번호, 신상정보, 공개/비공개 설정 등을 입력하고 [등록]버튼을 클릭하면 등록이 완료된다.

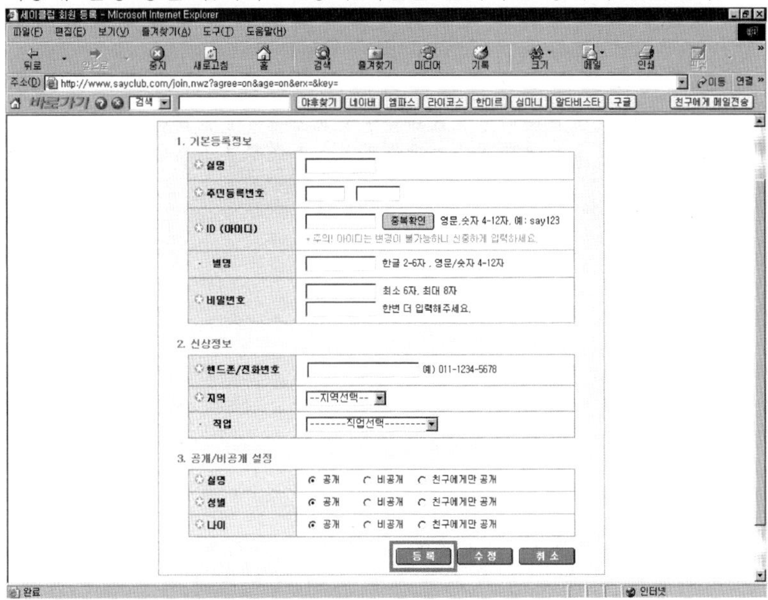

⑥ 세이클럽 홈페이지로 돌아가 '회원ID'와 '비밀번호'를 입력한 후 'Login'을 클릭한다.

⑦ Login을 하고나서 주제별, 나이별 등 여러 대화방 중에서 하나를 선택하여 참여하면 된다.

4.2.3 동창찾기

① 인터넷 익스플로러를 실행시킨다.

② 주소표시줄에 'www.iloveschool.co.kr'을 입력한 후 'Enter'를 친다.

③ '아이러브 스쿨' 홈페이지가 나타나면 '회원가입'을 클릭하여 회원에 가입한다.

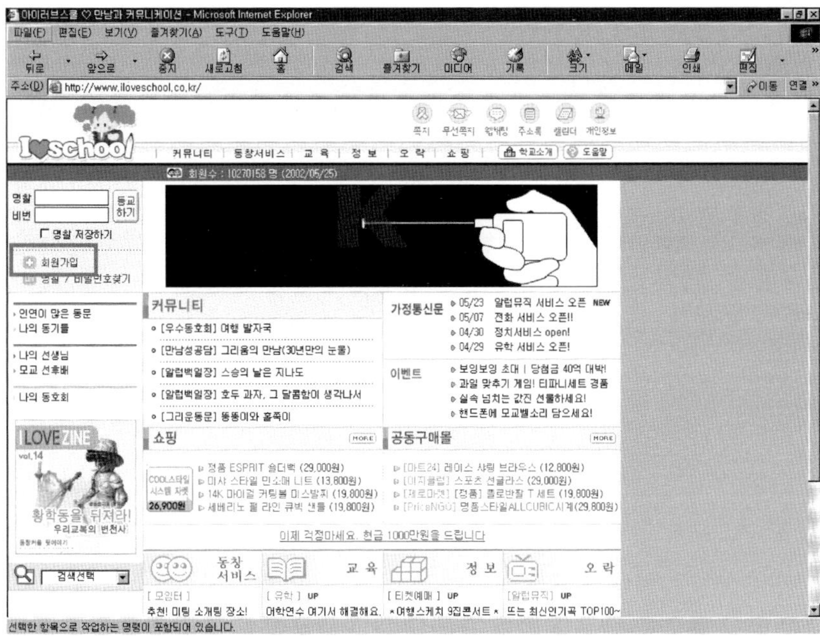

④ ID와 비밀번호를 입력한 후 '등교하기'를 클릭한다.

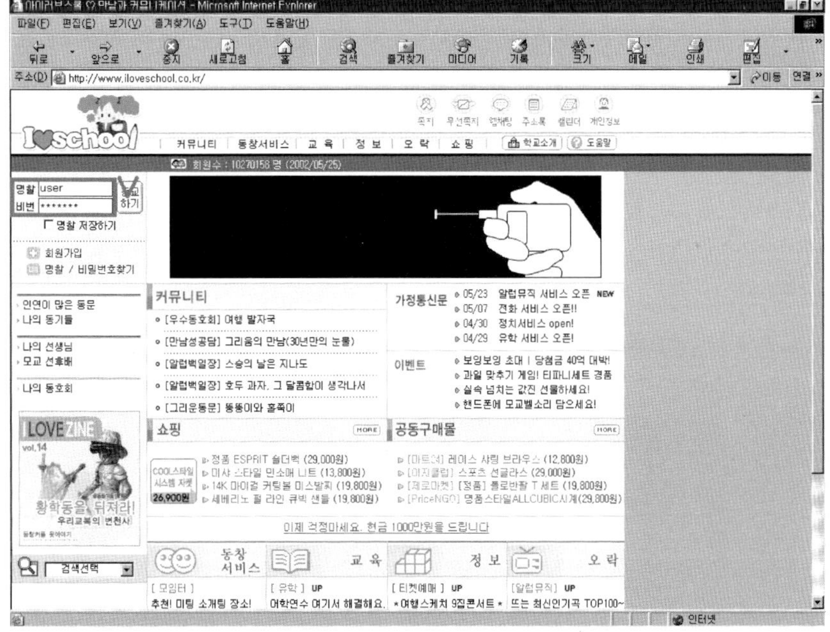

⑤ 회원가입시에 등록한 모교의 정보에서 찾고자 원하는 동창들이 같이 다녔던 모교를
클릭한다.

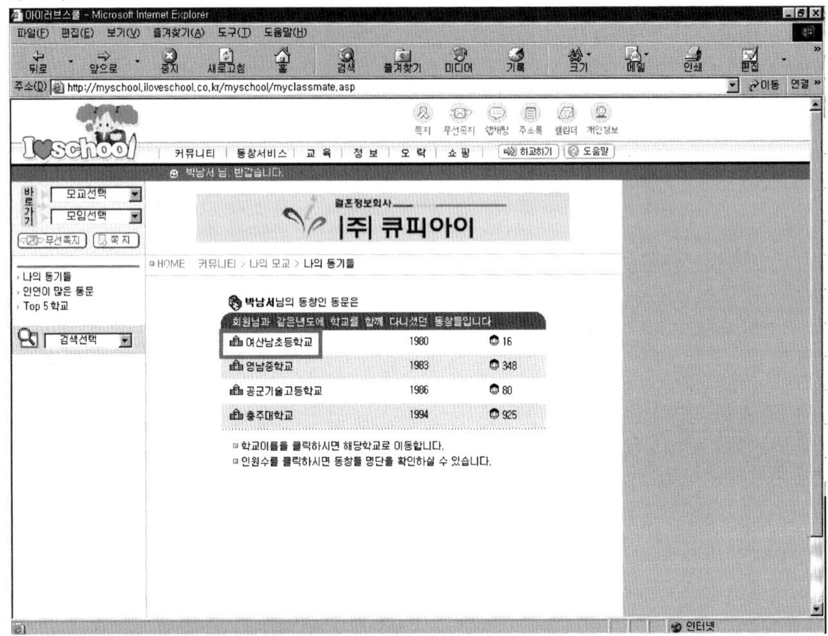

⑥ '나의모교동기들'을 클릭한다.

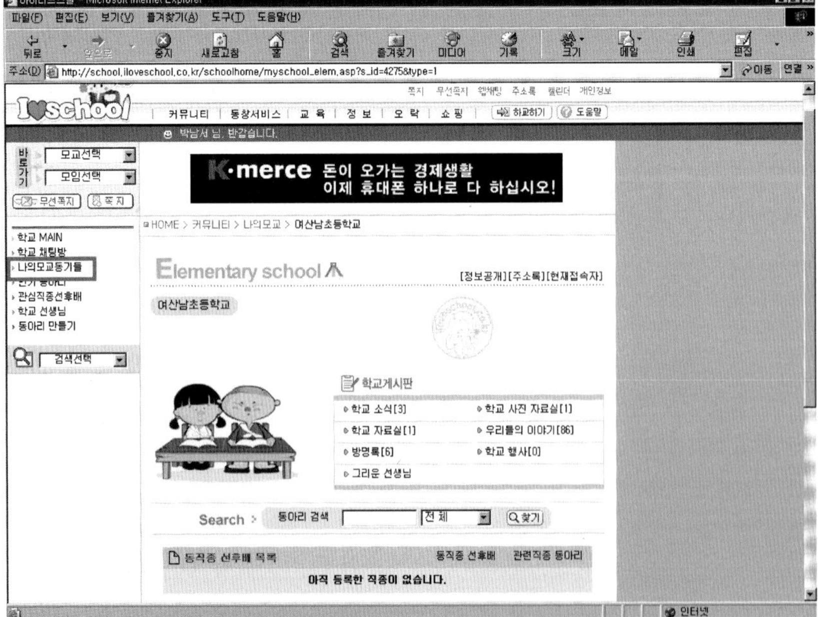

⑦ 아이러브 스쿨에 등록한 동기들을 검색할 수 있으며 '쪽지', '메일'을 보낼 수 있다.

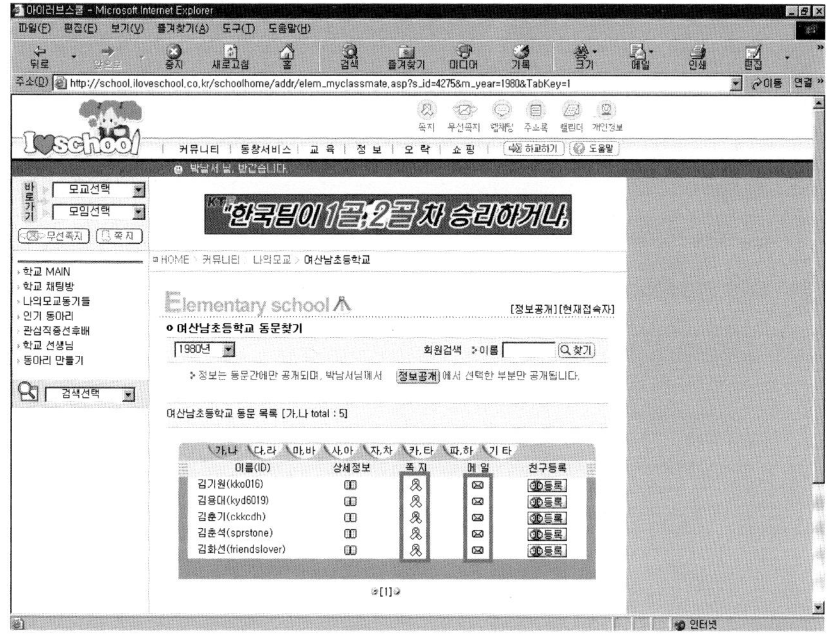

⑧ '바로가기' 오른쪽에 있는 [모교선택]을 클릭하면 중학교, 고등학교, 대학교 등 원하는 모교로 바로 갈 수 있다.

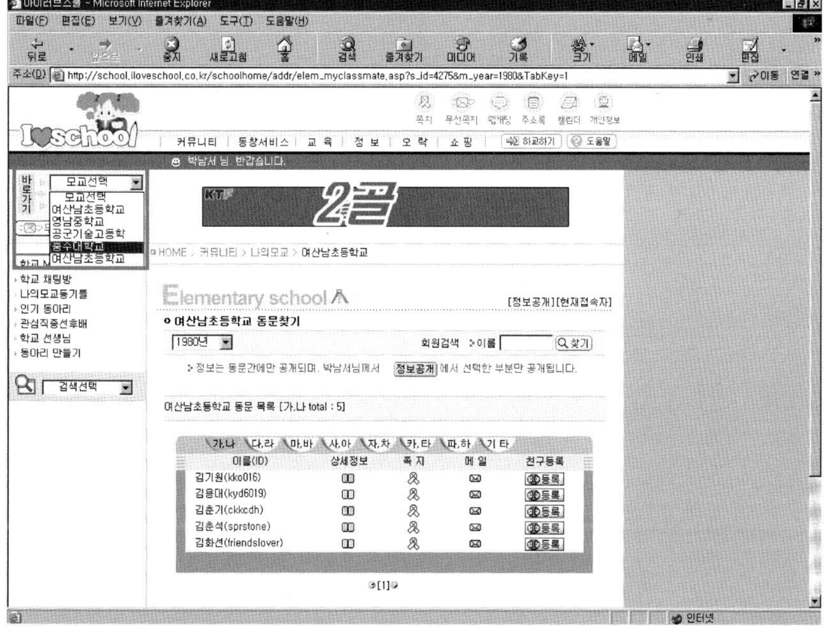

4.2.4 가장 빠른 지하철 노선 찾기 ■ 복잡하게 얽혀있는 서울의 지하철노선에서 가장 빠르게 이동할 수 있는 노선을 찾아보자.

① 인터넷 익스플로러를 실행시킨다.
② 주소표시줄에 'www.freemap.net/2002_freemap/subway_htm/subway.htm'을 입력한 후 'Enter'를 친다.

③ 출발지, 도착지를 입력하고 검색방법(최소환송경로 혹은 최단거리경로)을 최단거리 경로로 선택한 후 검색을 클릭한다.

④ 최단거리경로, 소요시간, 경유구간이 문자로 표시된다.

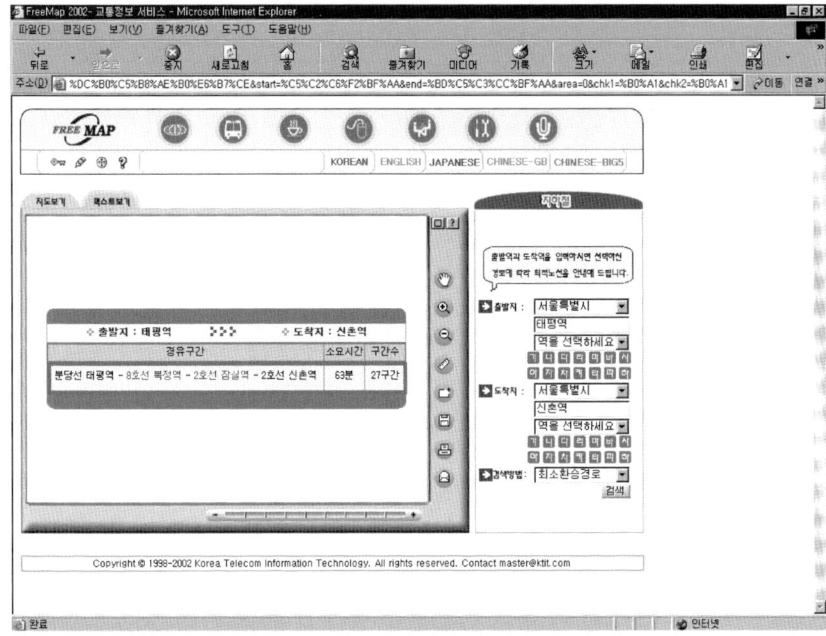

⑤ '지도보기' 탭을 클릭하면 최단거리경로가 지도에 표시된다.

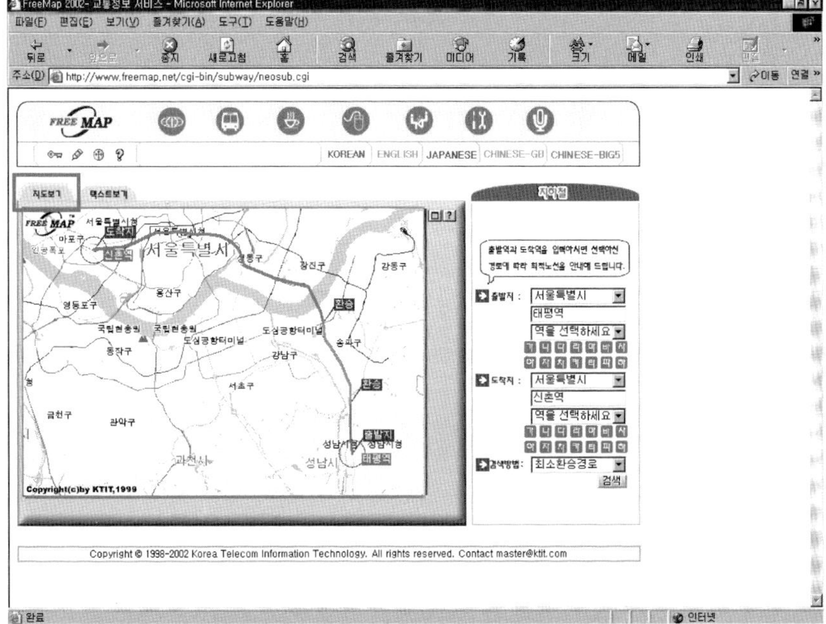

⑥ '최소환송경로'를 선택하고 [검색]을 클릭하면 출발지에서 목적지까지 가는데 갈아
타는 횟수를 최소로 할 수 있는 경로를 알려준다.

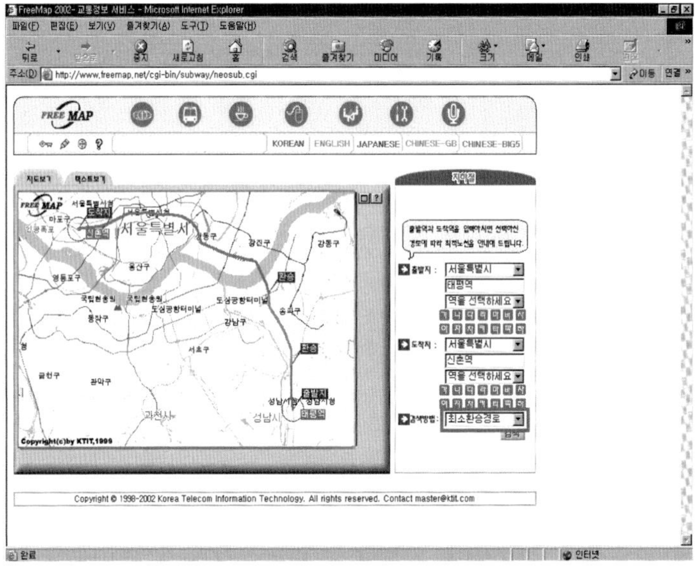

4.2.5 영화표 예매 ■ : 영화표를 예매하기 위해 영화관까지 가는 수고를 더 이상 할
필요가 없다.

① 인터넷 익스플로러를 실행시킨다.
② 주소표시줄에 'www.ticketlink.co.kr'을 입력한 후 'Enter'를 친다.

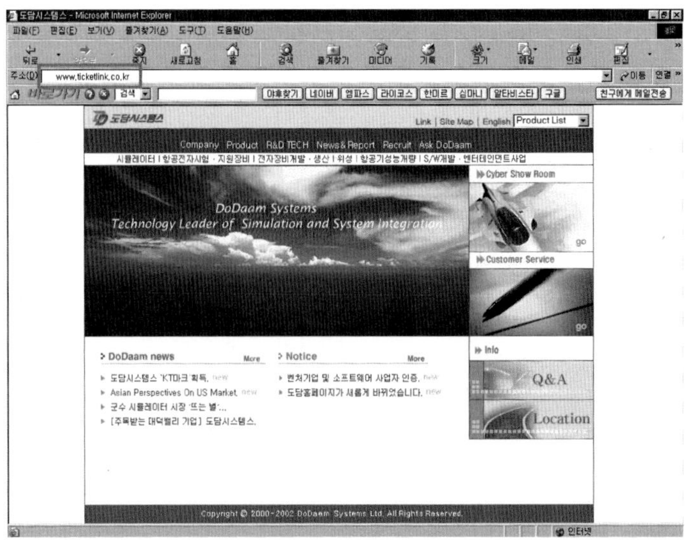

③ 티켓링트 홈페이지가 나타나면 '회원가입'을 클릭하여 회원가입을 한다. 회원가입은
무료이다.

④ 회원에 가입을 했으면 '로그인'을 클릭한다.

⑤ 로그인 페이지가 나타나면 회원가입시 등록했던 ID와 패스워드를 입력한 후 '로그인'을
클릭한다.

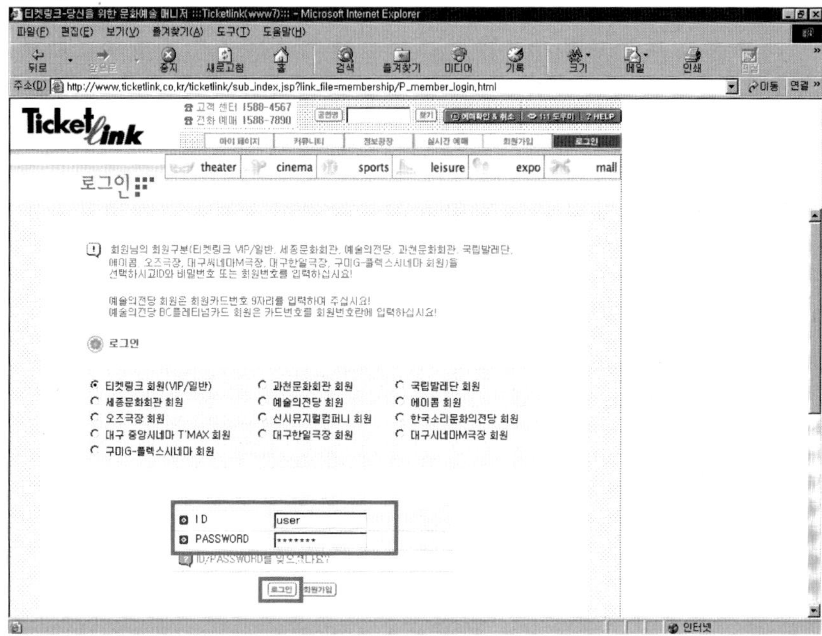

⑥ 로그인을 한 후 '실시간 예매'를 클릭한다.

⑦ '장르'는 영화를 선택하고 영화를 관람할 지역을 선택한 후 '행사찾기'를 클릭한다.

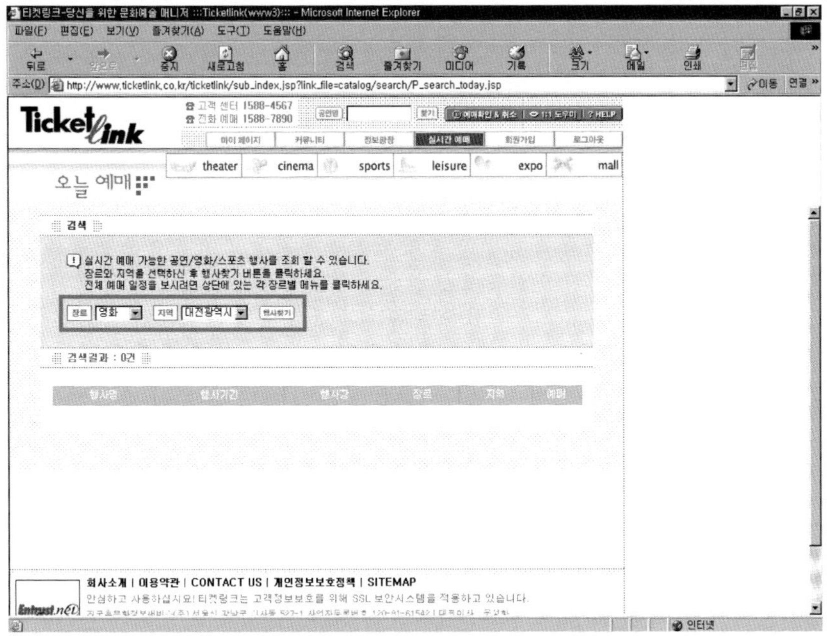

⑧ 영화를 보고자 하는 지역과 영화관을 확인하고 '예약하기'를 클릭한다.

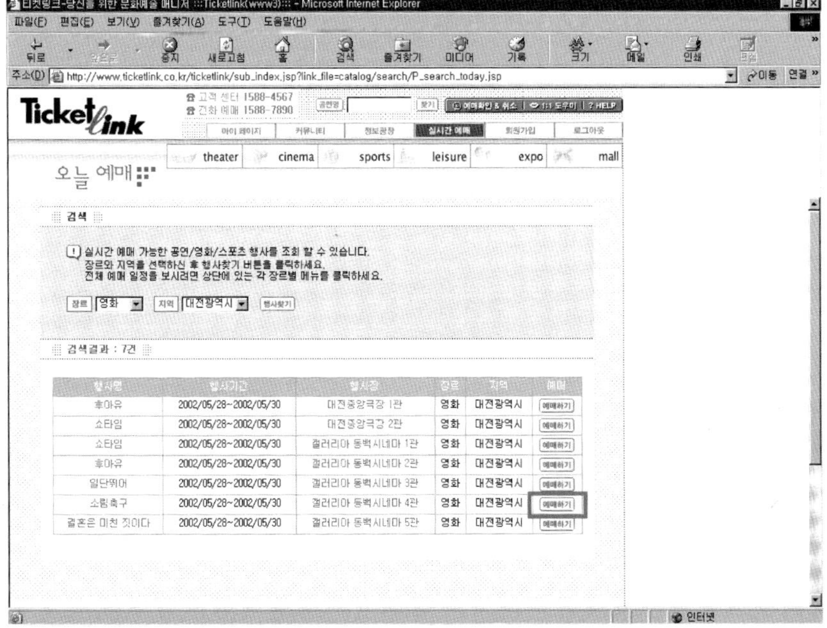

⑨ 영화제목과 상영관를 재 확인하는 페이지가 나타나면 '선택'을 클릭한다.

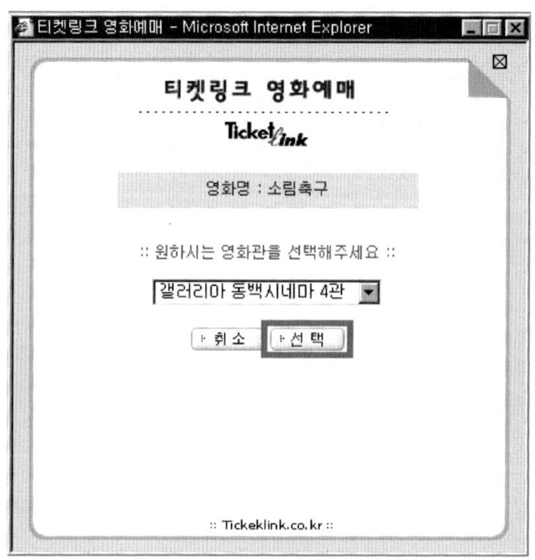

⑩ 관람을 원하는 일자를 선택한 후 '선택'을 클릭한다.

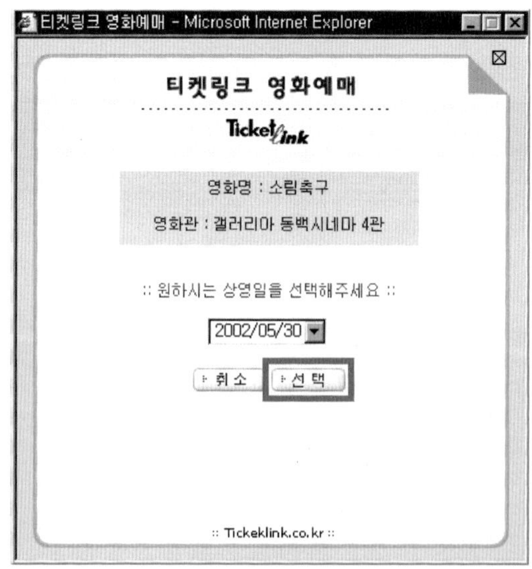

⑪ 관람을 원하는 시간을 선택하고 '선택'을 클릭한다.

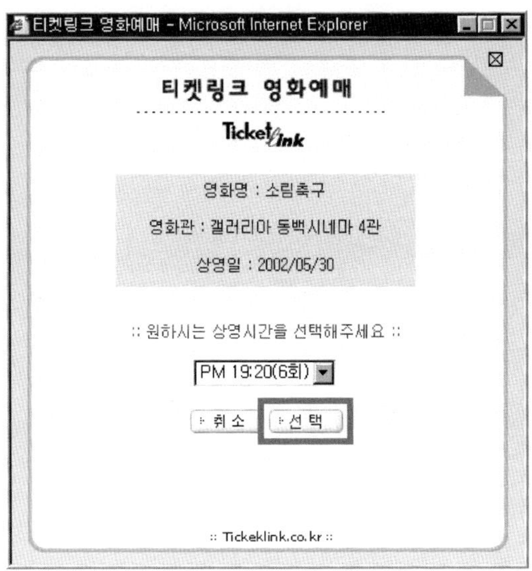

⑫ 예약한 영화명, 영화관, 상영일, 관람시간을 확인하고 '확인'을 클릭한다.

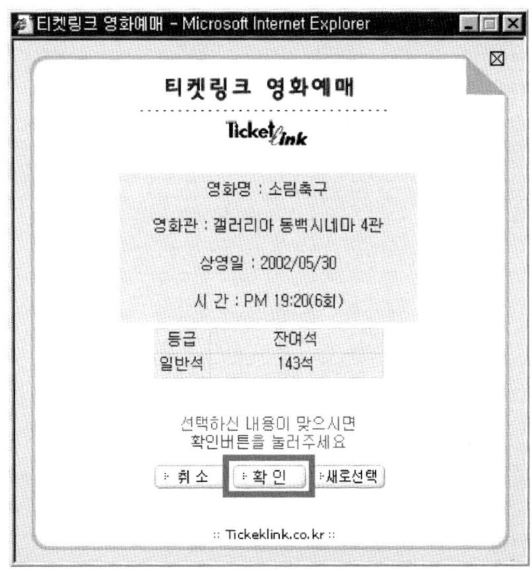

⑬ 예약내용을 확인하는 페이지가 나타나면 예약내용을 재확인한 후 '결재하기'를 클릭한다.

⑭ 티켓종류와 수량을 선택한 후 결재할 카드를 선택하고 카드번호, 유효기간, 할부개월을 입력한 후 '다음단계'를 클릭한다.

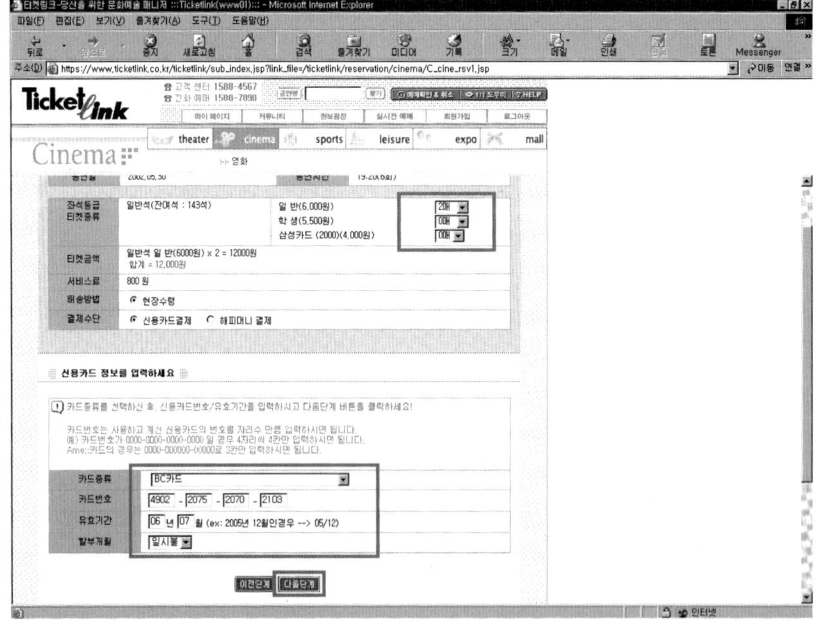

⑮ 결재가 완료되었다는 창이 나타난다. 예약상황을 확인하거나 예약을 취소할 수도 있다.

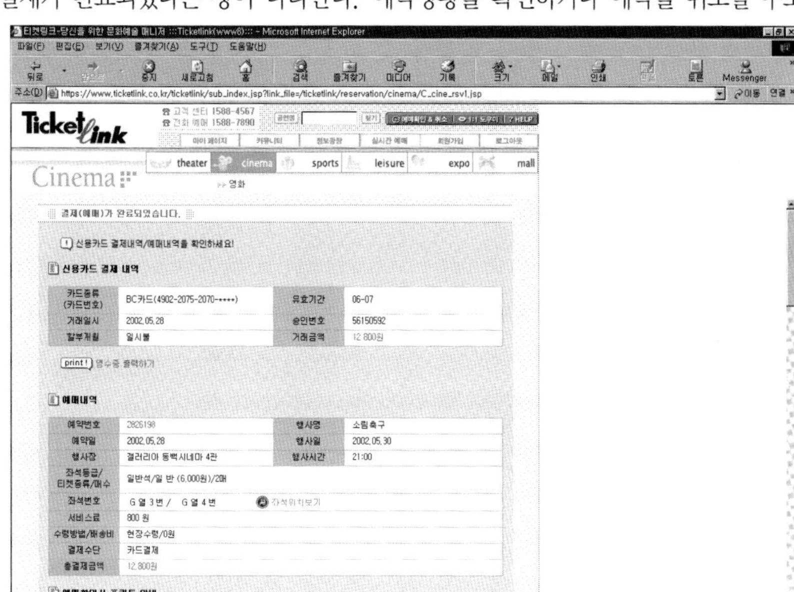

4.2.6 고속버스예매

[1] 예약하기

① 인터넷 익스플로러를 실행시킨다.

② 홈페이지의 주소 표시줄에 'www.easyticket.co.kr' 라고 입력한 후 'Enter'를 친다.

③ 이지티켓 홈페이지에서 [승차권예약]을 클릭한다.

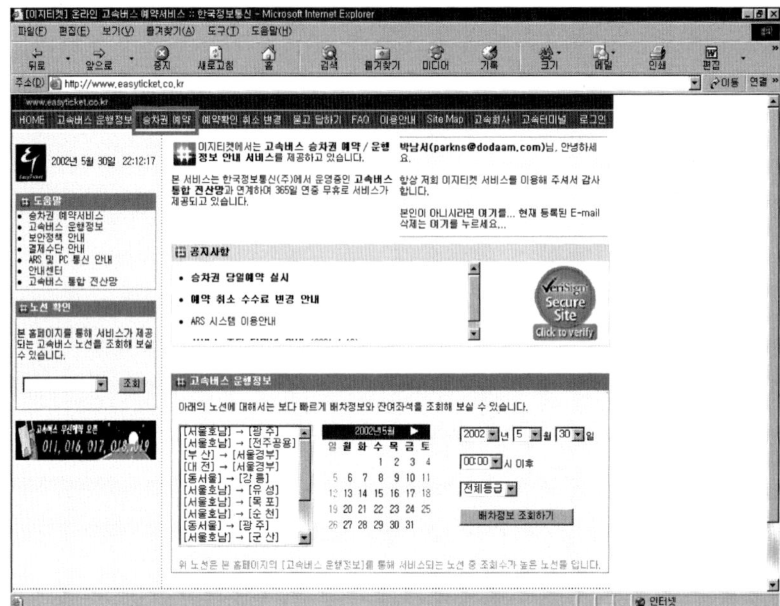

④ '보안경고' 창이 나타나면 [확인]을 클릭한다. 예약확인 메일을 받을 메일주소와 이름을 클릭한 후 [입력확인]을 클릭한다.

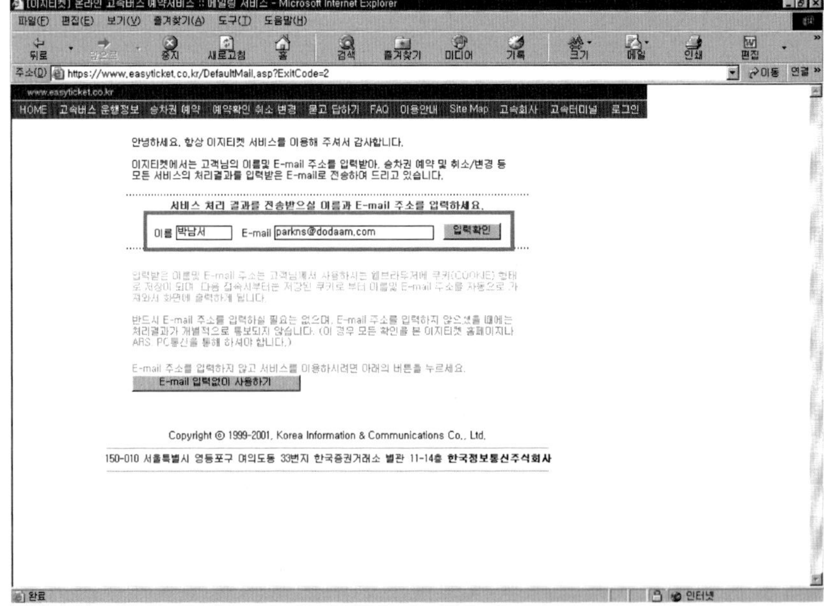

⑤ '보안경고' 창이 나타나면 [확인]을 클릭하면 아래의 안내문이 나타난다. 아래의 사항은 서비스에 대한 제반사항으로 꼭 읽어보고 [아래 사항에 동의합니다]를 클릭한다.

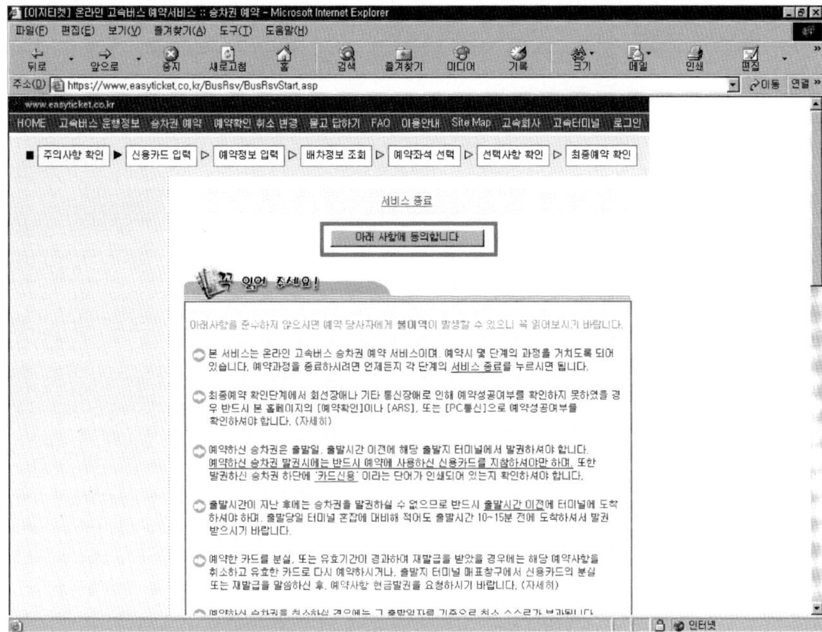

⑥ 안내문에 동의하는지를 확인하는 창이 나타나면 [예]를 클릭한다.

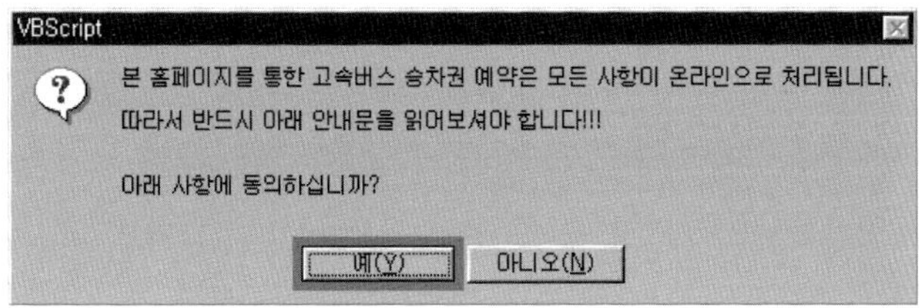

⑦ 대금지불이 신용카드로 이루어지므로 신용카드번호를 입력한다. 입력시 '−'는 생략하고
입력하며 입력이 완료되면 [다음]버튼을 클릭한다.

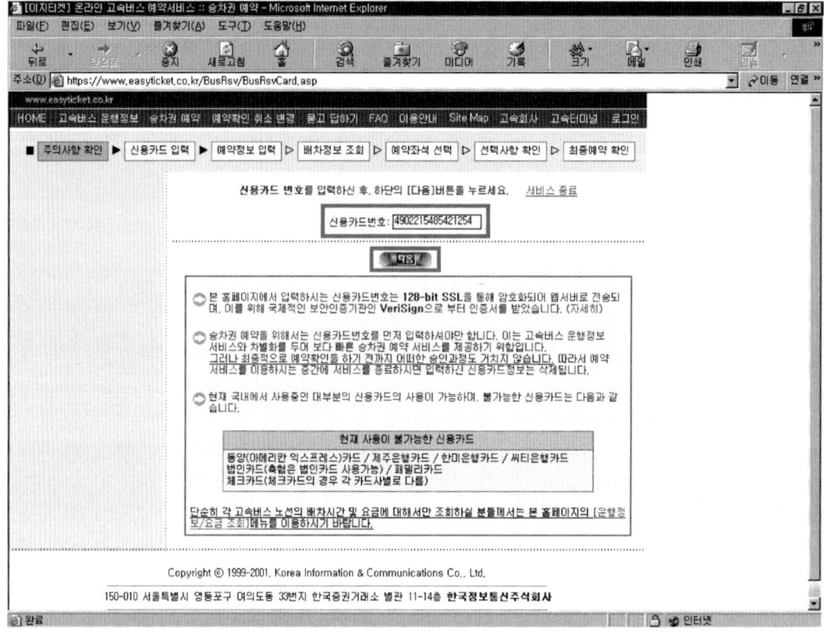

⑧ 카드 유효기간과 주민등록번호 뒤 7자리를 입력한 후 [다음]을 클릭한다.

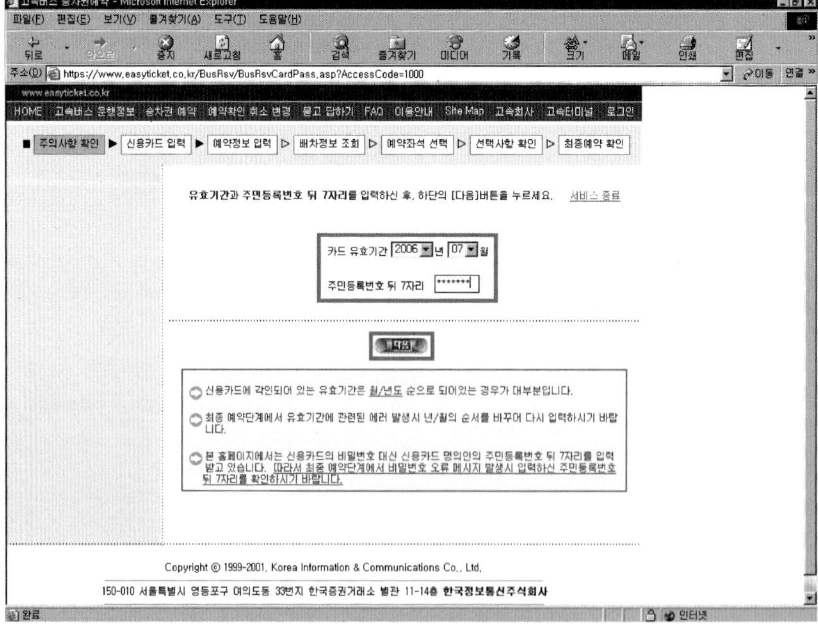

⑨ 출발지, 도착지, 출발일, 출발시간, 차량등급, 예매할 표의 수량을 입력한 후 [조회]를 클릭한다.

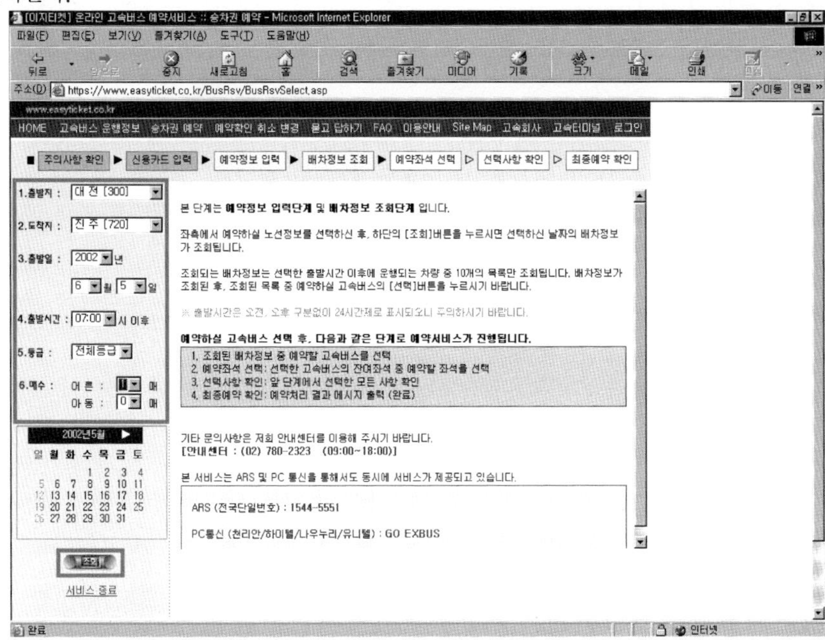

⑩ '조회중' 창이 잠시 나타난 후 아래의 창이 나타난다. 시간대별로 차량등급과 좌석 현황 정부가 나타나면 예약을 원하는 고속버스의 '예약하기' 칸의 [선택]을 클릭힌다.

⑪ 원하는 좌석을 클릭한 후 [다음]을 클릭한다.

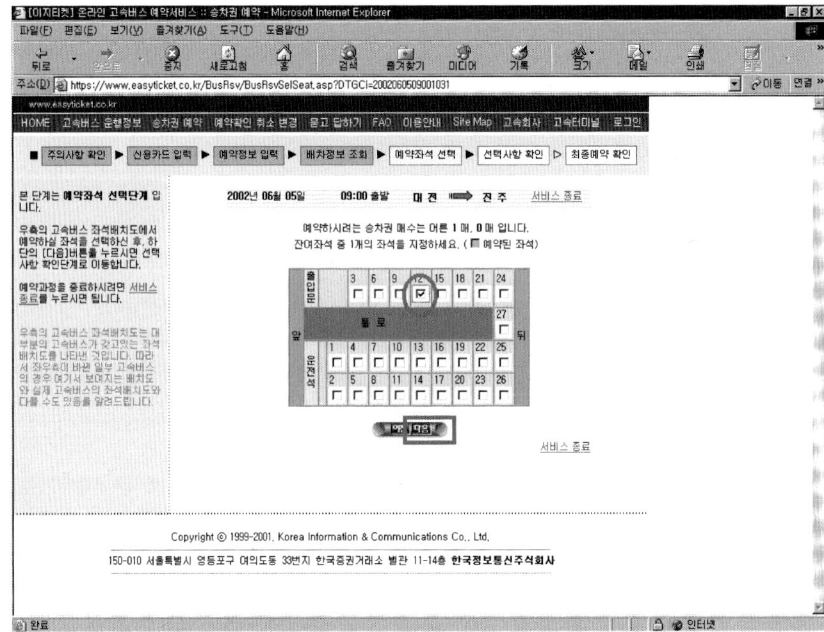

⑫ 예약사항을 확인하고 [예약]을 클릭한다.

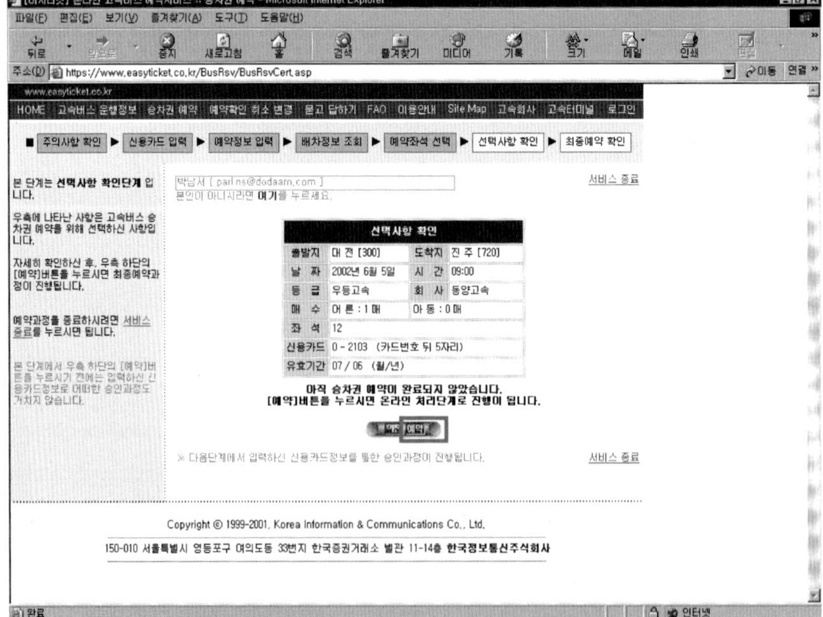

⑬ 예약을 처리중 창이 나타난 후 예약확인 창이 나타나면 [확인]을 클릭한다.

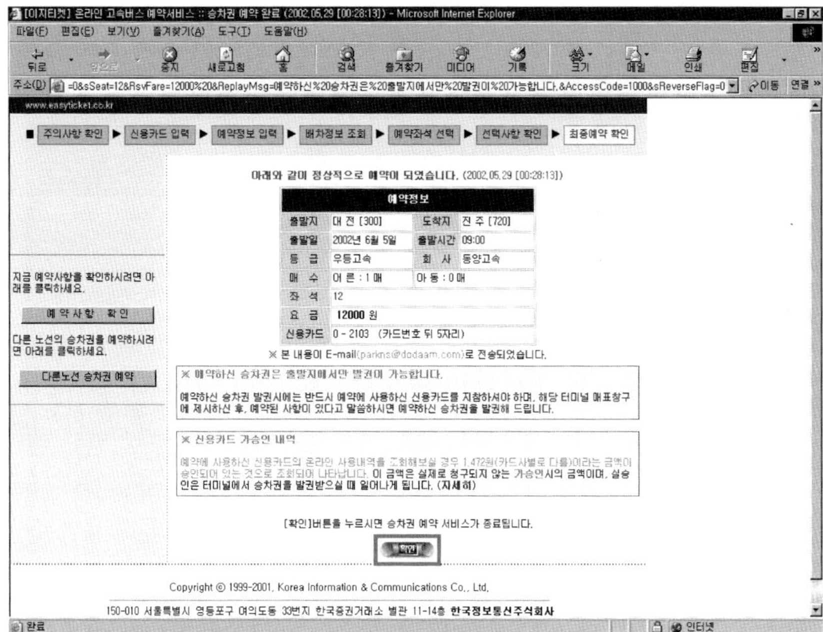

⑭ 예약서비스가 정상적으로 종료되었다는 안내창이 나타난다. 예약사항을 확인하고 싶으면 [다시 접속하기]를 클릭한다.

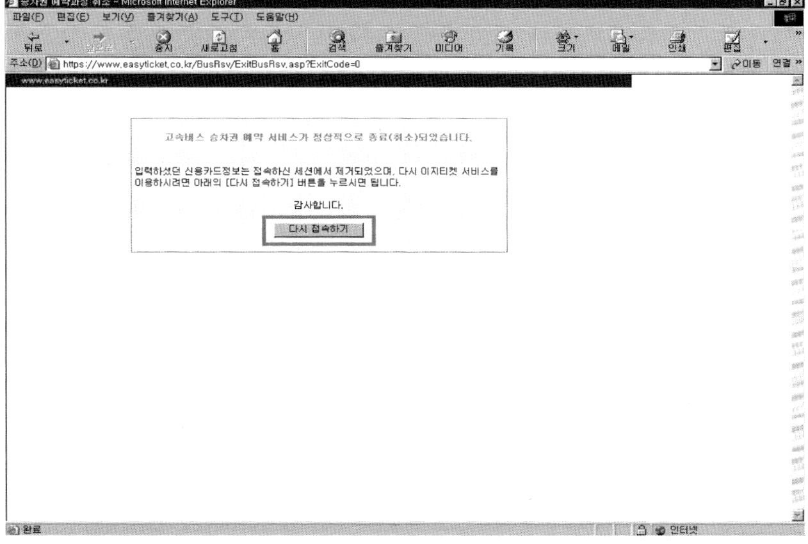

[2] 예약확인하기

① 이지티켓 홈페이지에서 [예약확인 취소 변경]을 클릭한 후 안내문이 나오면 안내문을 읽은 후 [계속 진행하기]를 클릭한다.

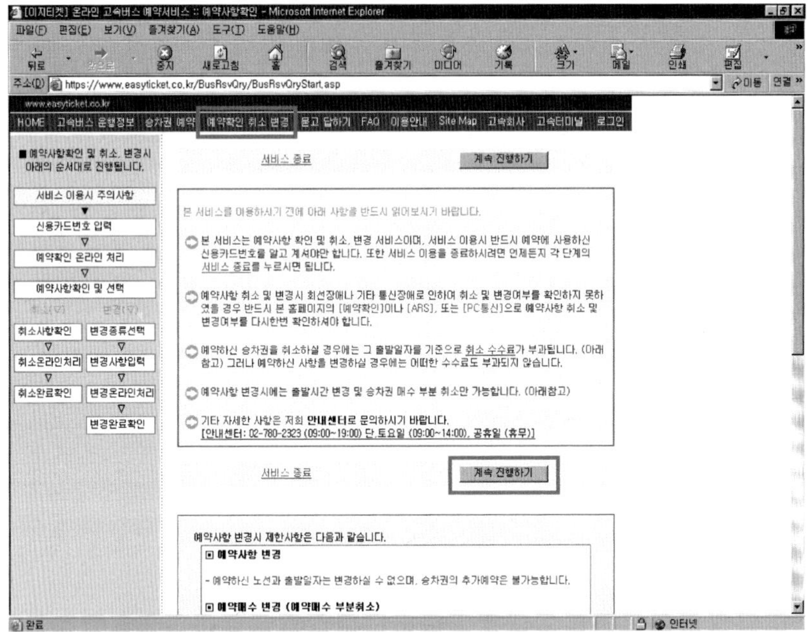

② 안내문에 동의하는지를 확인하는 창이 나타나면 [예]를 클릭한다.

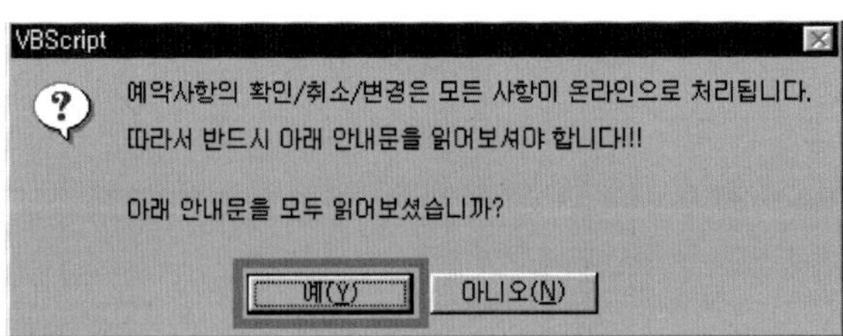

③ 신용카드번호를 입력한 후 [예약사항 조회하기]를 클릭한다.

④ 서비스 처리중 창이 잠시 나타난 후 예약사항이 나타난다.

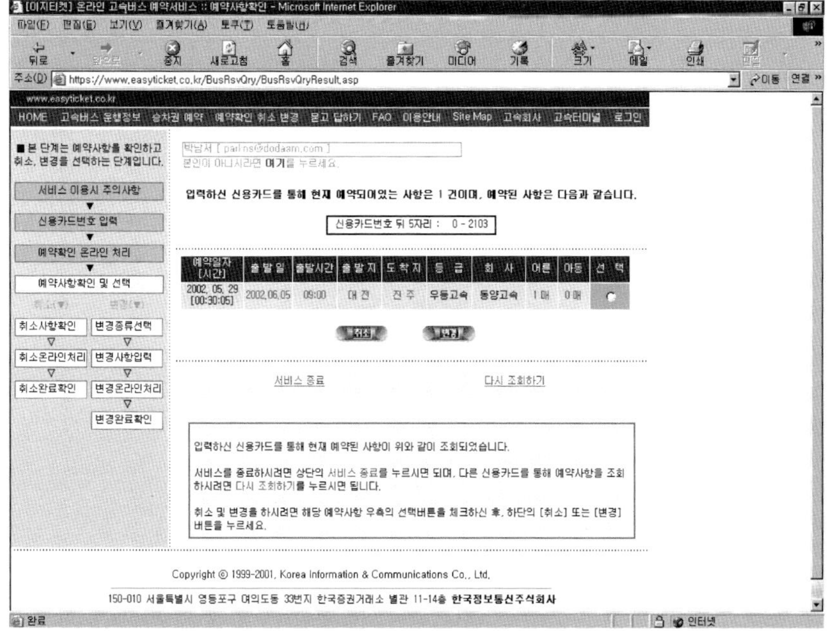

4.2.7 인터넷 114 ■

① 인터넷 익스플로러를 실행시킨다.

② 홈페이지의 주소 표시줄에 'www.hanmir.co.kr' 라고 입력한 후 'Enter'를 친다.

③ 한미르 홈페이지에서 [6. 전화번호검색]을 클릭한다.

④ 검색할 지역, 검색할 그룹(상호에서, 업종에서, 인명에서, 상호업종에서)를 선택하고
검색할 단어를 입력한 후 [GO]를 클릭한다.

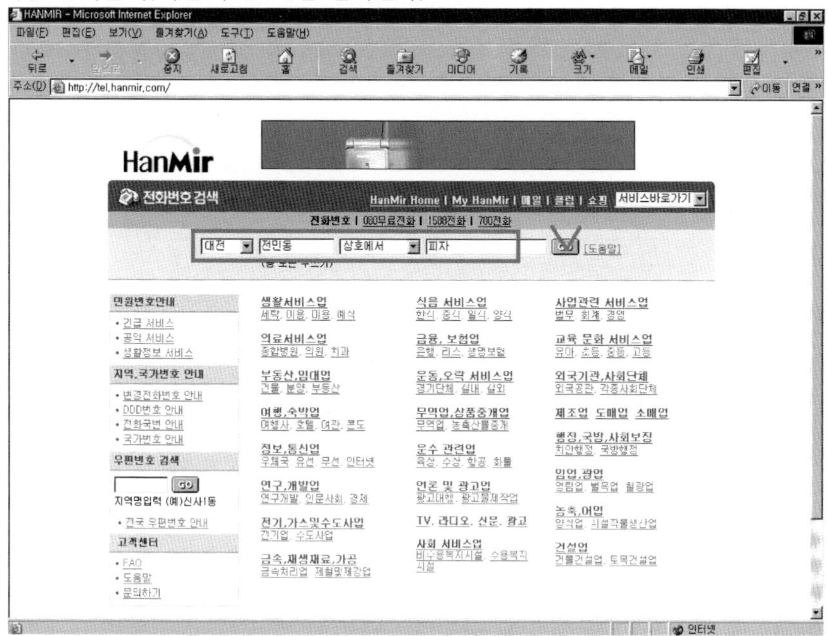

⑤ 선택한 지역과 그룹에서 검색한 단어를 포함하고 있는 전화번호가 나열된다.

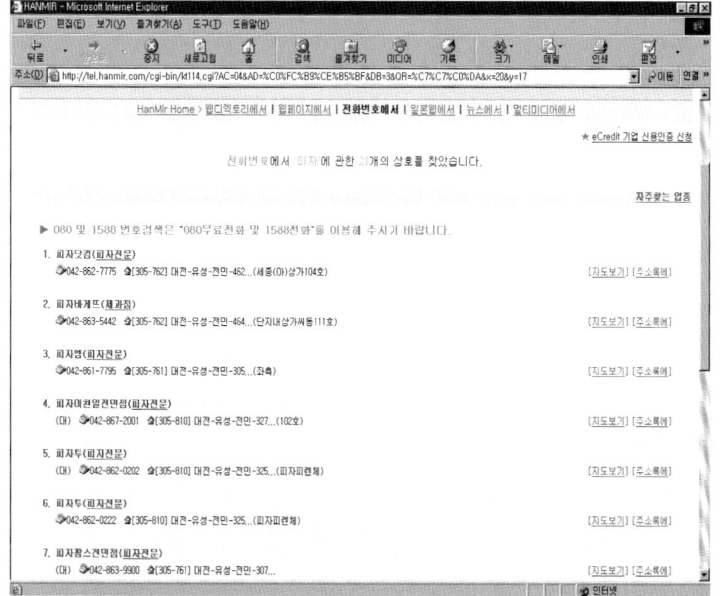

4.2.8 경매 ■ : 인터넷 경매를 이용하면 품질이 좋으면서 싼 값에 물건을 구입할 수 있다. 인터넷 경매사이트(옥션)에서 경매가 진행중인 핸드폰을 검색하여 보자.

① 인터넷 익스플로러를 실행시킨다.
② 홈페이지의 주소 표시줄에 'www.auction.co.kr' 라고 입력한 후 'Enter'를 친다.

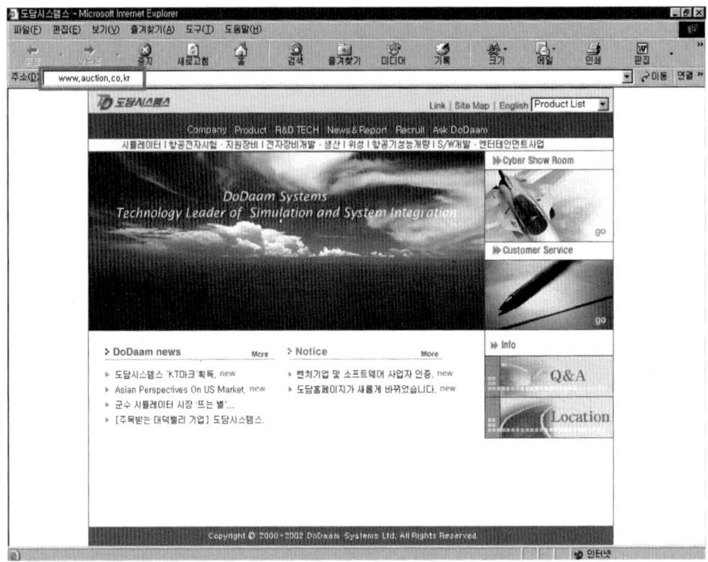

③ '옥션' 홈페이지가 나타나면 [가전 | 통신]을 클릭한다.

④ 메뉴 중에서 [통신기기]를 클릭한다.

⑤ [핸드폰]을 클릭한다.

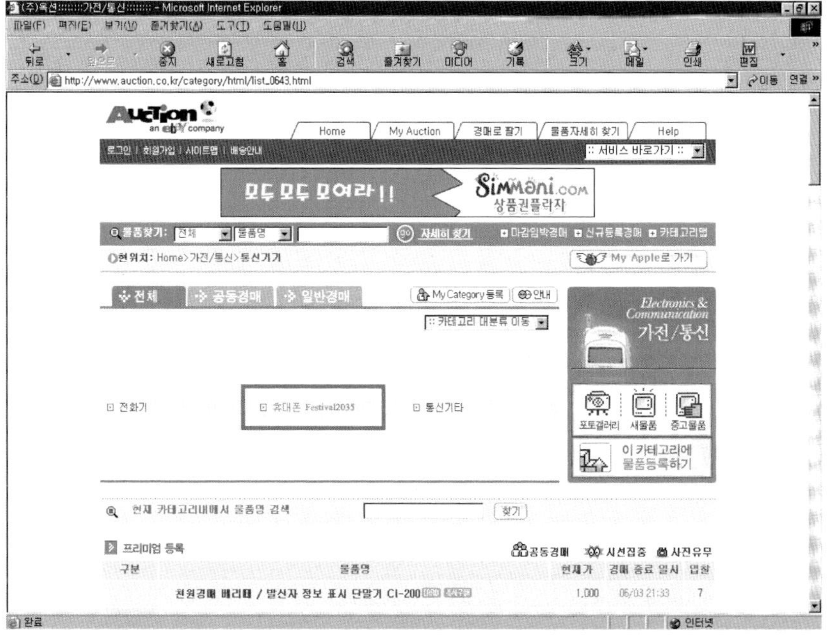

⑥ 원하는 형태(플립형이나 폴더형)를 선택하면 경매중인 물품이 나열된다. 또는 원하는
물건을 기입한 후 [찾기]를 클릭하여 검색을 할 수도 있다.

⑦ 검색된 정보에서 원하는 물건의 물품명을 클릭하면 물건에 대한 상세한 정보를 볼
수 있다. 입찰에 참여하려면 회원에 가입이 되어있어야 하며 회원가입은 무료이다.
입찰에 참여하려면 [입찰참여]를 클릭한다.

⑧ 입찰금액을 기입하고 [입찰서 제출]을 클릭한다.

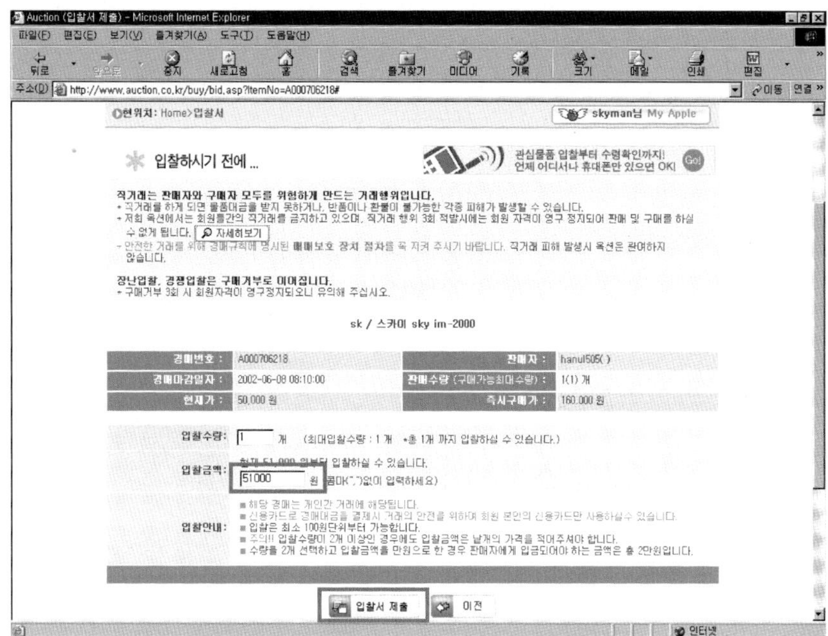

⑨ 입찰정보 정보창이 나오면 [확인하기]를 클릭하면 입찰이 완료된다.

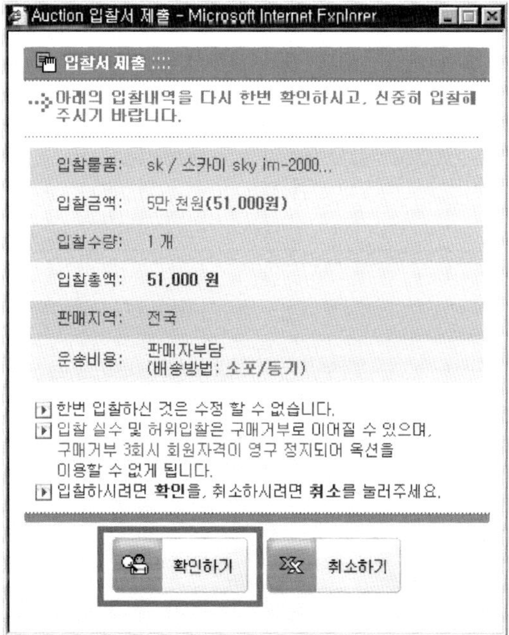

⑩ 입찰을 확인하여 보자. [My Auction]을 클릭한다.

⑪ Buy 영역의 [GO]를 클릭한다.

⑫ 경매에 입찰한 정보와 낙찰된 후의 절차가 나타난다. 현재는 일반경매에 1개의 입찰이 되어있는 상태이다. [일반경매]를 클릭한다.

⑬ 일반경매의 입찰정보와 현재의 경매진행상태가 표시된다. 현재가가 입찰가보다 높으면 다른 사람이 자신의 입찰가보다 높은 가격으로 입찰했다는 뜻이다. 현재가가 재입찰을 할 만큼 타당하다면 다시 입찰서를 제출한다.

4.2.9 인터넷 신문 ■ : 인터넷을 통하면 주요 일간지의 신문기사를 읽을 수 있고 지난 기사도 검색할 수 있다. 한겨레 신문 홈페이지에서 월드컵에 대한 기사를 읽고 지난 월드컵 관련 기사를 검색하여 보자.

[1] 인터넷 기사 읽기

⑭ 인터넷 익스플로러를 실행시킨다.

⑮ 홈페이지의 주소 표시줄에 'www.hani.co.kr' 라고 입력한 후 'Enter'를 친다.

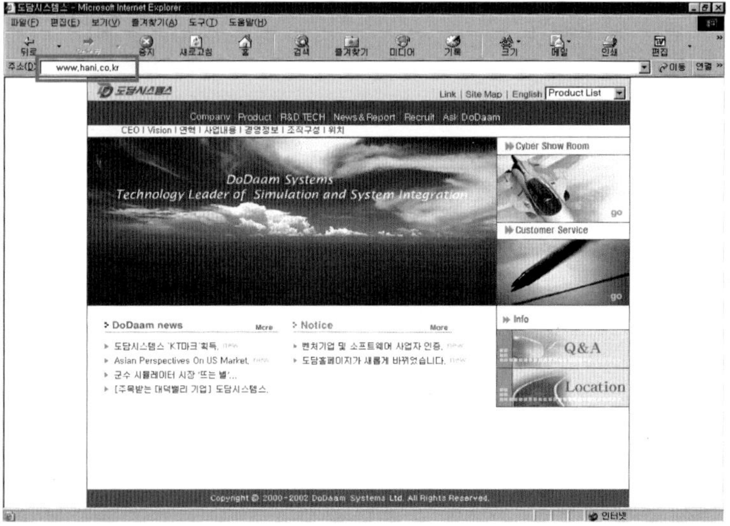

⑯ 한계레 신문사 홈페이지에서 [스포츠]를 클릭한다.

⑰ 월드컵 전야제 소식에 대한 기사를 담고있는 [원더풀 코리아 세계가 합창]을 클릭한다.

18 월드컵 전야제에 대한 기사를 볼 수 있다.

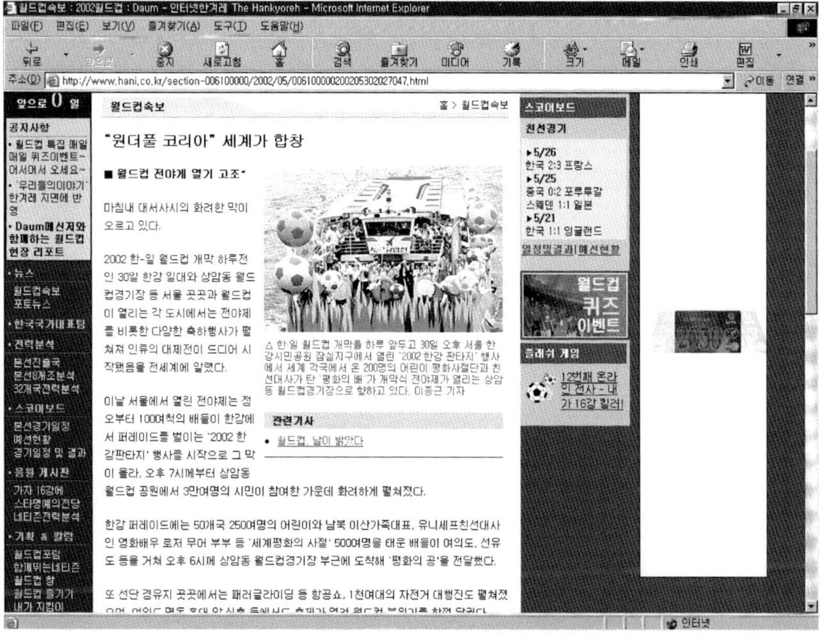

[2] 기사 검색

① 한겨레 홈페이지에서 '기사검색'란에 '월드컵'이라고 입력한 후 [GO]를 클릭한다.
기사 검색을 위해서는 회원가입을 하여야한다. 회원가입은 다른 사이트의 회원가입
과 유사하다.

② 월드컵에 관련된 기사들이 나열된다. 기사중에서 [역대 개막전 시합결과]를 클릭한다.

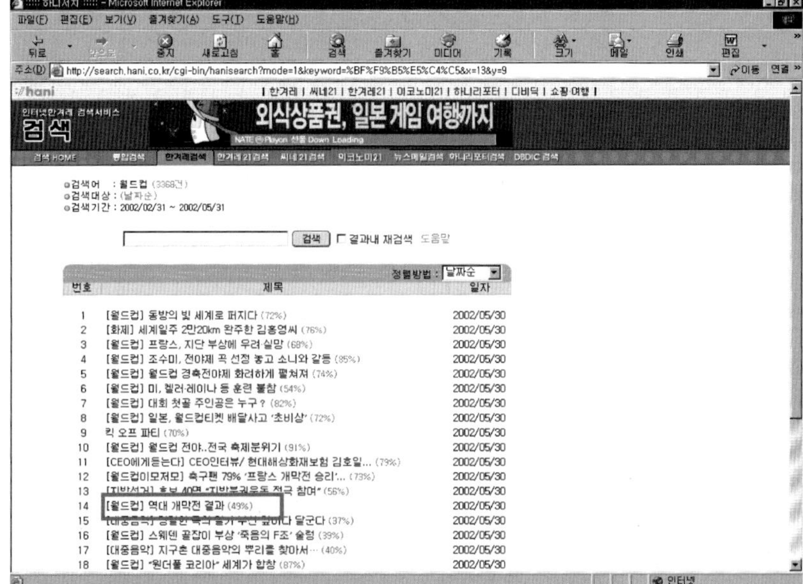

③ 역대 개막전 경기 결과에 대한 기사가 나타난다.

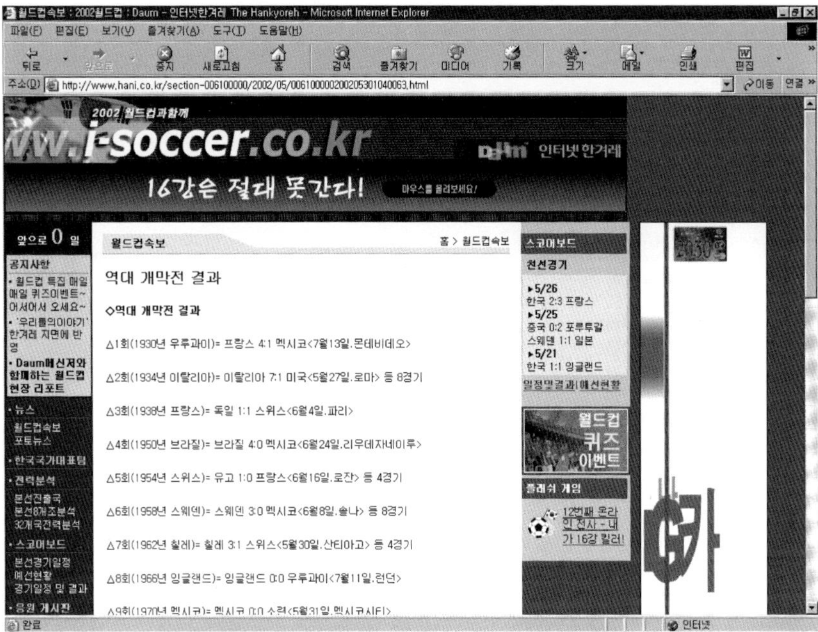

4.2.10 원하는 음악듣기(소리바다)

[1] 소리바다 프로그램을 다운로드

① 인터넷 익스플로러를 실행한다.

② 주소 표시줄에 'www.soribada.com'을 입력한 후 'Enter'를 친다.

③ [소리바다 1.94 베타 다운받기]를 클릭한다.

④ 다운로드 링크중 하나를 클릭한다.

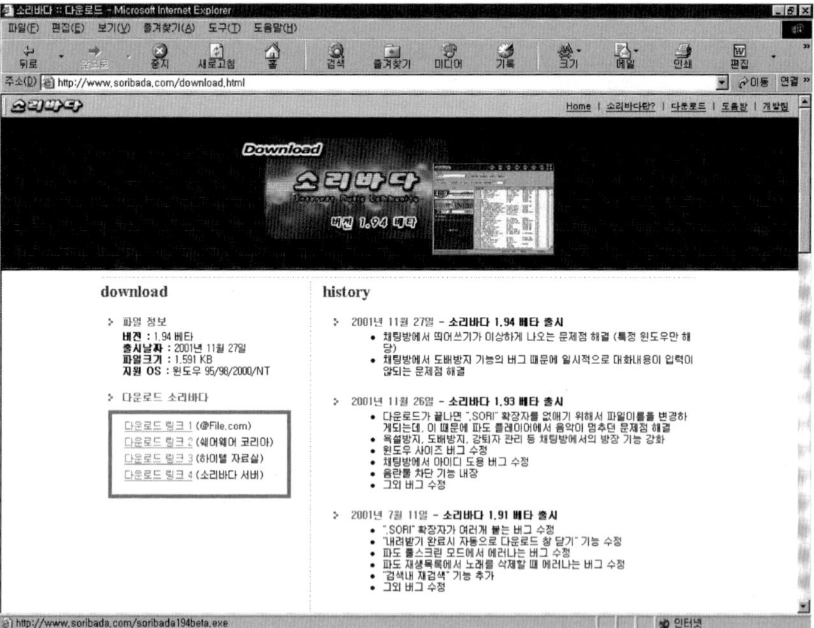

⑤ '파일다운로드' 창이 나타나면 [저장]을 클릭한다.

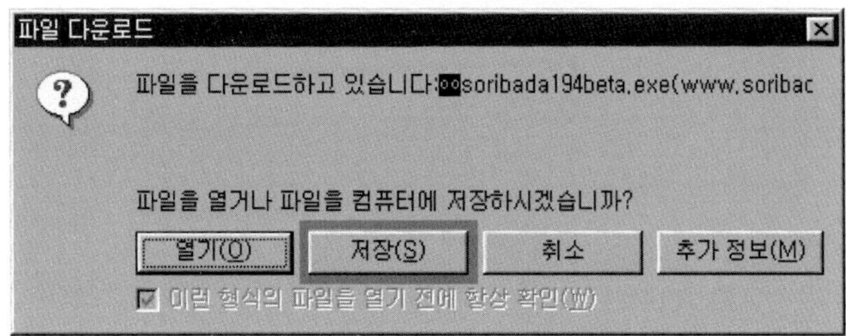

⑥ 저장할 폴더와 파일이름(원래의 이름을 그대로 사용)을 선택한 후 [저장]을 클릭한다.

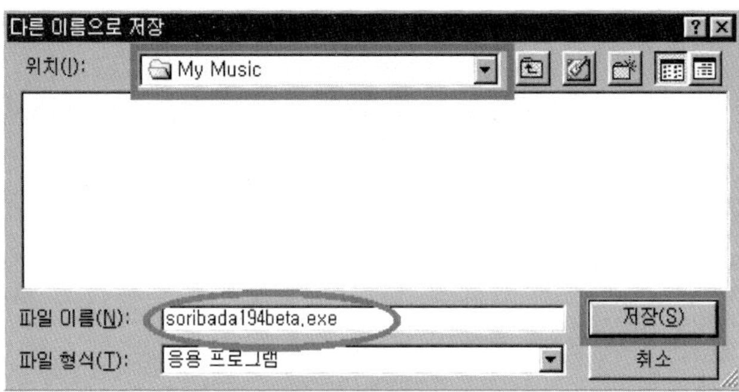

⑦ 파일다운로드가 완료되면 아래의 창이 나타난다.

[2] 다운로드 받은 소리바다 프로그램 설치

① '다운로드 완료'창에서 [폴더열기]를 클릭한다.

② 다운로드한 파일을 저장한 폴더창에 다운로드한 파일이 나타나면 다운로드한 파일을 더블클릭한다.

③ '프로그램설치'창이 나타나면 [설치하기]를 클릭한다.

④ 설치가 완료되면 소리바다 프로그램이 실행되고 데스크톱(바탕화면)에 바로가기
아이콘이 생성되었다는 메시지창이 나타나면 [확인]을 클릭한다.

⑤ 소리바다 처음사용자는 소리바다에 등록을 하여야만 소리바다 프로그램을 사용할
수 있다. [약관에 동의하며 등록을 원합니다]를 클릭한다.

⑥ 아이디, 패스워드, 이메일 주소, 성별, 나이, 연결속도(모름으로 선택)을 기입한 후에 [등록하기]를 클릭한다. 아이디가 중복되는 경우에는 아이디를 다시 선택하라 는 메시지창이 나타나고 다른 아이디를 기입한 후 [등록하기]를 클릭하면 된다.

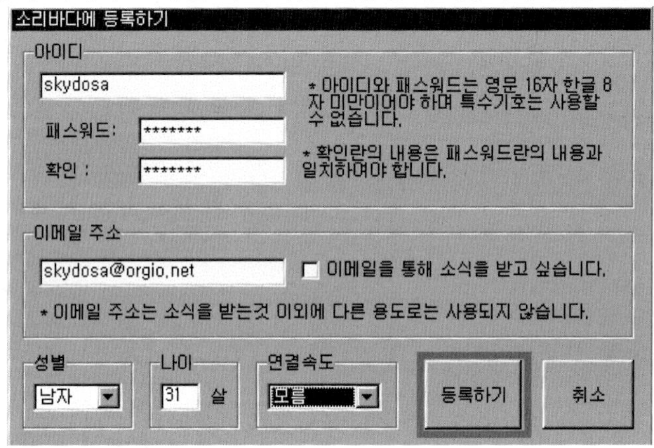

⑦ 소리바다에 등록되었다는 메시지창이 나타나면 [확인]을 클릭한다.

⑧ 소리바다는 개인과 개인이 음악파일을 공유하는 프로그램으로 자신의 컴퓨터에 있는 음악파일을 다른 사람과 공유할 수 있다. 공유할 음악파일이 있는 폴더를 지정 하고 [확인]을 클릭하거나 [취소]를 클릭한다. [취소]를 클릭할 경우 'My Documents'폴더가 공유폴더로 지정된다.

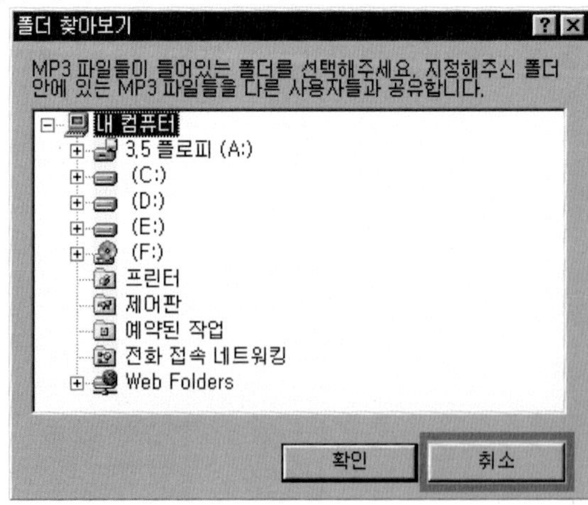

⑨ 음악파일을 다운로드 받았을 때 저장할 폴더를 지정한 후 [확인]을 클릭한다.

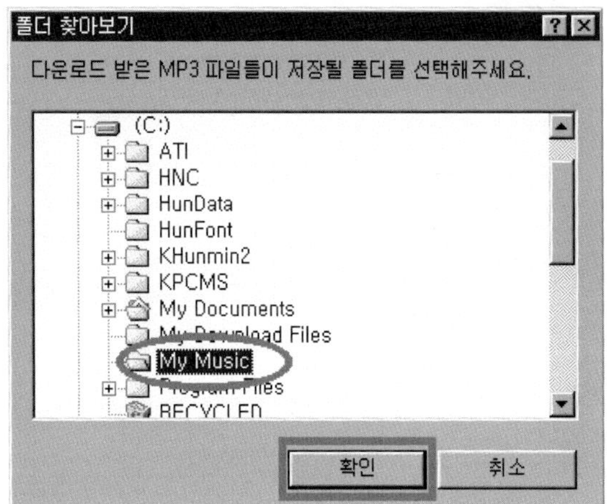

⑩ 소리바다가 실행되고 설정창이 나타나면 소리바다 프로그램 설치가 완료된 것이다.
X표시 클릭하여 소리바다 프로그램을 종료한다.

[3] 원하는 노래 다운받기

① 소리바다 프로그램이 설치되면 바탕화면에 '소리바다' 아이콘과 '파도'아이콘이 생긴다. '소리바다' 아이콘을 더블클릭하여 소리바다를 실행시킨다.

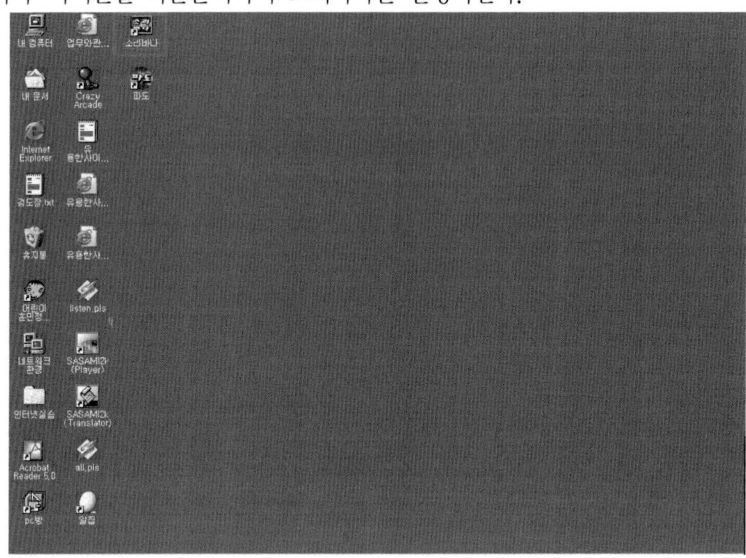

② 소리바다 사이트와의 접속이 끊겼으면 접속을 다시 수행하고 소리바다 프로그램이 실행되고, 접속이 끊기지 않은 상태라면 소리바다 프로그램이 실행된다.

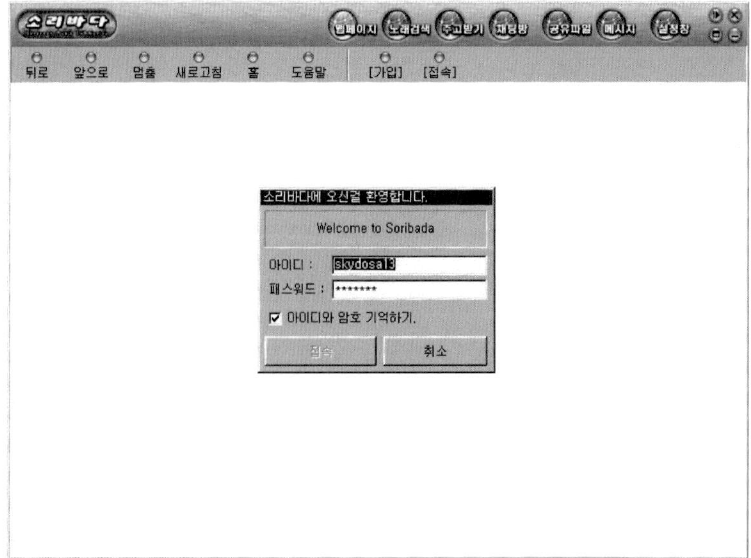

③ 소리바다 프로그램에서 [노래검색]을 클릭한다.

④ 찾고자 하는 노래 제목을 기입하고 [찾아줘]를 클릭한다.

⑤ 소리바다에 접속해 있는 다른 사람의 컴퓨터에 있는 음악파일중에서 검색어와
일치하는 음악파일이 나열된다. 이들 중에서 속도가 가장빠른 것을 더블클릭한다.

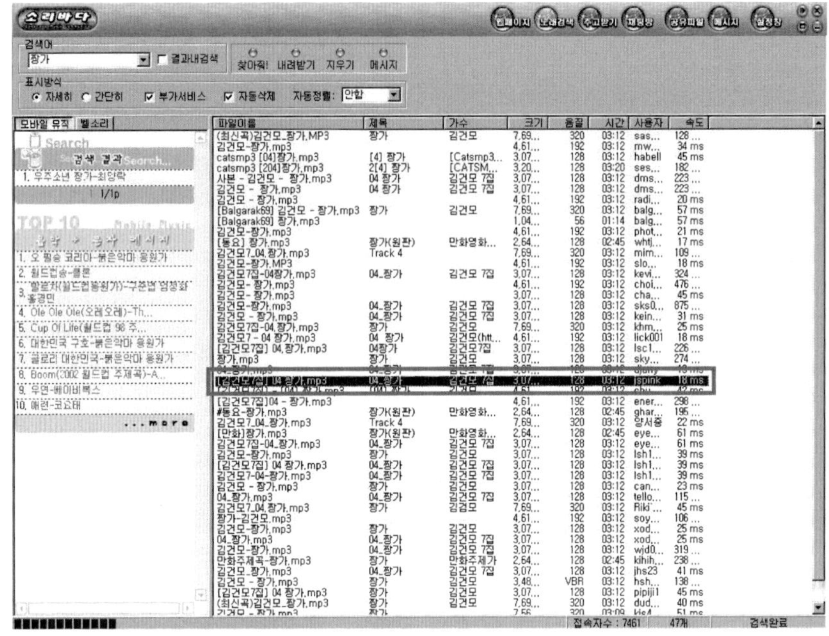

⑥ 다운로드 창이 나타난다. 이때 [PLAY]를 클릭하면 다운로드하면서 '파도'라는
프로그램을 통해 음악파일이 실행되어 음악을 들을 수 있다.

⑦ 다운로드가 완료되면 다운로드창이 사라진다. 다운로드 폴더로 지정한 폴더를
열어보면 파일이 다운된 것을 알 수 있다. MP3 플레이어(Winamp) 프로그램을
이용하여 다운받은 음악파일을 플레이하여 음악을 듣는다.

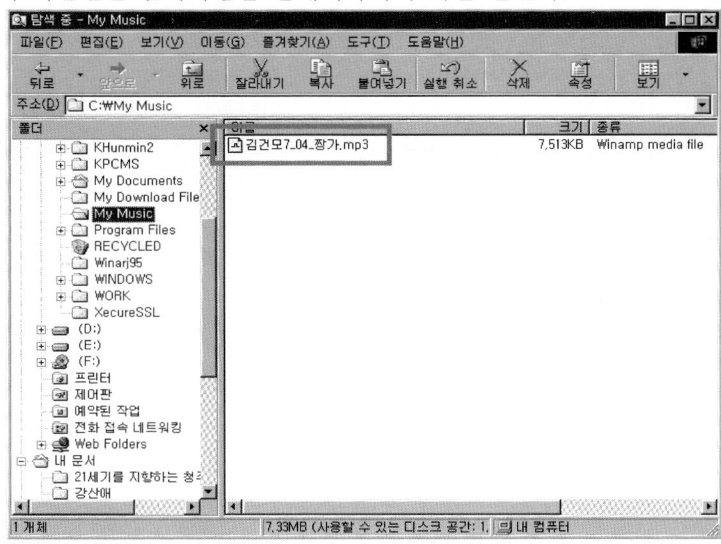

[5] 접속 끊기 : 소리바다 사이트에 한번 접속이 되면 소리바다 프로그램을
종료해도 접속은 끊기자 않는다. 접속이 끊기지 않은 상태에서는 다른 사람이 내 컴
퓨터에서 음악파일을 다운로드해 갈 수 있다. 소리바다의 접속을 끊고 싶으면 작업
표시줄에 있는 'MP3'아이콘에 마우스를 위치시키고 오른쪽 마우스 버튼을 클릭한 후
에 [종료]를 클릭한다.

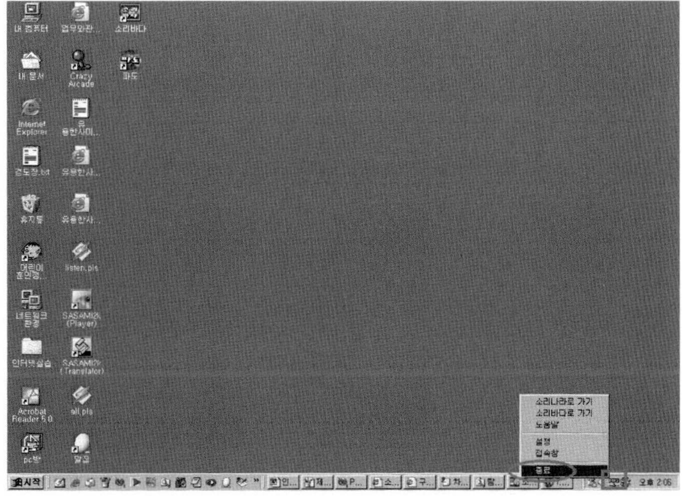

4.2.11 MSN 메신저 사용 ■ : MSN 이란 건강, 컴퓨터, 금융, 게임, 메일 서비스, 뉴스 등을 다루는 포털 사이트이며 MSN 메신저는 마이크로소프트사의 서버에 의해 운영되는 소프트웨어로서 파일보내기, 음성 채팅, 전화걸기, 무료 문자 호출 등을 할 수 있는 통합 메신저이다. 이와 같은 기능을 할 수 있는 메신저로는 AOL, ICQ, YAHOO 메신저 등이 있다.

[1] MSN 설치 & 로그인

① 'messenger.microsoft.com/download/download.asp'에서 MSN 메신저 소프트웨어를 다운로드 받는다.

② 다운로드 받은 폴더에서 'mmssetup.exe'파일을 더블클릭한다.

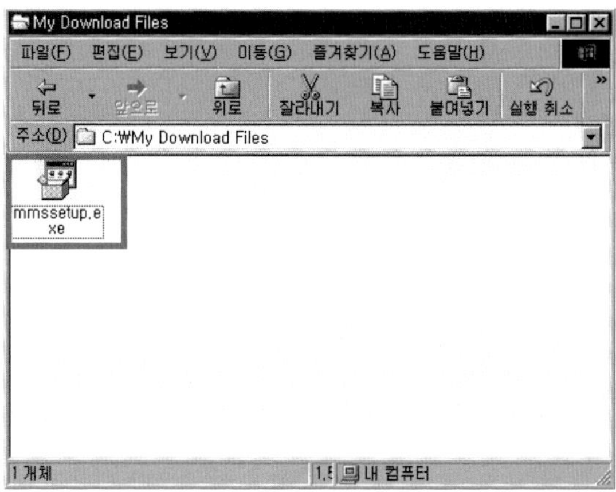

③ '사용권 계약'을 읽은 후 사용권에 동의하면 [예]를 클릭한다. [아니오]를 클릭하면 MSN 메신저를 사용할 수 없다.

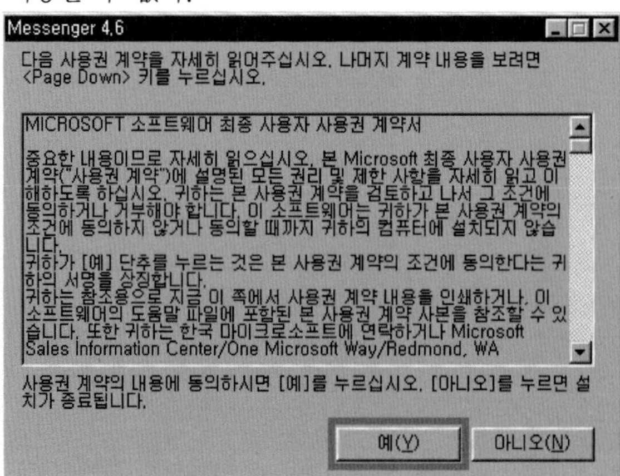

④ 프로그램이 자동으로 설치된 후 '로그인'창이 나타나면 [로그인하려면 여기를
클릭하세요]를 클릭한다.

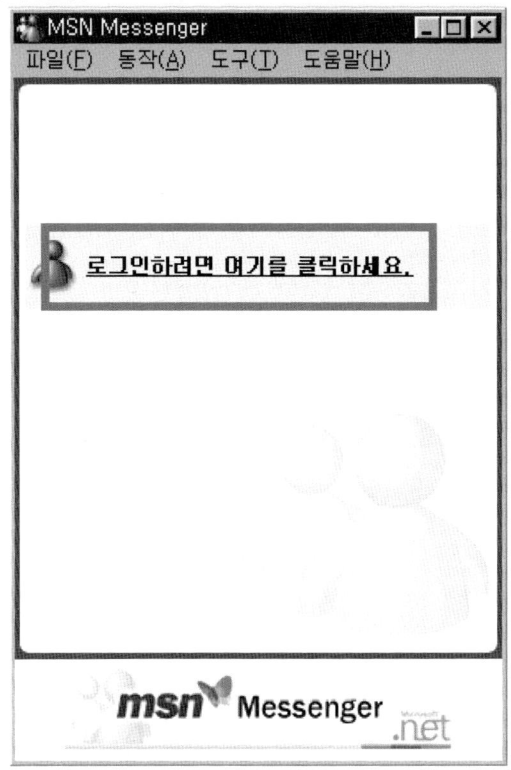

⑤ MSN Passport나 Hotmail 계정이 있으면 바로 로그인을 하면 되고, MSN Passport
가 없다면 [지금 신청하세요]를 클릭한다.

⑥ 개인신상정보를 입력한 후 [동의]를 클릭한다.

⑦ '보안 경고'창이 나타나면 [확인]을 클릭한 후 '등록완료'창이 나타나면 [계속]을
클릭한다.

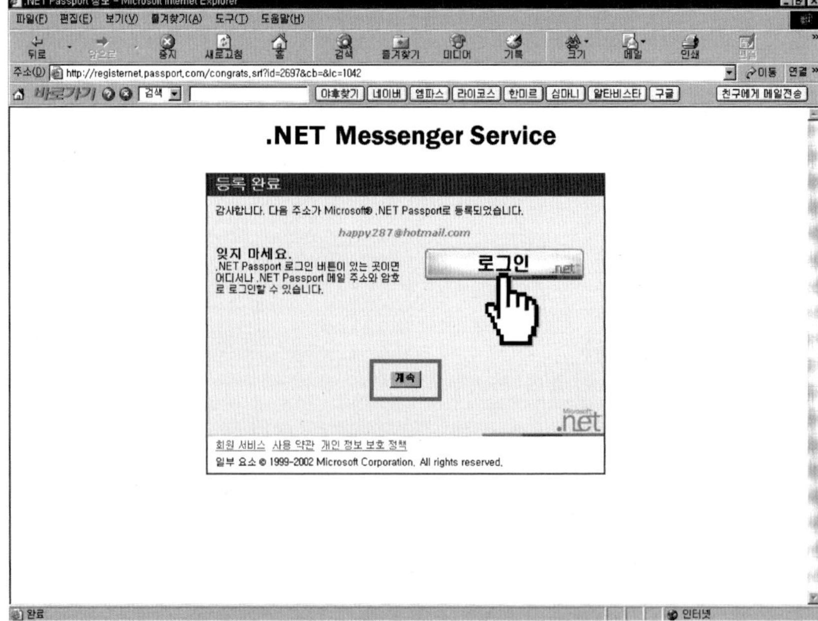

⑧ 아래의 창이 나타나면 등록이 완료된 것이다. [닫기]를 클릭한다.

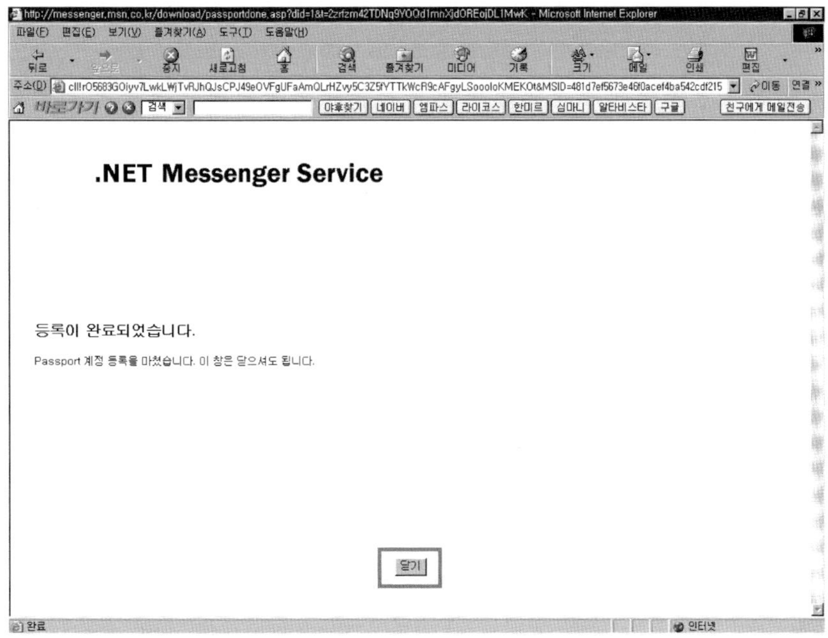

⑨ '로그인'창에서 등록할 때 입력한 메일주소와 암호를 입력한 후 [확인]을 클릭한다.

⑩ 로그인이 되면 아래의 창이 나타난다.

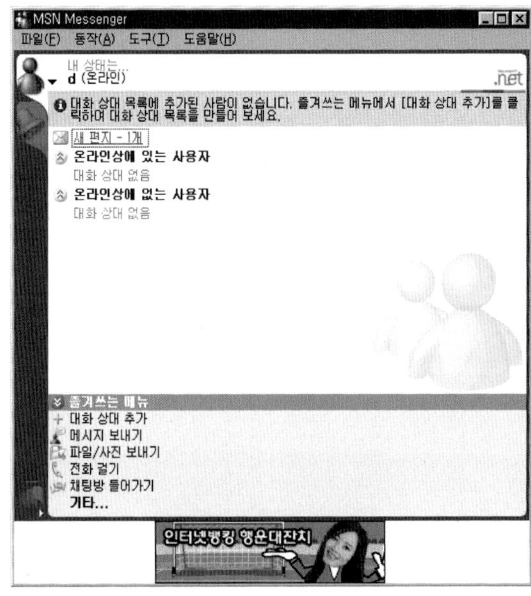

　[2] 대화명 변경　 : 대화명은 상태의 메신저에 나타나는 이름으로 자신의 이름으로 지정할 수도 있고 자기를 표현할 수 있는 다른 용어를 선택하여 지정할 수도 있다.

① 내 상태 아래에 있는 대화명에 마우스를 위치시킨 후 오른쪽 마우스 버튼을 클릭하여 나타나는 메뉴에서 [옵션]을 클릭한다.

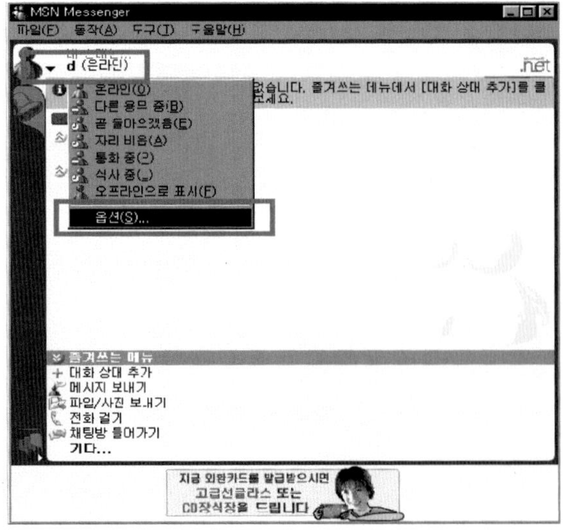

② 대화명을 변경(코리아팀 파이팅 ^^)한 후 [확인] 버튼을 클릭한다.

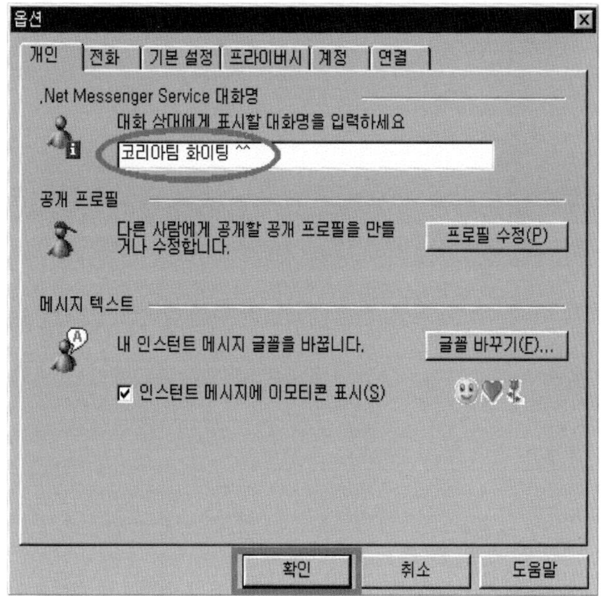

③ 대화명이 '코리아팀 파이팅 ^^'로 변경되었다. 대화명은 수시로 변경이 가능하다.

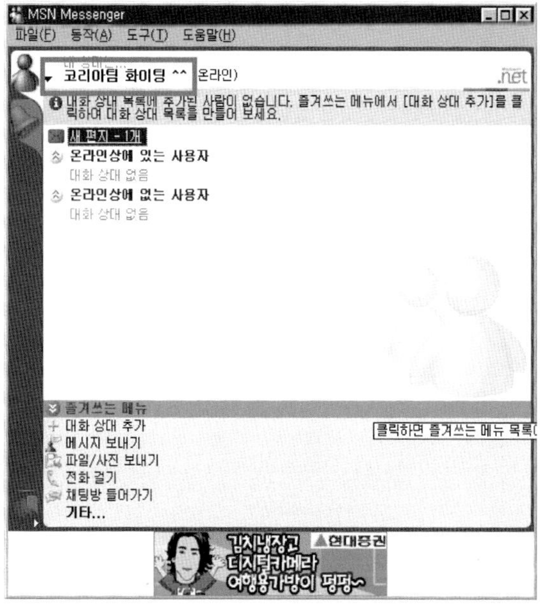

[3] 대화상대 등록 ： 메신저에서 대화를 나누거나 파일을 주고받기 위해서는 같은 메신저를 사용하여야 하고 친구로 등록이 되어있어야 한다.

① 메신저에서 [대화 상대 추가]를 클릭한다.

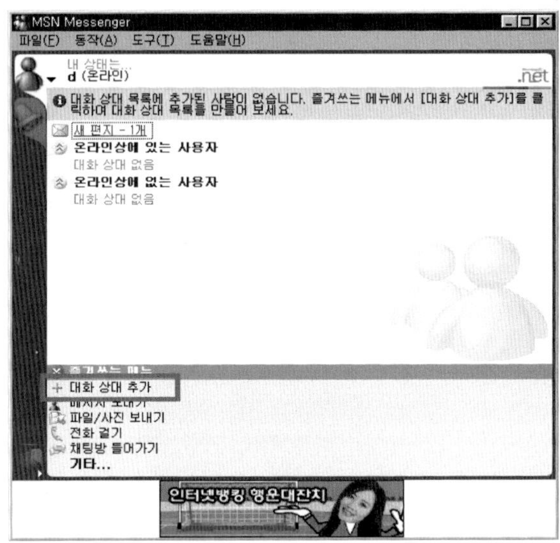

② [메일 주소 또는 로그인 이름 사용]을 선택한 수 [다음]버튼을 클릭한다.

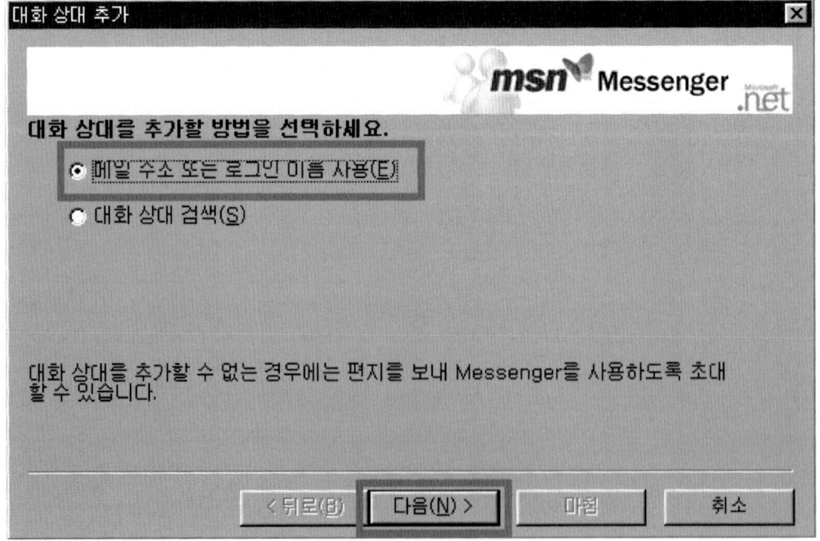

③ 대화 상대의 메일 주소를 입력한 후 [다음]버튼을 클릭한다. 대화 상대를 검색하여
추가할 수 있다. 대화 상대를 검색하려면 '대화 상대 검색'을 선택한 후 [다음]버튼을
클릭하면 된다.

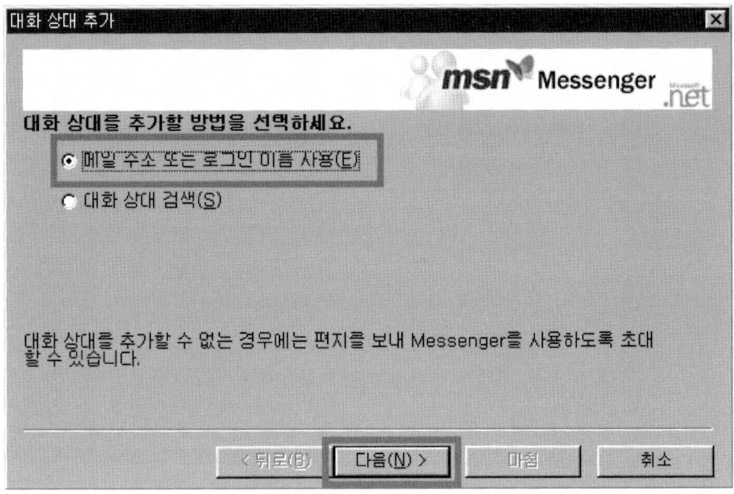

④ MSN 메신저 사용자가 아닐 경우에는 MSN 메신저 프로그램 정보와 설치 방법을
메일로 보낼 수 있다. 메일을 보내려면 [편지 보내기]버튼을 클릭한다. 다른 대화 상대
를 추가하려면 [다음]버튼을 클릭하고 대화상대 추가를 종료하려면 [마침]을 클릭한다.

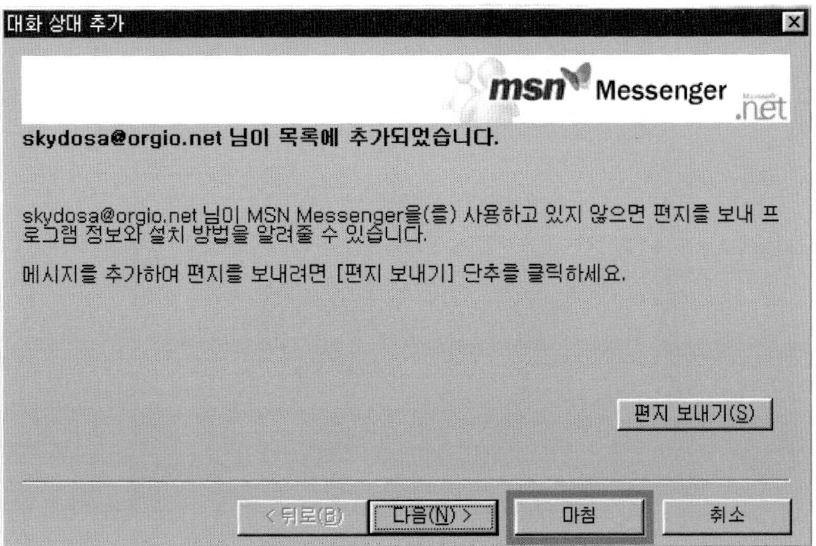

⑤ 대화 상대가 추가되었음을 알 수 있다. 추가한 대화 상대는 현재 오프라인 상태이므로 대화가 불가능하며 75명까지 대화상대를 추가할 수 있다.

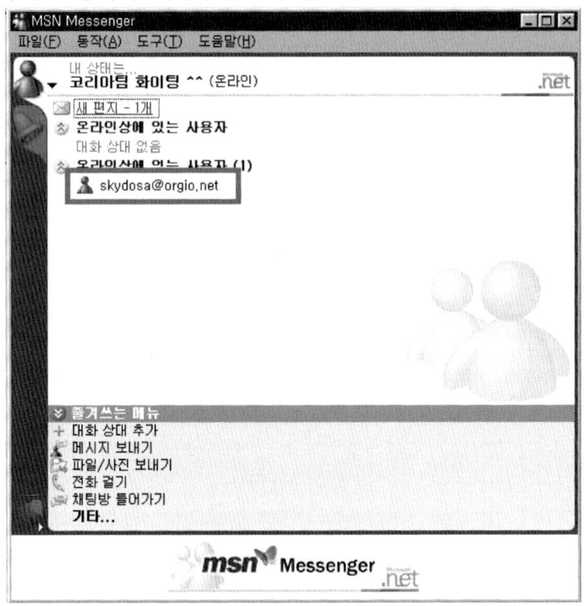

[4] 대화상대 제거 : 대화상대를 제거하려면 제거하려는 대화상대에 마우스를 위치시킨 후 오른쪽 마우스 버튼을 클릭하고 [대화 상대 제거]를 클릭한다.

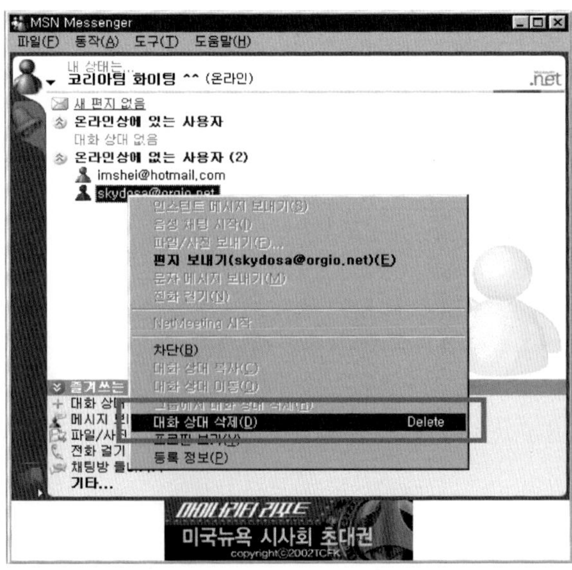

[5] 대화하기(메세지 보내고 받기)

① 온라인상에 있는 사용자 중에서 메시지를 주고 받을 사용자를 더블클릭한다.

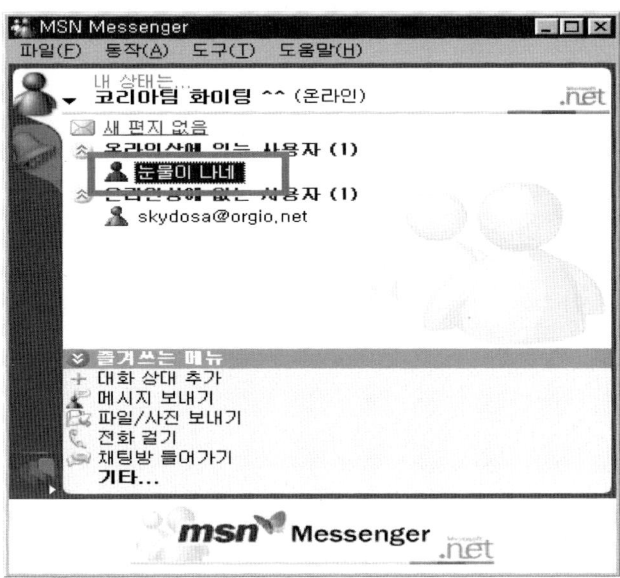

② 내화창이 나타나고 커시가 아래의 입력창에 놓인다. 보내고자 하는 메시지를 입력한 후 'Enter'를 치거나 [보내기]를 클릭한다.

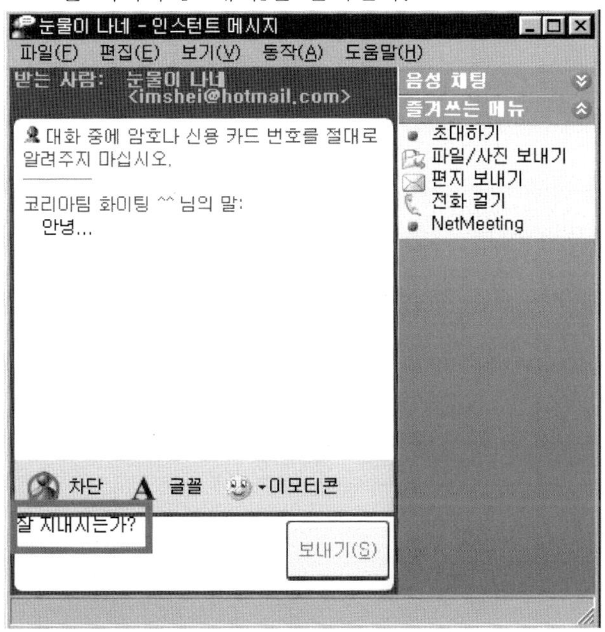

③ 상대방이 입력하고 있을 때는 상태표시줄에 메시지를 입력하고 있다는 상태가 표시된다.

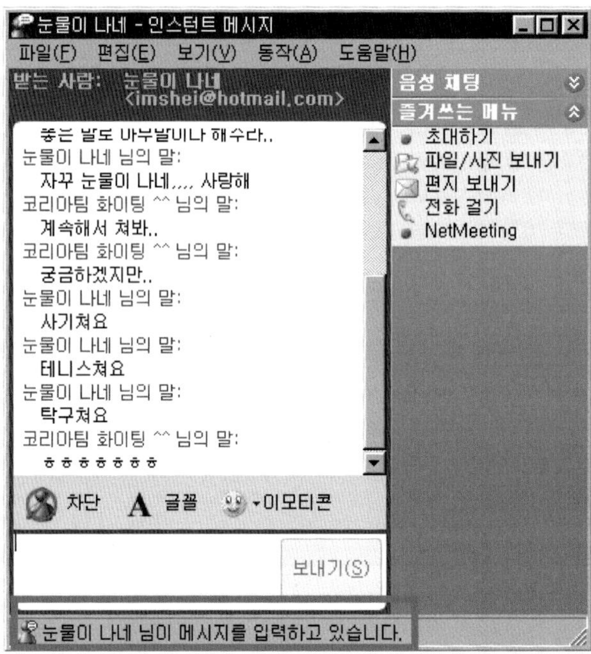

④ 대화중에 다른 사람과 같이 대화를 하고자 할 경우에는 '초대하기'를 클릭하면 다자간 대화가 가능하다.

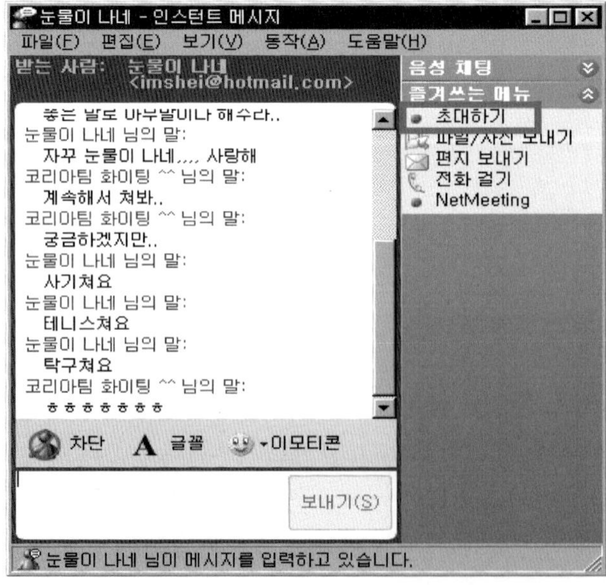

[6] 메일 보기 ： ： hotmail.com에 계정을 가지고 있는 사람의 경우에는 메일 수
신여부를 MSN 메시저가 알려준다.

① [새 편지 – 1개]를 클릭한다.

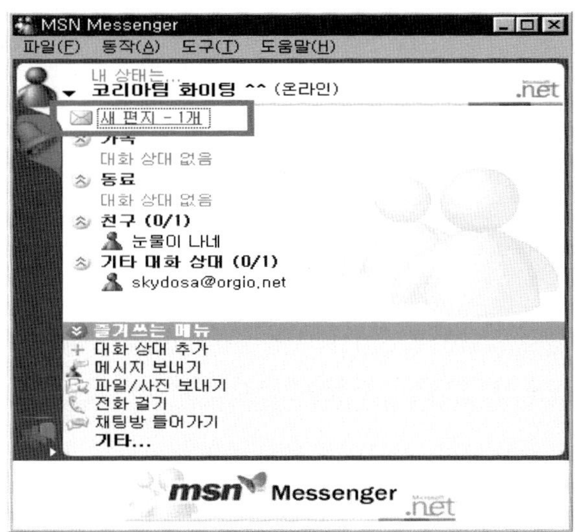

② Hotmail 웹메일 페이지로 연결되면 보낸사람을 클릭한다. 보안 경고창이 나타나면
[확인]을 클릭한다.

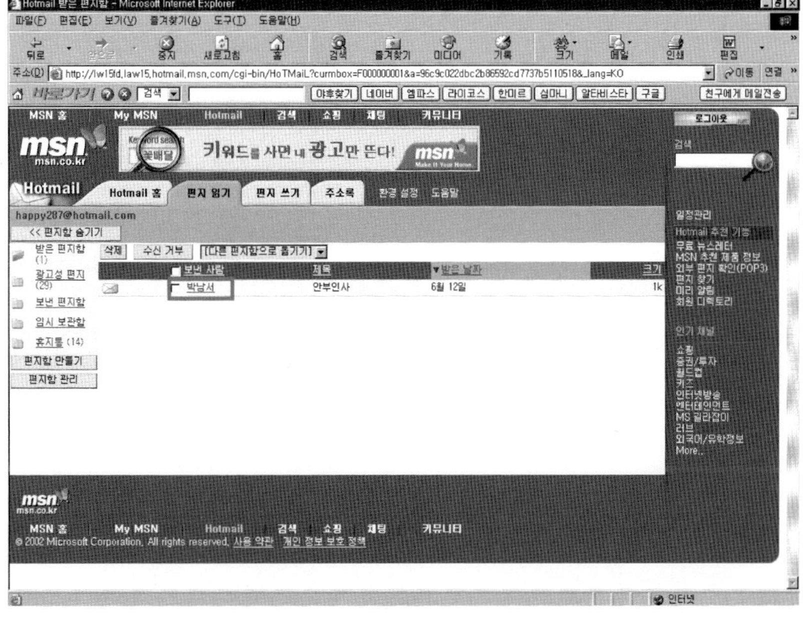

③ 메일의 내용이 나타난다.

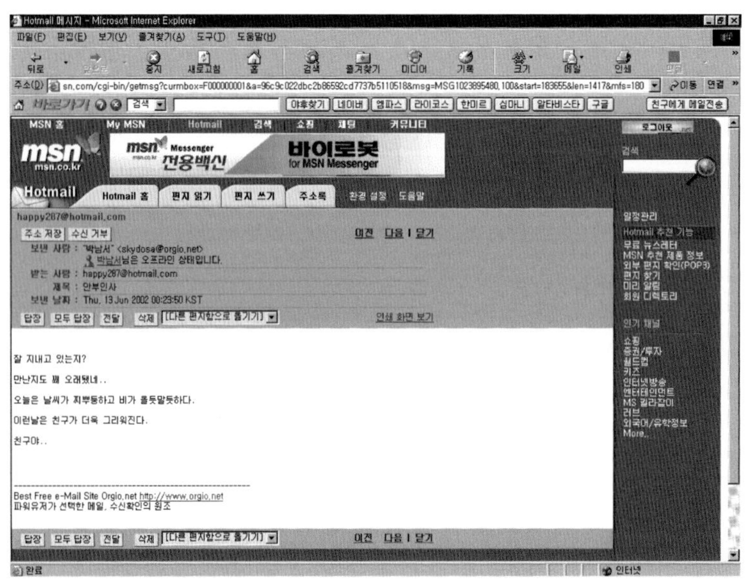

[7] 친구에게 파일보내기

① 메시지 전달창에서 [파일/사진 보내기]를 클릭한다.

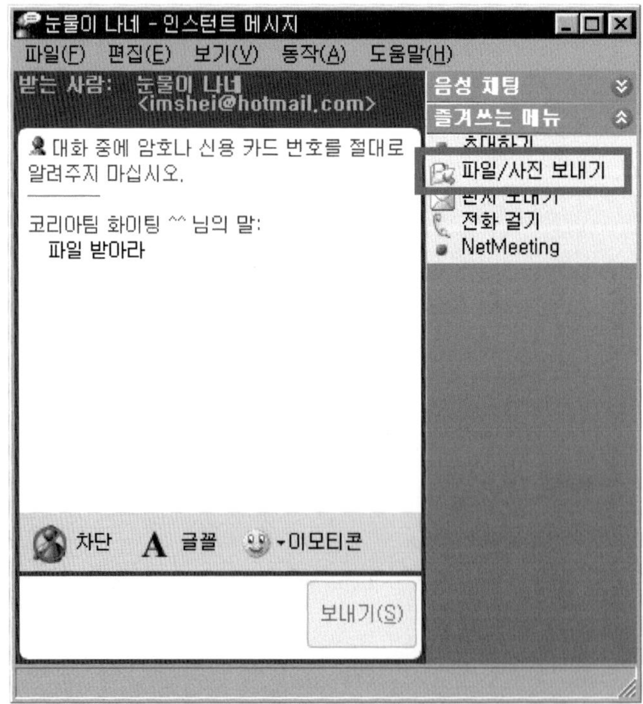

② 보낼 파일을 선택하기 위한 탐색창이 나타나면 보내고자하는 파일을 선택한 후 [열기]를 클릭한다.

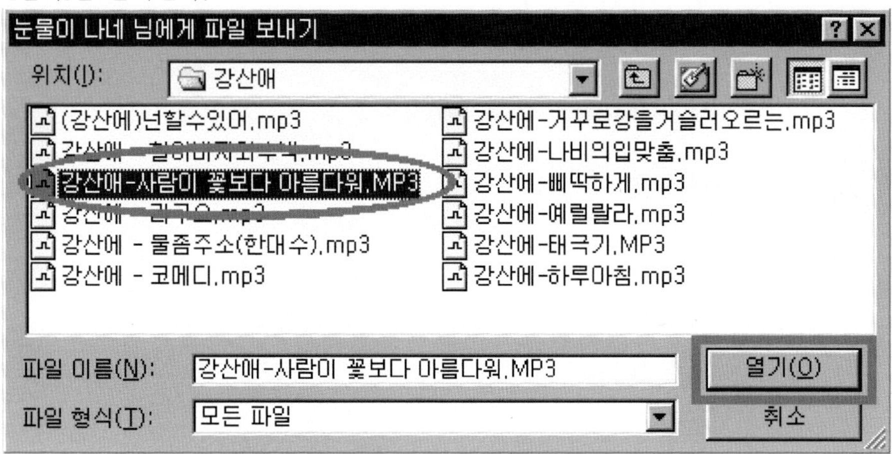

③ 상대가 수신 허락신호를 기다리는 동안 파일 보내기를 취소하고 싶을 경우에는 [취소]를 클릭하면 된다.

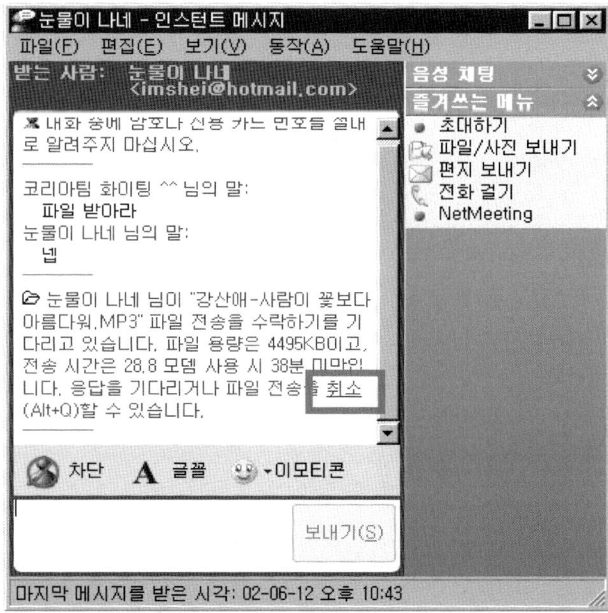

④ 상대가 수신을 허락하면 파일 전송 상태가 상태표시줄에 표시된다. 파일전송을 취소
하고자 할 경우에는 [취소]를 클릭하면 된다.

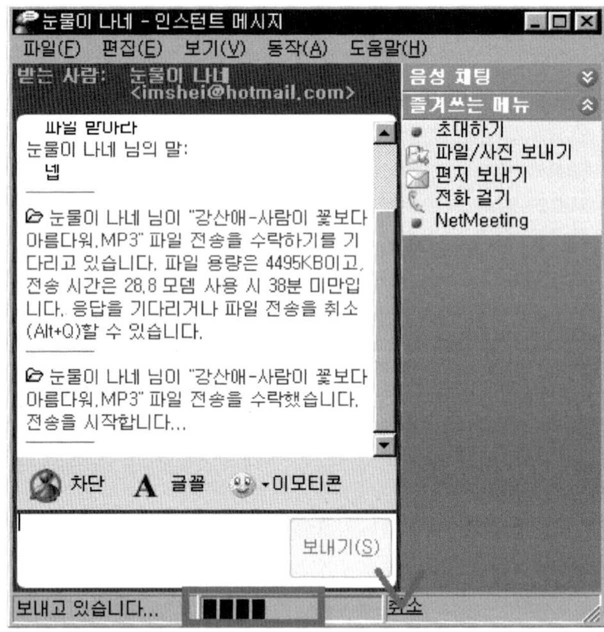

⑤ 전송 완료 메시지가 나타나면 파일 전송이 완료된 것이다.

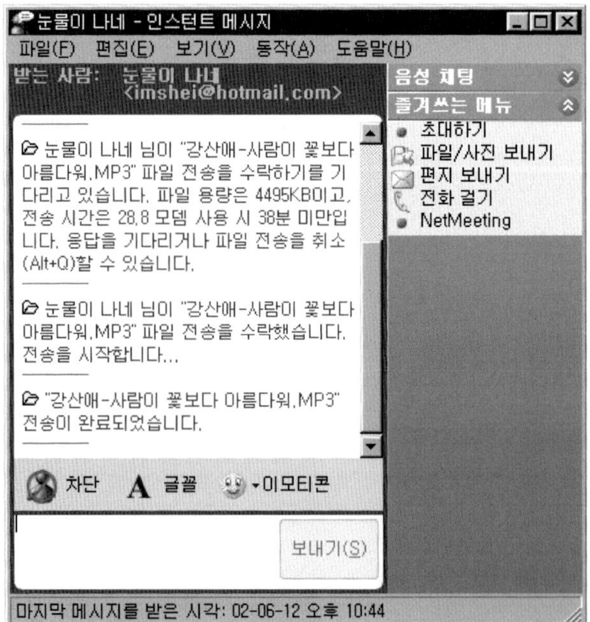

⑥ 상대가 파일을 보내고자 할 경우, 수신여부를 선택할 수 있다. 파일 수신을 허락하고자 할 경우에는 [수락]을 클릭하고, 수신을 거부할 경우에는 [거절]을 클릭한다.

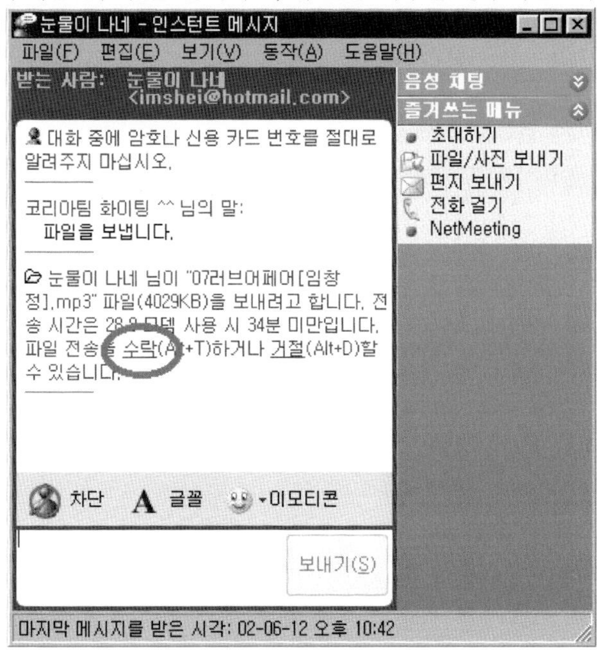

⑦ 수락을 선택하면 '바이러스 주의'메시지가 나타난다. [확인]을 클릭한다.

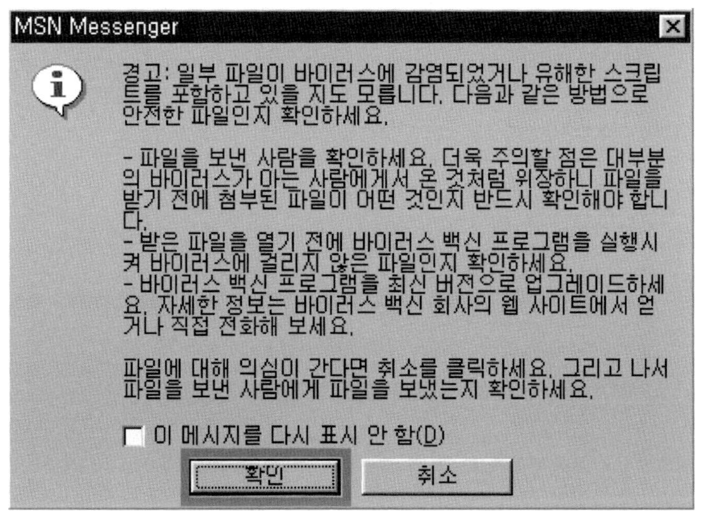

⑧ 파일 수신상태가 상태표시줄에 나타난다. 수신을 취소하고자 할 경우에는 [취소]를
클릭한다.

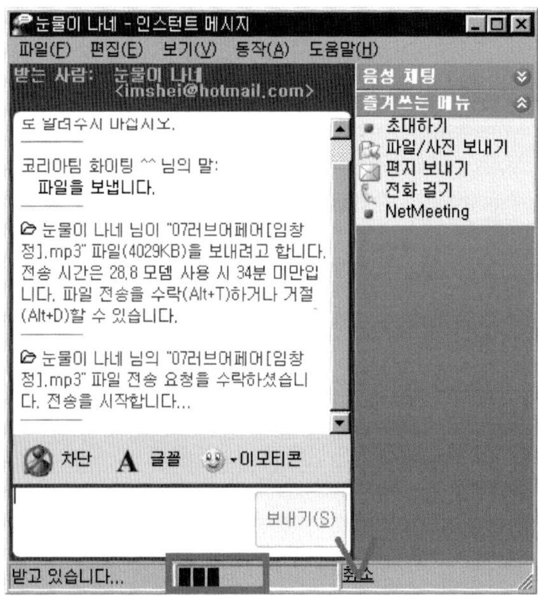

⑨ 파일 수신이 완료되면 완료메시지가 나타나고 수신된 파일이 저장된 폴더와 파일이름을
클릭하면 해당 폴더창이 나타난다.

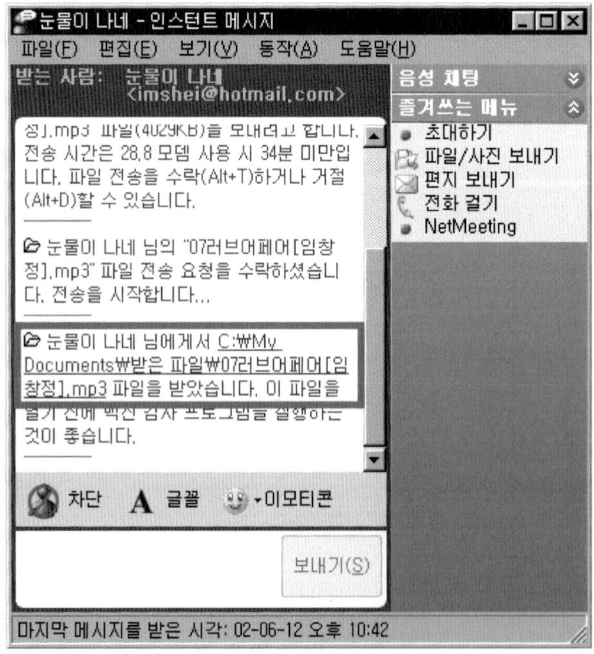

[8] 친구를 그룹별로 정렬하기 ﾠ: 대화상대는 온라인/오프라인으로 정렬할 수도 있고 그룹별로 정렬할 수도 있다. 초기상태는 온라인/오프라인으로 정렬되어 있다.

① [도구]-[대화 상대 정렬]-[그룹]을 차례로 클릭한다.

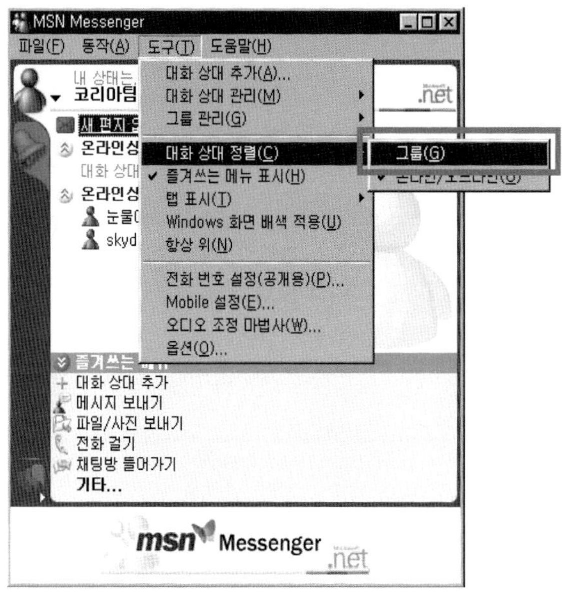

② 그룹별로 정렬되어 나타난다. 대화상대를 추가하면 '기타 대화 상대'에 삽입된다.

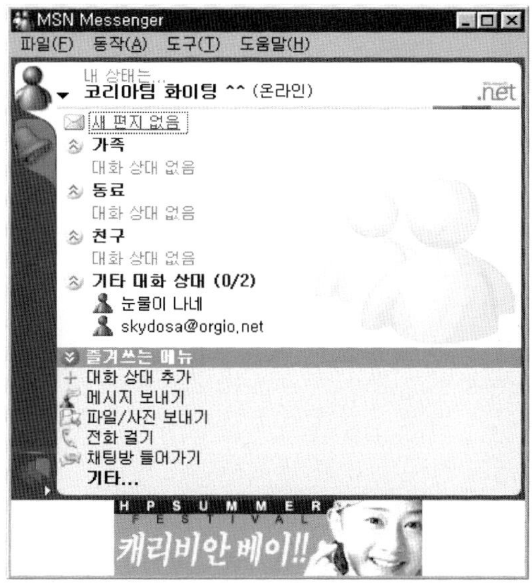

③ 대화상대의 그룹을 변경하기 위해서는 변경하고자 하는 대화상대를 왼쪽마우스 버튼을 누른 상태에서 드레그하여 원하는 그룹에서 드롭하면 된다. '눈물이 나네' 대화상대를 드레그하여 '친구'그룹에서 드롭한다.

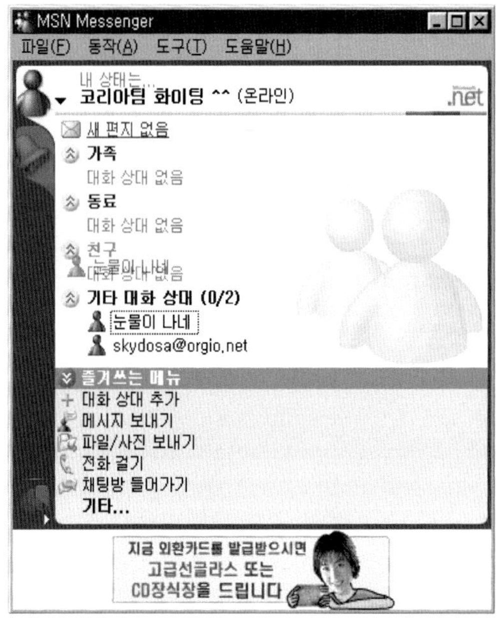

④ '눈물이 나네' 대화상대가 '기타 대화 상대' 그룹에서 '친구'그룹으로 변경된다.

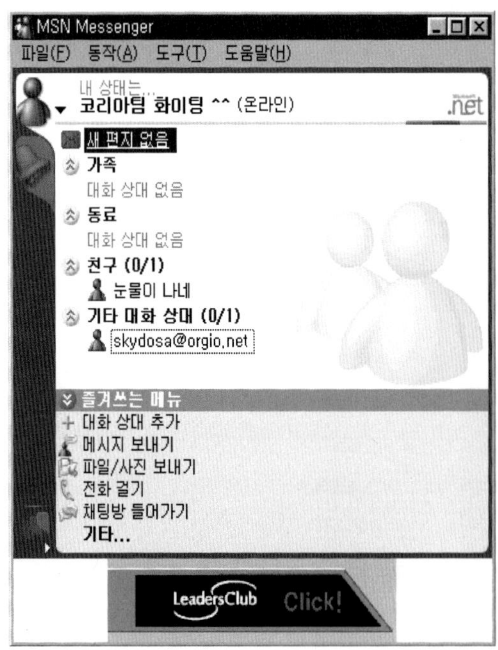

[9] 음성채팅

① 대화창에서 [음성채팅]을 클릭한다.

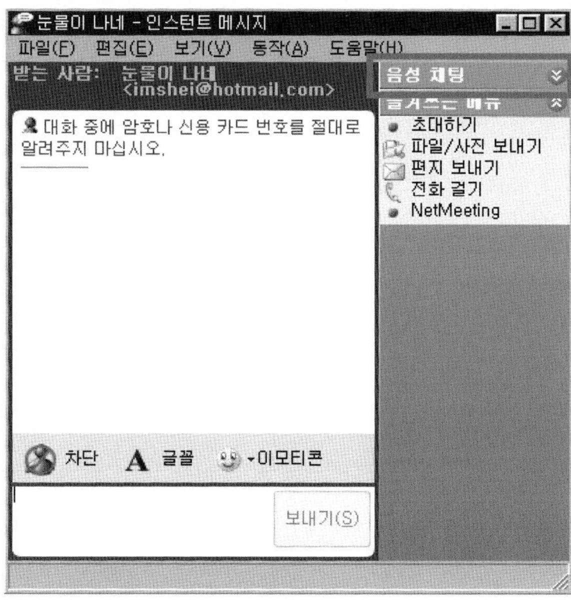

② 상대방이 음성 채팅 허락를 기다리는 동안 음성채팅을 취소하고자 할 경우에는 [취소]를 클릭한다.

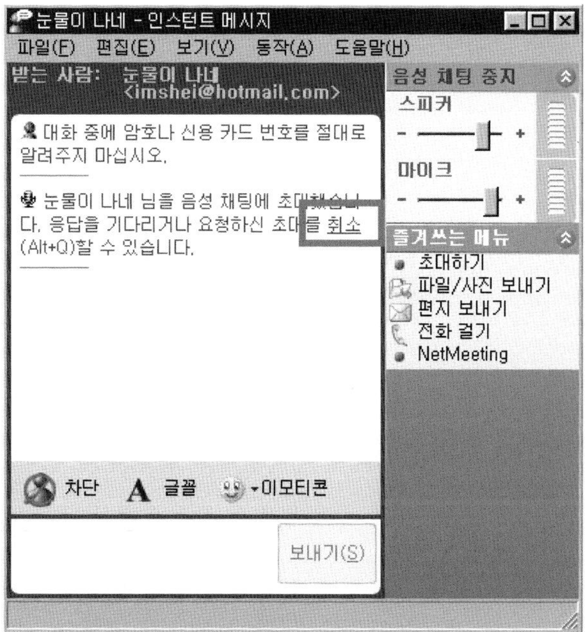

③ 상대가 음성 채팅을 허락했다는 메시지가 나타나면 음성으로 채팅이 가능하다. 상대가 음성 채팅을 허락하지 않았을 경우에는 음성채팅을 거절했다는 메시지가 나타난다.

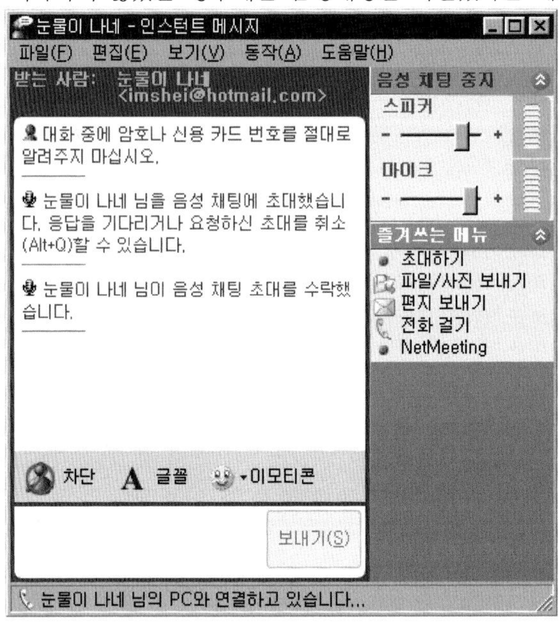

④ 상대가 음성채팅을 요청하면 음성채팅 허락 여부를 물어오고, 음성채팅을 허락할 경우에는 [수락]을 클릭하고, 거절할 경우에는 [거절]을 클릭한다.

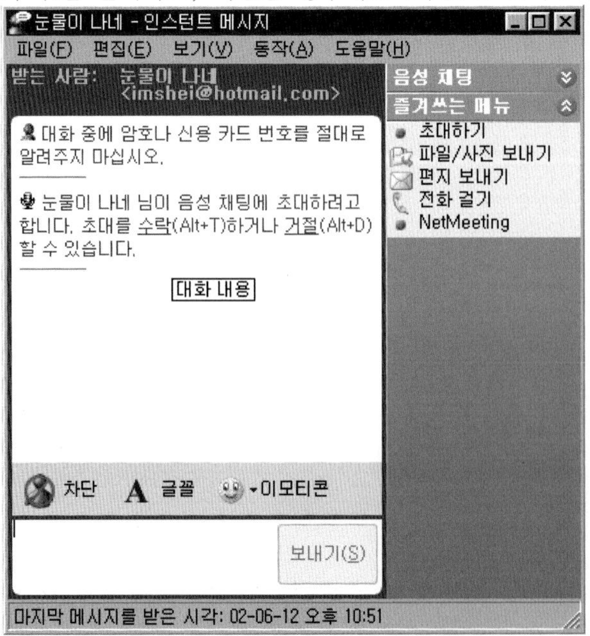

⑤ 음성채팅을 허락하면 음성채팅을 허락했다는 메시지가 나타난다. 이제부터 음성으로
채팅을 하면된다.

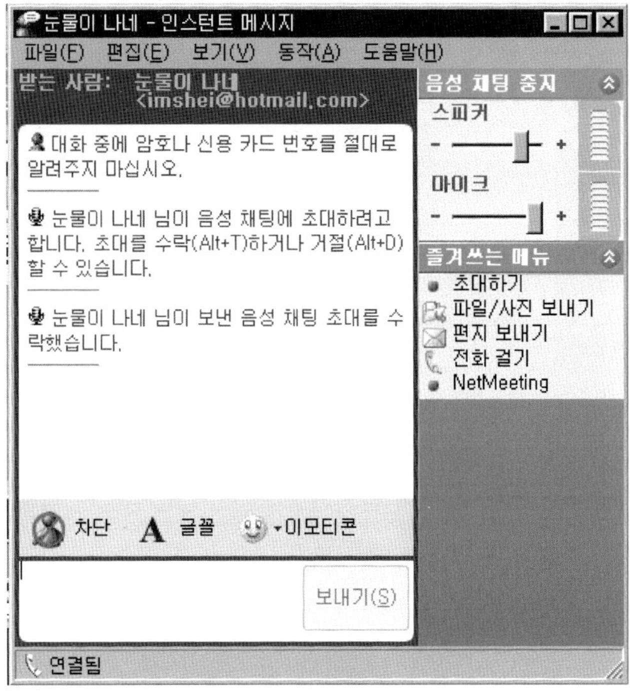

[10] 내 상태 변경 : 메신저는 실시간으로 대화를 할 수 있다는 장점도 있지만 수
시로 날아오는 메시지에 응답하느라고 일에 지장을 받거나 자리를 비워 응답을 할
수 없는 경우가 있다. 이럴 경우에 나의 상태(온라인, 다른 용무중, 곧 돌아오겠음,
자리비움, 통화중, 식사중)를 다른 사람에게 알려줄 수 있으며, 메시지를 받고 싶지
않을 경우에는 오프라인으로 표시할 수 있다.

① 내 상태 아래에 있는 대화명에 마우스를 위치시킨 후 오른쪽 마우스 버튼을 클릭하여 나타나는 메뉴에서 [다른 용무중]을 클릭한다.

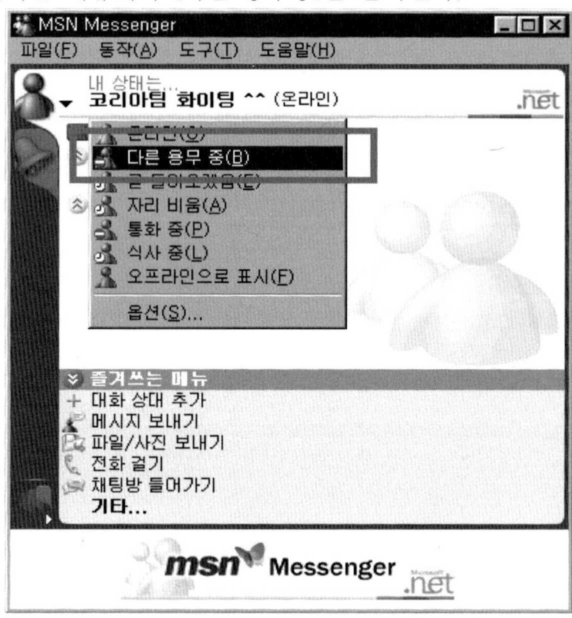

② 내 상태가 '자리비움'상태로 변경되었다.

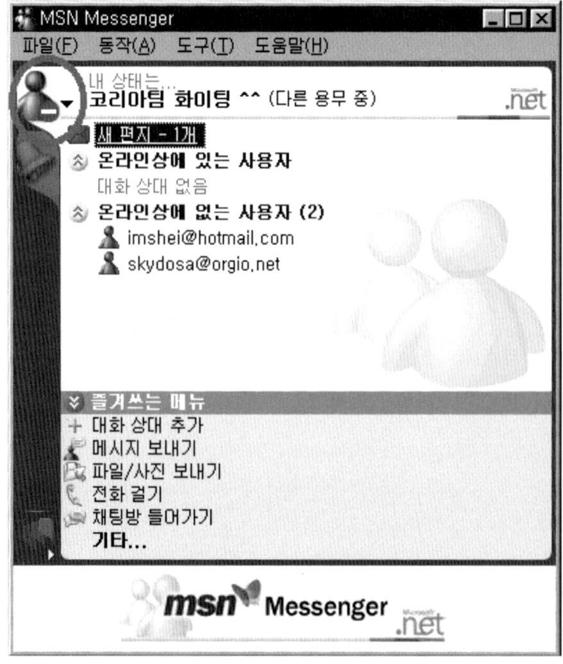

[11] 메신저 로그아웃

① 메신저를 로그아웃하기 위해서는 [파일]-[로그아웃]을 차례로 클릭한다.

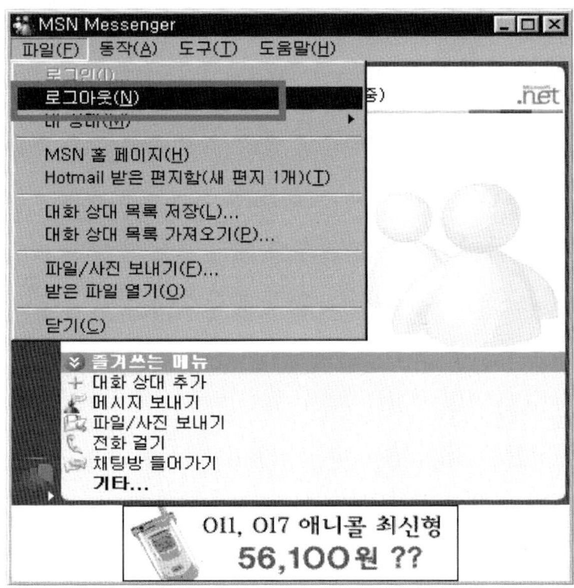

② 로그인 화면이 나오면 로그아웃이 되었음을 뜻한다. 다시 로그인을 하려면 [로그인하려면 여기를 클릭하세요]를 클릭하면 되고 메신저 창을 닫으려면 창의 오른쪽 위에 있는 를 클릭한다.

③ 창을 닫으면 아래와 같은 메시지가 나타난다. 로그인 된 상태에서는 메신저 창을 닫아도 메신저 프로그램이 실행중이므로 다른 사람에게서 오는 메시지를 받을 수 있다. [확인]버튼을 클릭한다.

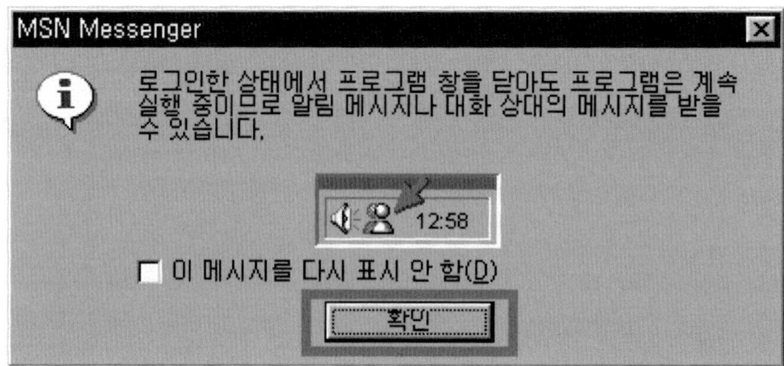

[12] 메신저 재시작 & 종료

① 메신저 창을 닫은 후에 메신저를 다시 시작하려면 작업표시줄의 를 더블클릭한다.

② 로그아웃 상태면 로그인 창이 나타난다. 로그인하여 사용하면 된다.

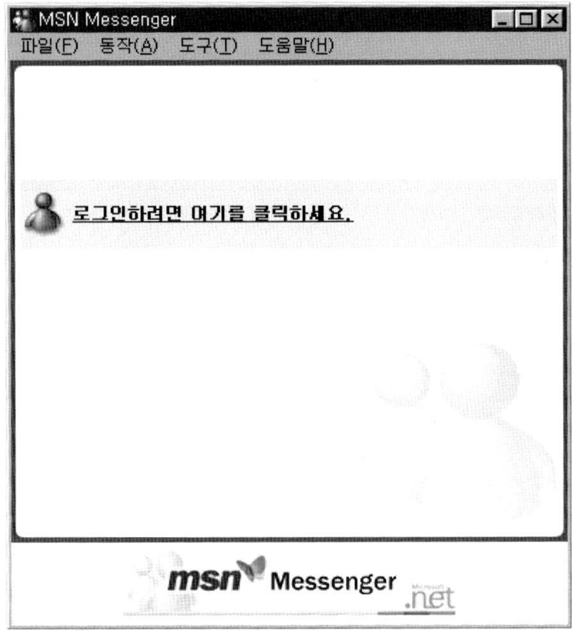

③ 로그인 상태면 바로 사용하면 된다.

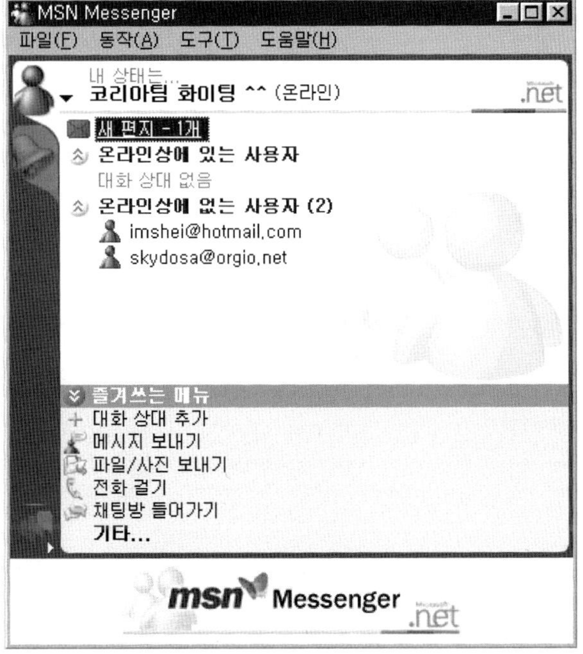

④ 메신저를 종료하려면 작업표시줄의 █에 마우스를 위치시킨 후 오른쪽 마우스를 클릭하고 나타나는 메뉴에서 [끝내기]를 클릭한다.

⑤ 작업표시줄에서 █이 사라지면 메신저가 종료된 것이다.

4.2.12 그 외의 가능한 인터넷 서비스 ▪

[1] 인터넷 전화 : 인터넷 전화는 인터넷을 통하여 국제전화, 시내외, 휴대폰에 전화를 걸 수 있는 기능(PC to PHONE)으로 인터넷 전화를 이용하기 위해서는 음성 송수신이 가능한 사운드카드, 마이크, 스피커(해드폰)가 있어야 한다. 인터넷 전화기능을 제공하는 사이트로는 다이얼패드(www.dialpad.co.kr)와 와우콜(www.wowcall.com) 등이 있다.

① 다이얼패드 : 다이얼패드의 스마츠콜을 사용하기 위한 순서는 '회원가입 → 로그인 → 스마츠 머니 구매 → 전화걸기 → 전화끊기 ' 이며 회원가입은 무료이다. 다이얼패드의 스마츠콜을 이용하여 전화를 걸기 위해서는 스마츠 머니를 구매하여야 하며 결제방법은 신용카드결제, 휴대폰결제, 무통장입금이 있다. 아래의 화면은 스마츠콜의 모습과 설명이다.

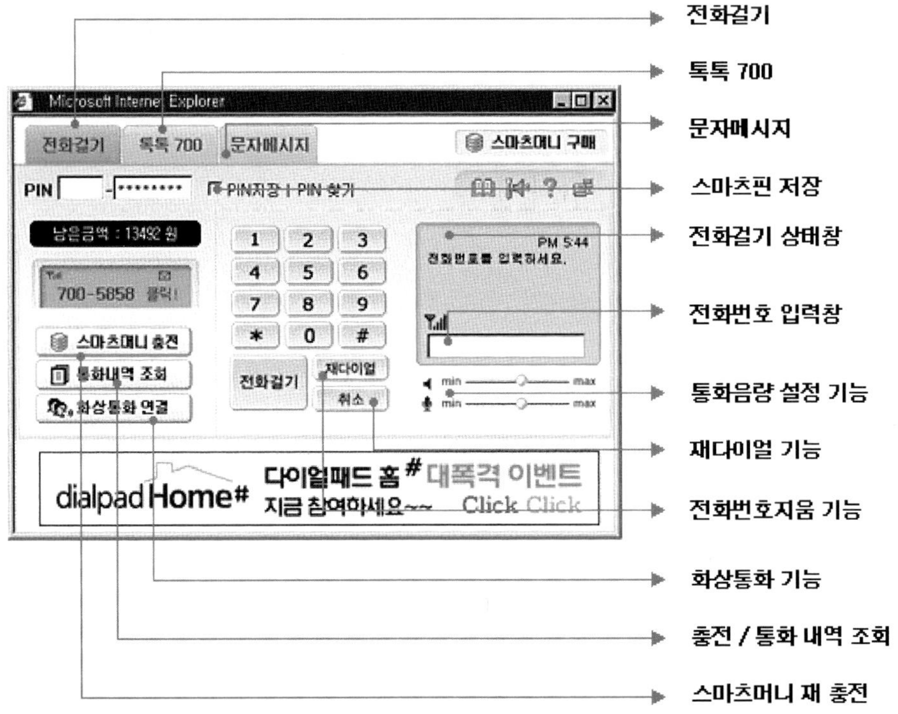

② 와우콜 : 와우콜의 인터넷 전화 서비스를 사용하기 위한 순서는 '회원가입 → 로그인 → 와우적립 → 전화걸기 → 전화끊기' 이며 회원가입은 무료이다. 와우를

적립은 와우쿠폰구매, 광고 와우 이용, 컨텐츠 이용, 공동구매 참가를 통하여 할 수 있다.

전화걸기창은 일반 핸드폰과 같은 모양이며 이용방법도 핸드폰 이용방법과 같다.

[2] 인터넷 방송 : 인터넷 방송은 인터넷 매체를 이용하여 음성, 영상, 문자, 이미지 등의 멀티미디어 정보를 제공하는 것으로 웹캐스팅(Webcasting)이라고도 하며, 월드와이드웹과 브로드캐스팅의 합성어이다. 요컨대 인터넷상에서의 압축 기술의 발달에 따라 인터넷 방송국에서 전파를 내보내자마자 실시간으로 인터넷에서 볼 수 있게 된 새로운 개념의 방송을 의미한다.

우리나라의 공중파방송인 KBS(www.kbs.co.kr), MBC(www.imbc.com), SBS(www.sbs.co.kr)를 비롯하여 해외의 공중파(ABC, NBC, BBC, CNN)등이 인터넷 방송(엄밀히 말하면 VOD)을 서비스하고 있으며 인터넷 방송만을 전문적으로 하는 인터넷 방송국인 두밥(www.doobob.com), 크레지오 인터넷방송(www.crezio.co.kr)등도 인터넷 방송 서비스를 제공하고 있다.

[3 사이버 교육] : 사이버교육이란 컴퓨터와 네트워크(인터넷, 인트라넷)상의 사이버공간을 통하여 교육을 실시하는 새로운 교육공학적 방법으로 다양한 형태의 디지털 교육 컨텐츠를 활용하여 교육자와 학습자간의 커뮤니케이션을 가능케 하는 온라인 학습체계이다. 가상교육, 원격교육, 버추얼교육, 디지털교육, 온라인교육, 인터넷교육 등 다양한 이름으로 불리어지며 언제, 어디서나 인터넷이 연결된 곳이면 수강이 가능하여 자신이 원하는 시간과 장소에서 수강할 수 있다.
영어, 컴퓨터 등 많은 종류의 사이버 교육이 이루어지고 있으며, 대학학점도 사이버 교육을 이용하여 획득할 수 있다.

[4] 인터넷 쇼핑 : 백화점이나 시내에 가지 않고도 인터넷 쇼핑몰을 이용하여 원하는 물건을 구매할 수 있는 서비스로 가격비교 사이트(www.omi.co.kr, www.bestbuyer.co.kr)를 이용하면 동일의 물건을 가장 저렴하게 구매할 수 있다.

[5] 인터넷 뱅킹 : 은행에 가지 않고도 인터넷을 통하여 이체, 대출 등의 업무를 할 수 있는 서비스로 대부분의 은행들이 인터넷 뱅킹 서비스를 제공하고 있다. 신청은 은행에 직접가서 신청서를 작성하여야 하며 사용방법은 각 은행에 따라 조금씩 다르다.

5. 인터넷 검색

인터넷을 사용한다는 것은 곧 정보를 검색하는 것이라 해도 과언이 아닐 만큼 엄청난 양의 정보가 쌓여 있는 인터넷 공간에서 원하는 정보를 찾기란 쉬운일이 아니다. 그러므로 인터넷을 잘 하기 위해서는 원하는 정보를 빠르게 찾을 수 있는 정보검색능력을 기르는 것이 필연적이다.

5.1 검색엔진이란?

인터넷은 우리가 상상하는것 이상으로 빠르게 성장하고 있고, 그 양이 방대하기 때문에 자신이 원하는 정보가 어디에 있는지 일일이 웹페이지를 살펴보고 알아내는 것은 거의 불가능한 일이다. 따라서 인터넷상에서 우리가 원하는 정보만을 선별하여 골라내기 위해서는 나름대로의 Know-how가 필요하며, 이를 가능하게 해주는 것이 바로 검색엔진이다.

검색엔진은 인터넷상에 있는 수 많은 사이트들 중 자신이 찾고자 하는 정보를 포함하고 있는 사이트를 검색할 수 있도록 도와주는 인터넷 사이트를 말한다. 인터넷상에는 수백종의 검색엔진(Search Engine)이 존재하지만, 어느 엔진이 가장 좋다고 말하기에는 여러가지로 어려운 점이 있다. 그래서 여러가지 검색엔진을 사용해보고 그 검색엔진의 특성을 파악하는 일이 매우 중요하다.

5.2 검색엔진의 종류

검색엔진을 분류하는 기준에 대하여 공식적으로 정립된 바는 없지만, 일반적으로 검색엔진의 동작형태에 따라 크게 주제별 검색엔진, 단어별 검색엔진 그리고 메타 검색엔진으로 나눌 수 있다.

 그러나 모든 검색엔진들이 앞에서 분류한 것처럼 뚜렷이 구분되는 것은 아니며, 주제별 검색엔진의 대명사인 "YAHOO!"도 단어별 검색을 지원하고 있으며, 단어별 검색엔진들 대부분이 주제별 검색을 동시에 제공하고 있다. 따라서 사용자는 상황에 따라 적절한 검색엔진을 선택할 줄 아는 기술이 필요하다.

5.2.1 주제별 검색엔진(Subject-oriented searching) ▪ 인터넷에 있는 정보를 사회, 문화, 예술, 스포츠, 정치등 큰 주제에 따라 분류해놓은 목록을 제공하는 검색엔진을 주제별 검색엔진이라고 부른다.

주제별 검색엔진은 해당 주제에 해당하는 각종 정보를 목록으로 제공하기 때문에 Directory 서버, 주제별 카탈로그, 메뉴검색, Subject-oriented searching 등으로 부르기도 한다. 주제별 검색엔진은 정보를 찾기 위한 특별한 주제어나 중심어를 뽑아낼 수 없는 상황일 때 사용하면 쉽게 해당정보에 접근할 수 있도록 도와주는 검색엔진이다.

 대표적인 주제별 검색엔진은 Yahoo, Galaxy, 우라나라에 Yahoo! Korea, 심마니 등을 들 수 있습니다.

Yahoo	http://www.yahoo.com
Galaxy	http://www.galaxy.com
Yahoo! Korea	http://www.yahoo.co.kr
심마니	http://www.simmani.com

 주제별 검색엔진은 자신이 찾고자 하는 정보에 대하여 주제어, 키워드, 중심어등을 모르더라도 대분류 정도만 알 수 있다면 쉽게 정보에 접근할 수 있다는 장점이 있으나, 원하는 정보에 접근하기까지 "대분류 →중분류 →소분류 →찾는정보"와 같이 여러 단계를 거쳐야하므로 중간에 길을 잘못 설정하면 자신이 찾는 내용과 더욱 더 멀어질 가능성이 많다. 그래서 주제별 검색엔진 중 상당수가 이러한 단점을 보완하기 위해 별도로 키워드 입력을 통한 검색기능을 제공하고 있다.

5.2.2 단어별 검색엔진 ■ 단어별 검색엔진은 인터넷에 있는 홈페이지의 내용과 URL(Uniform Resource Locator;홈페이지 주소)을 자체 DataBase로 구축하고 있다가 사용자가 검색어를 입력하면 해당 사이트를 찾아주는 방식을 사용한다. 단어별 검색엔진은 Agent index 방식(검색엔진이 인터넷을 돌아다니면서 스스로 데이터베이스를 구축하는 방법)으로 전세계에 흩어져 있는 홈페이지를 찾아다니면서 데이터베이스를 구축·갱신한다.

단어별 검색엔진은 단 몇개의 키워드(검색어)를 입력하여 원하는 정보를 신속하게 찾을 수 있다는 장점을 가지고 있으나, 정확한 키워드를 뽑아낼 수 없는 상황에서 단어별 검색을 실시할 경우, 엉뚱한 결과의 출력으로 많은 시간을 낭비하는 결과를 초래할 수 있다.

단어별 검색엔진의 대표적인 것은 다음과 같다.

AltaVista	http://www.altavista.com
HotBot	http://www.HotBot.com
Infoseek	http://www.Infoseek.com
Lycos	http://www.lycos.com
Webcrawler	http://www.webcrawler.com
Excite	http://www.excite.com
DejaNews	http://www.dejanews.com

한글을 지원하는 단어별 검색엔진은 다음과 같다.

엠파스	http://www.empas.com
한글 알타비스타	http://www.altavista.co.kr
네이버(Naver)	http://www.naver.com
한미르	http://www.hanmir.co.kr
라이코스 코리아	http://www.lycos.co.kr
구글	http://www.google.co.kr

주제별 검색엔진이 자신의 단점을 보완하기 위해 단어별 검색을 지원하듯이, 단어별 검색엔진도 이같은 추세를 따르고 있다. 즉, 자신의 단점을 보완하기 위해 단어별 검색엔진 대부분이 주제별 검색엔진 Service를 동시에 제공하고 있는 실정이다.

5.2.3 메타 검색엔진 ■ 검색엔진은 날로 늘어나고 있고, 각각의 검색엔진의 기능이 천차만별이기 때문에 필요에 따라 일일이 특정 검색엔진을 찾아다니면서 검색해야 된다는 것은 매우 불편한 일이다. 이런 불편함을 해결해 주는 것이 바로 메타 검색 엔진이다. 자체적으로 데이터베이스를 가지고 있지는 않지만, 많은 수의 검색엔진을 한 자리에 모아놓고 있기 때문에 검색을 편리하게 해준다.

메타 검색엔진은 한번의 키워드 입력만으로 다양한 검색엔진을 참조하여 검색을 진행하므로 간편한 정보찾기와 다양한 검색엔진에서의 출력결과를 얻을 수 있다는 장점이 있으나, 여러 개의 검색엔진을 참조하게 되므로 검색속도가 느릴 때가 많으며, 수 십개의 검색엔진에서 찾은 결과가 한 화면에 출력되므로 원하는 정보를 선별하는데 많은 시간이 소요된다는 단점이 있다.

대표적인 것으로 와카노가 있다.

와카노	http://www.wakano.co.kr

5.3 검색 엔진별 검색법

5.3.1 야후 코리아 ■ Yahoo 검색엔진은 주제별 목록 서비스 중에서 가장 유명하며, 현재 세계인들이 가장 자주 찾는 사이트 중의 하나이다.

1994년 스탠포드 대학교의 대학원생이었던 데이비드 필로와 제리 양이 만든 검색엔진으로 주제별 계층적 인덱싱이 되어 있으며, 오랜 개발 과정을 거쳤기 때문에 검색 결과에 대한 만족도가 높아 어디로 가서 정보를 찾아야 할 지 모를 때 이용하면 효율적이다.

야후! 코리아는 1997년 9월 1일 서비스를 시작하였으며, 미국, 캐나다, 프랑스, 독일, 일본, 영국, 싱가포르, 호주에 이어 아홉번째로 설립되었다.

주제별 검색과 함께 내부 데이터베이스를 대상으로 단어별 검색을 함께 지원한다.

[1] 주제별 검색 : 별자리와 별자리 사진 검색.

① 인터넷 익스플로러를 실행한다.
② 주소 표시줄에 'www.yahoo.co.kr'을 입력한 후 'Enter'를 친다.

③ 야후 코리아 홈페이지에서 [자연과학]을 클릭한다.

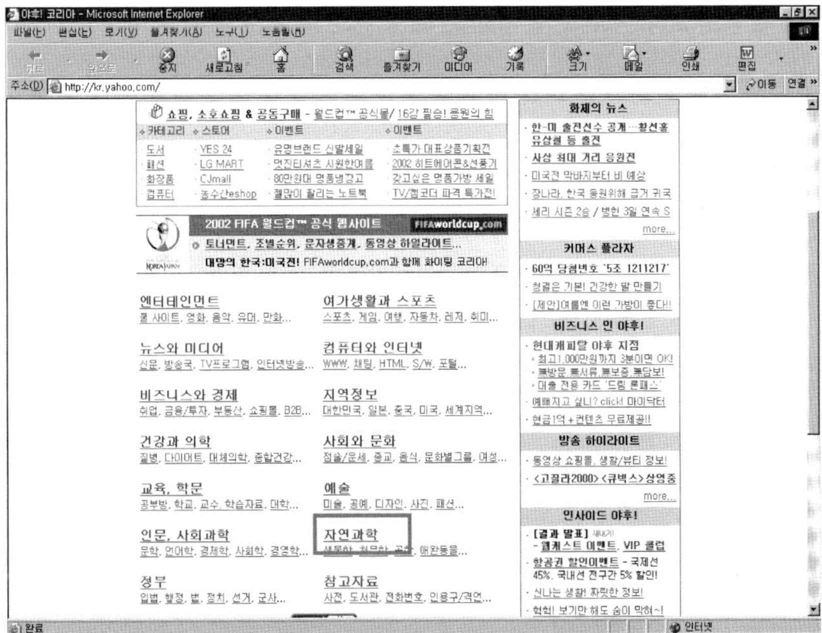

④ 자연과학 카타고리에서 [천문학]을 클릭한다.

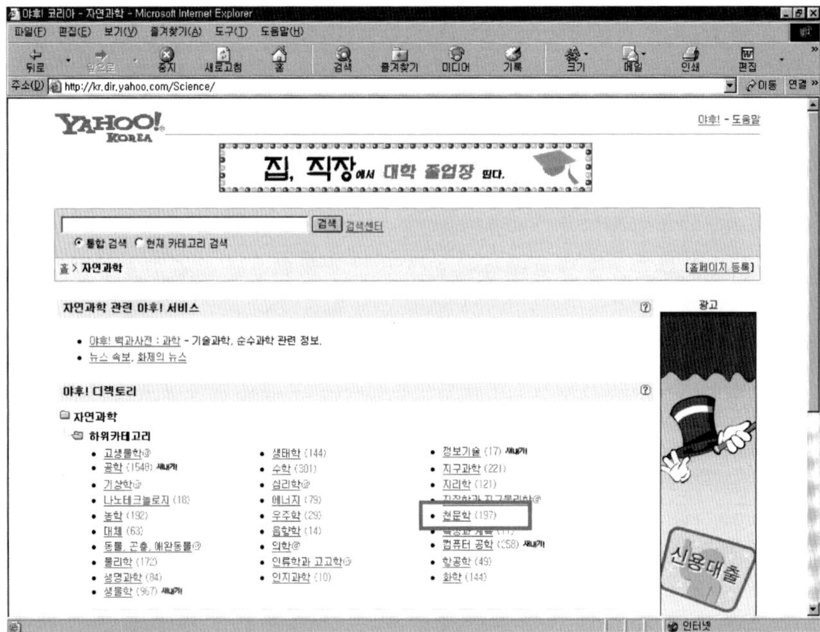

⑤ 천문학 카타고리에서 [별자리]를 클릭한다.

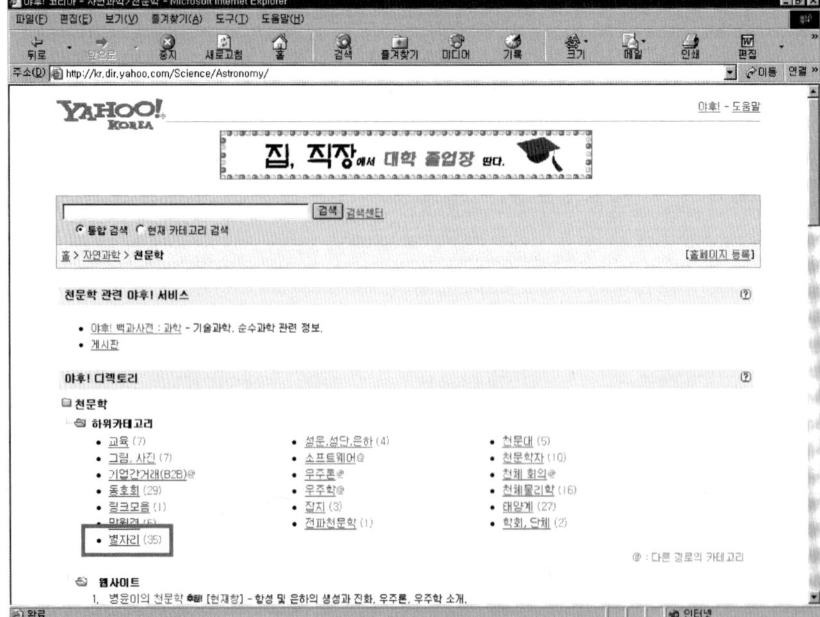

⑥ 별자리 카타고리에서 [별과 우주]를 클릭한다.

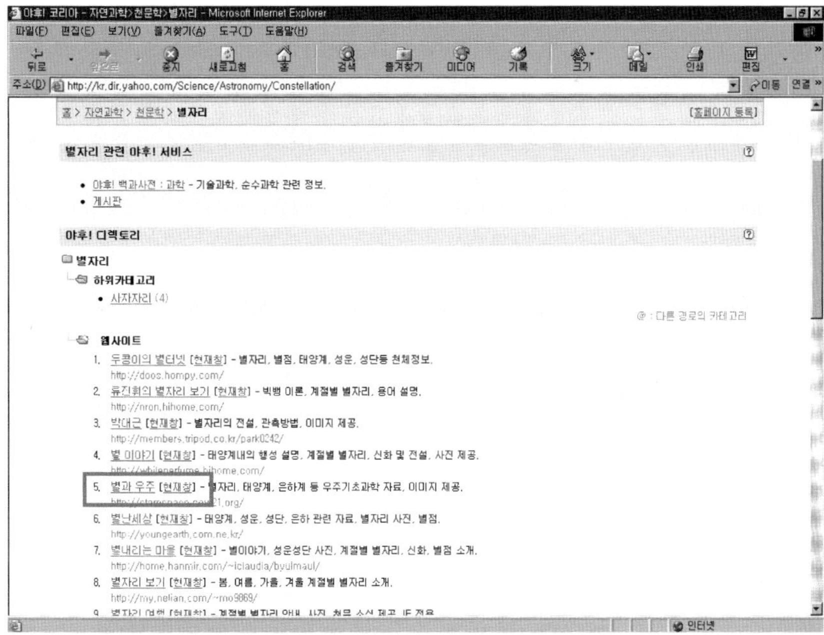

⑦ '별과 우주'홈페이지가 나타나면 [Korean]을 클릭한다.

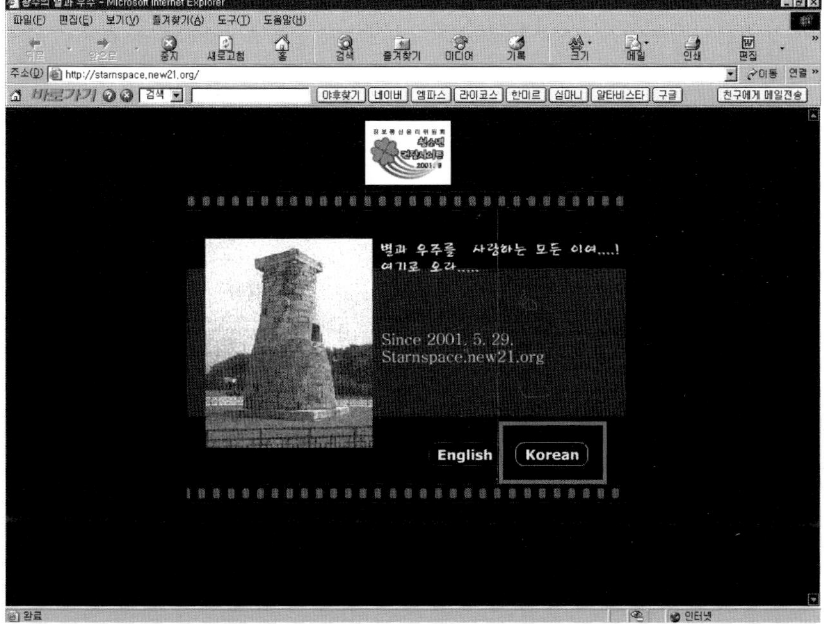

⑧ 별자리 이야기와 별자리 사진을 검색할 수 있다.

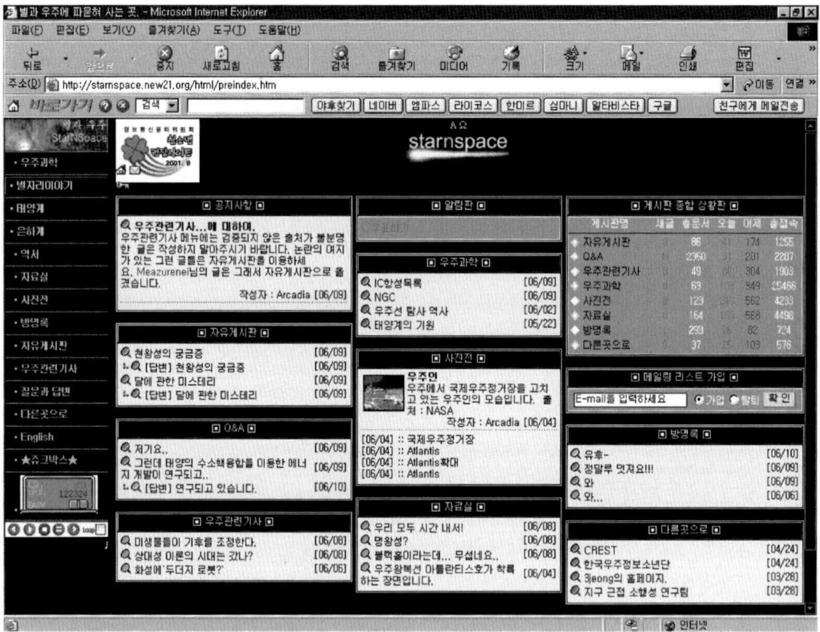

[2] 단어별 검색

① 야후 코리아 홈페이지에서 '별자리 태양계'를 입력한 후 'Enter'를 치거나 [검색]을 클릭한다.

② 검색결과에서 [5. 별과 우주]를 클릭한다.

③ 주제별 검색에서 검색된 사이트와 동일한 사이트이다. 이처럼 주제별 검색과 단어별 검색은 검색 방법이 상이할 뿐이지 검색의 결과는 같을 수 있다. 따라서 주제별 검색과 단어별 검색을 구분할 필요없이 찾고자 하는 대상에 따라 편리한 방법을 적용하여 검색하면 된다.

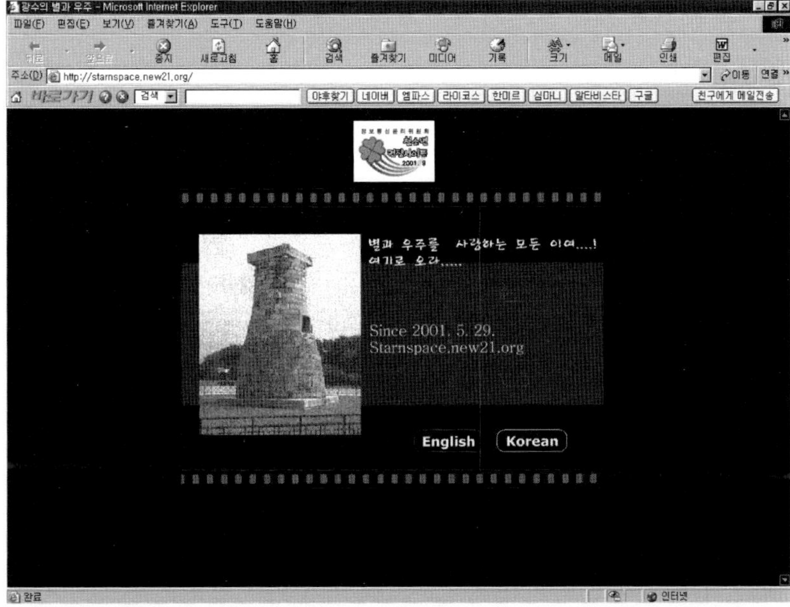

5.3.2 심마니 ▪

[1] 주제별 검색 : 김병현 선수의 현재 성적.

① 인터넷 익스플로러를 실행한다.

② 주소 표시줄에 'www.simmani.com'을 입력한 후 'Enter'를 친다.

③ 심마니 홈페이지에서 [취미, 스포츠]를 클릭한다.

④ '취미, 스포츠' 카타고리에서 [스포츠]를 클릭한다.

⑤ 스포츠 카타고리에서 [야구]를 클릭한다.

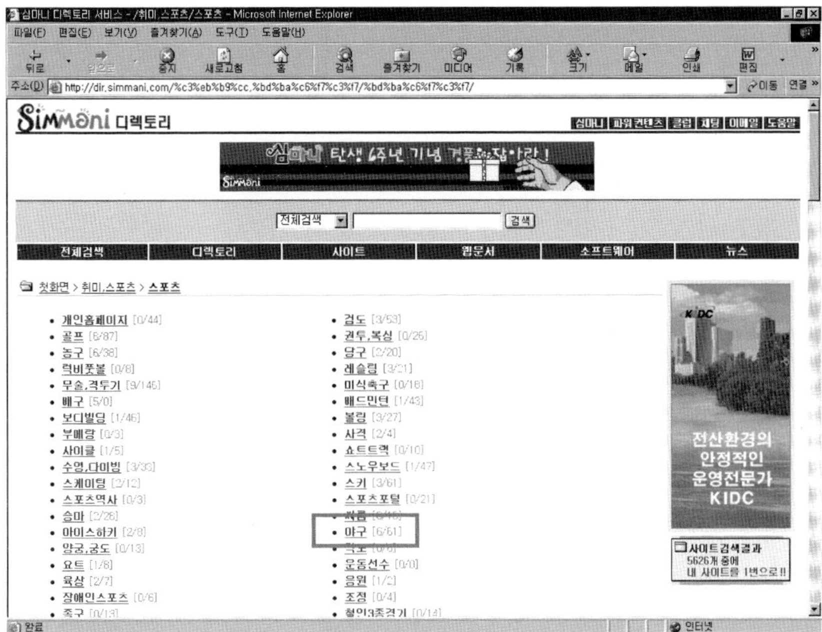

⑥ [야구선수]를 클릭한다.

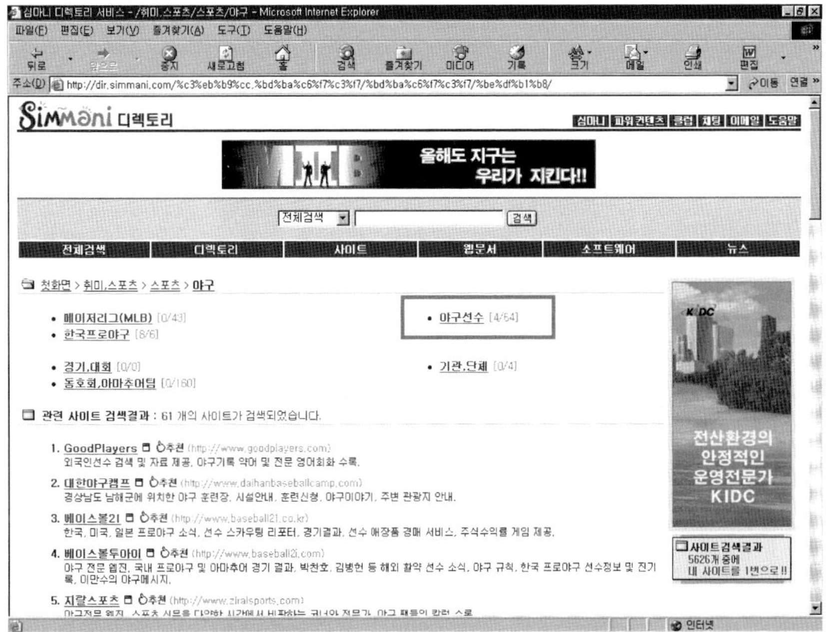

⑦ [김병현]을 클릭한다.

⑧ 김병현에 대한 사이트가 검색되면 [1. 김병현]를 클릭한다.

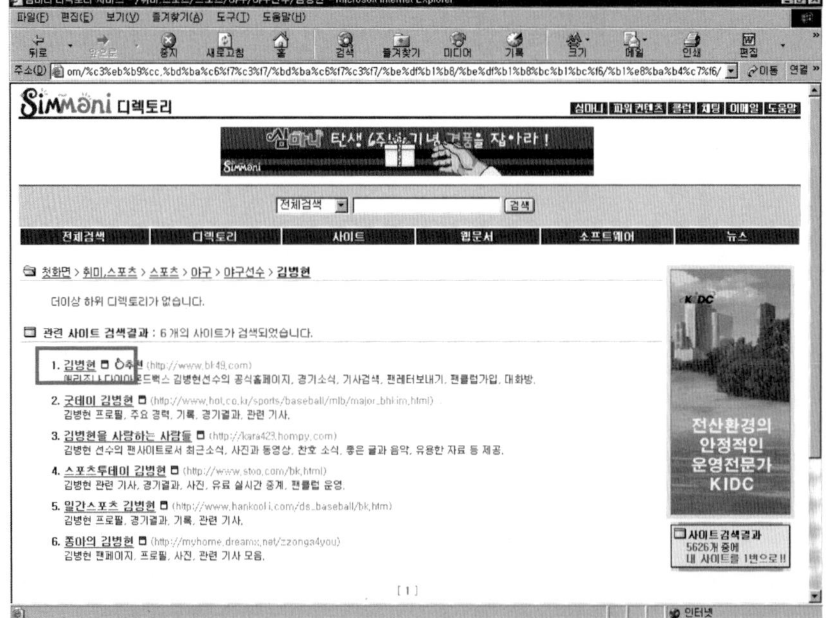

⑨ 김병현에 대한 사이트가 나타나면 [Skip to main]을 클릭한다.

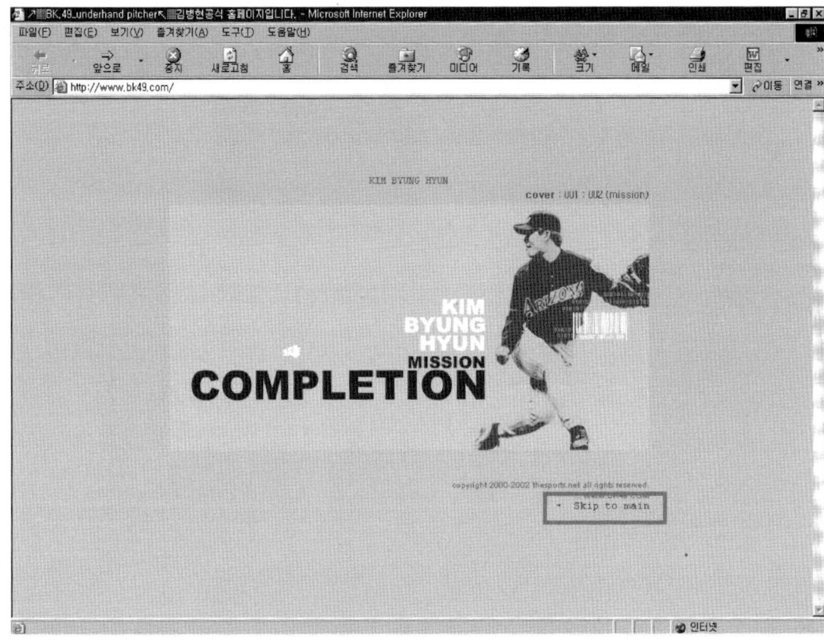

⑩ 홈페이지에서 김병현의 2002년도 성적을 일 수 있다.

⑪ 최근 경기에 대한 기록과 내용을 볼려면 [GAME RECORD]를 클릭한다.

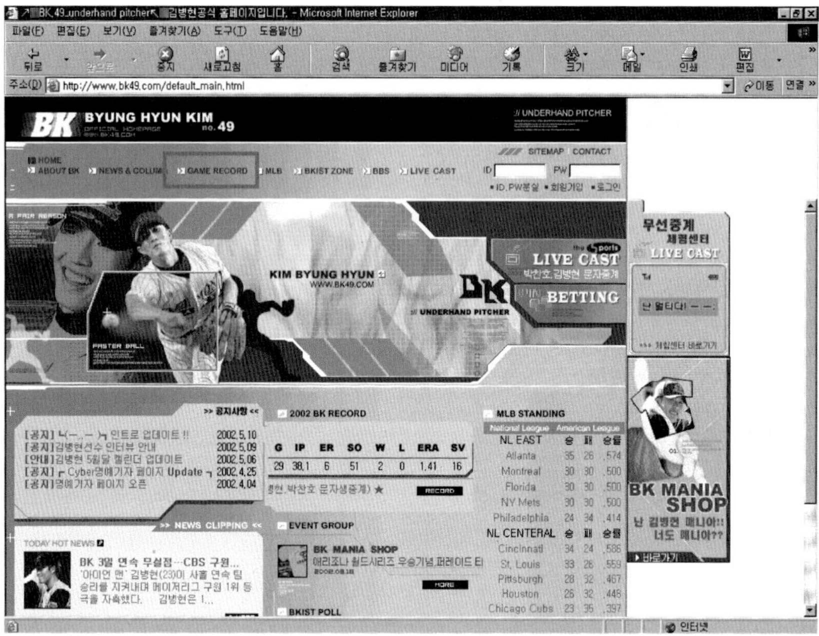

⑫ 최근 경기의 기록과 게임 내용이 나온다.

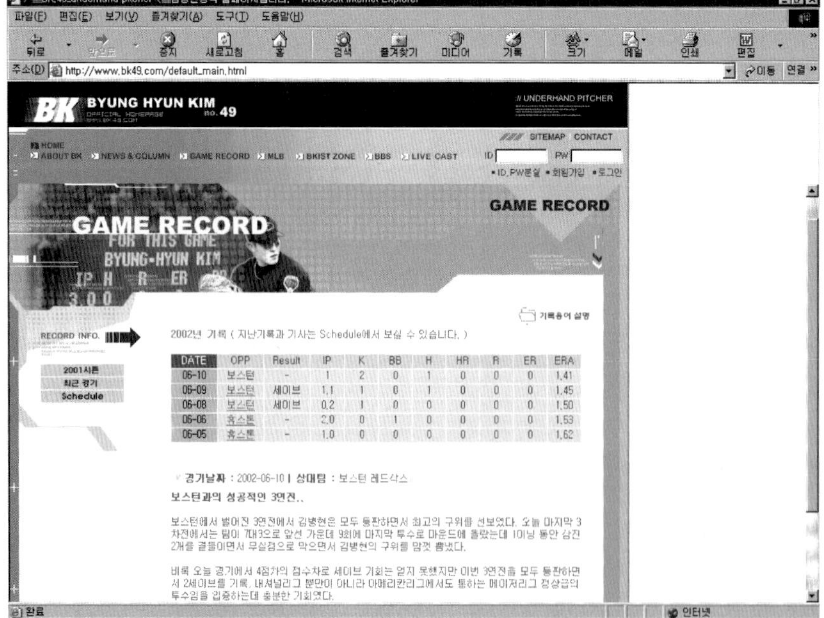

[2] 단어별 검색 : 세계 최초의 금속활자

① 심마니 홈페이지에서 검색어를 '세계 최초의 금속활자'라고 입력한 후 'Enter'를 치거나 [검색]을 클릭한다.

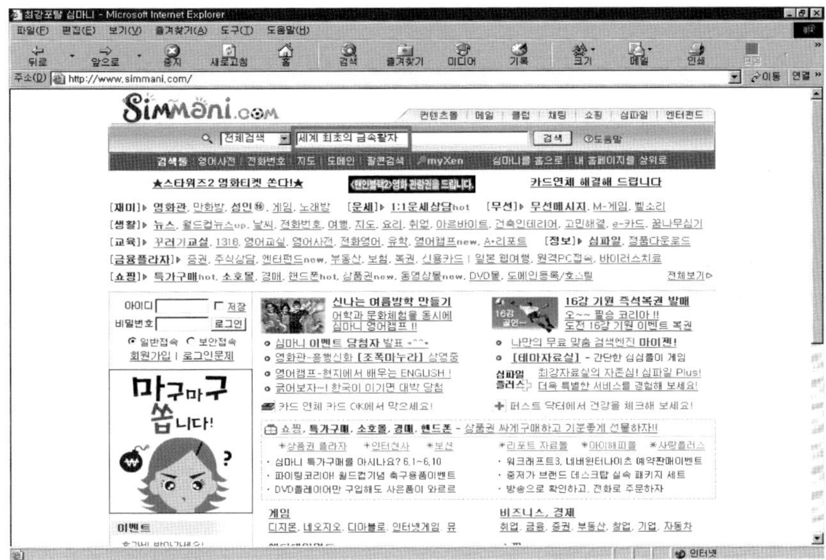

② 검색된 사이트가 나열되면 [2. 한국 인쇄역사]를 클릭한다.

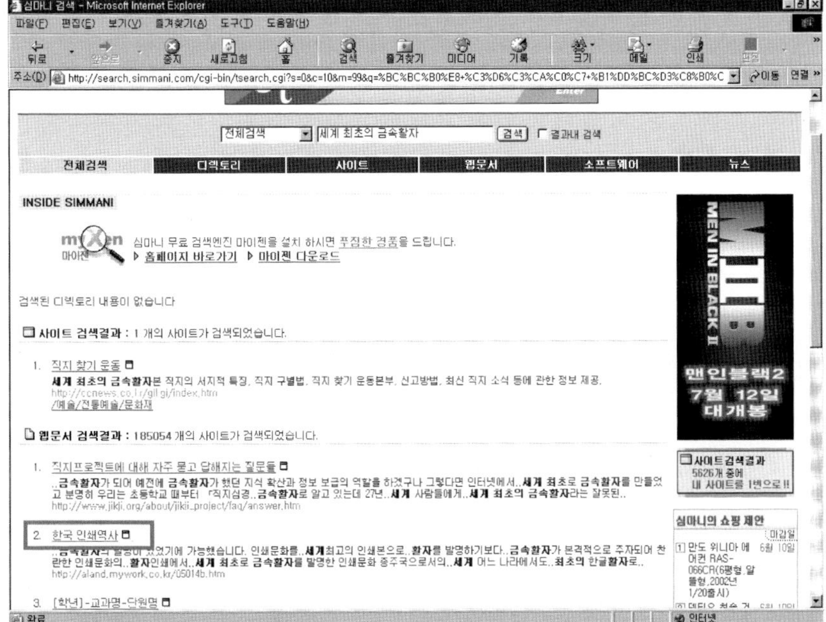

③ 사이트의 내용에서 세계 최초의 금속활자본이 '백운화상초록불조직지심체요절' 임을
알 수 있다.

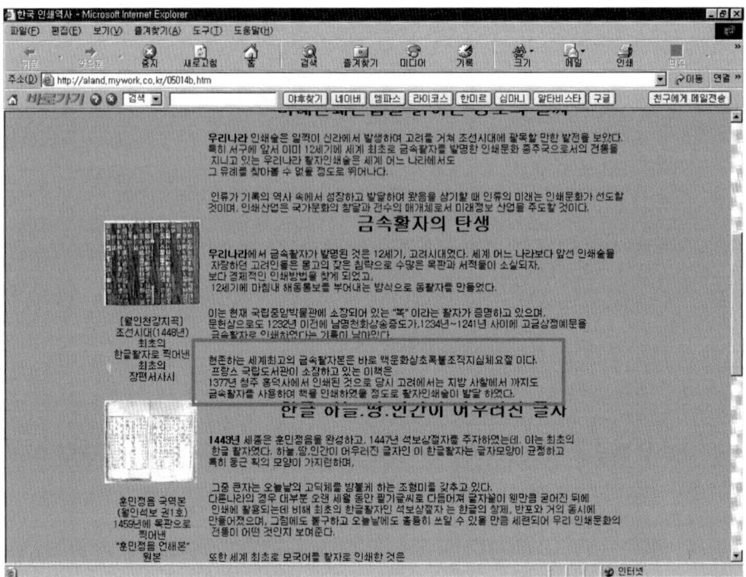

5.3.3 엠파스 ■ :독도의 역사와 자연환경.

① 인터넷 익스플로러를 실행한다.

② 주소 표시줄에 'www.empas.com'을 입력한 후 'Enter'를 친다.

③ 검색어 입력창에 '독도 자연환경 역사'를 입력한 후 'Enter'를 치거나 [검색]을 클릭한다.

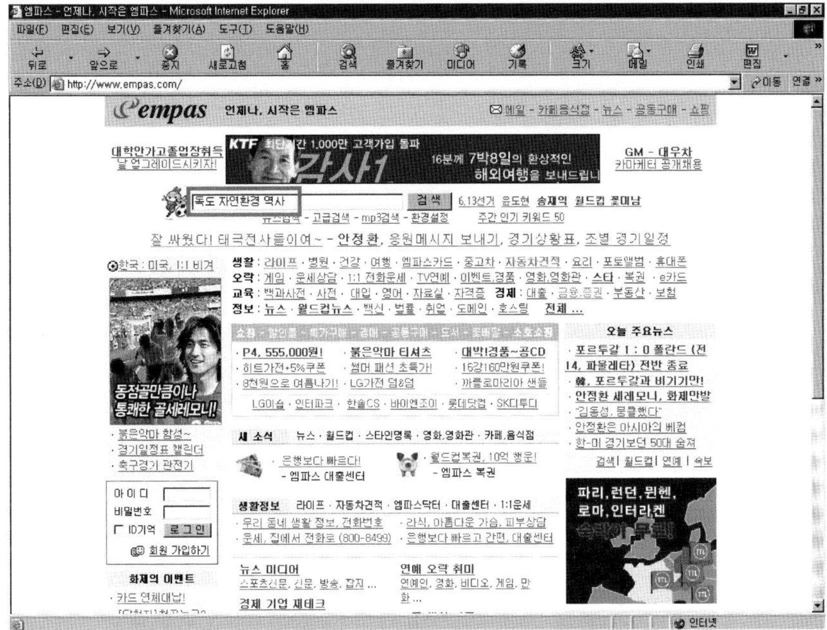

④ 검색결과에서 [독도의 진실]을 클릭한다.

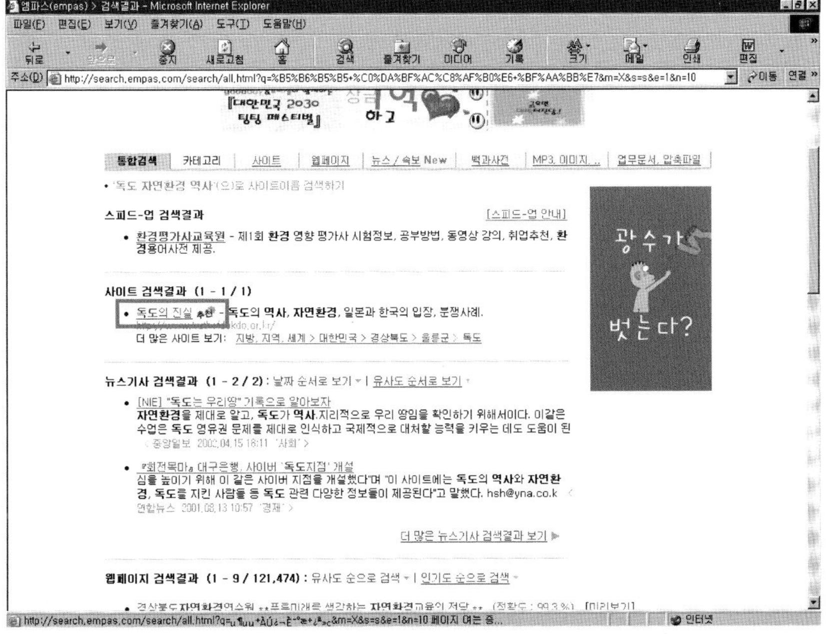

⑤ '독도의 진실' 페이지로 연결되면 [KOREAN]을 클릭한다.

⑥ 다음 페이지에서 [SKIP]을 클릭한다.

⑦ 메인 페이지에서 [STORY]를 클릭한다.

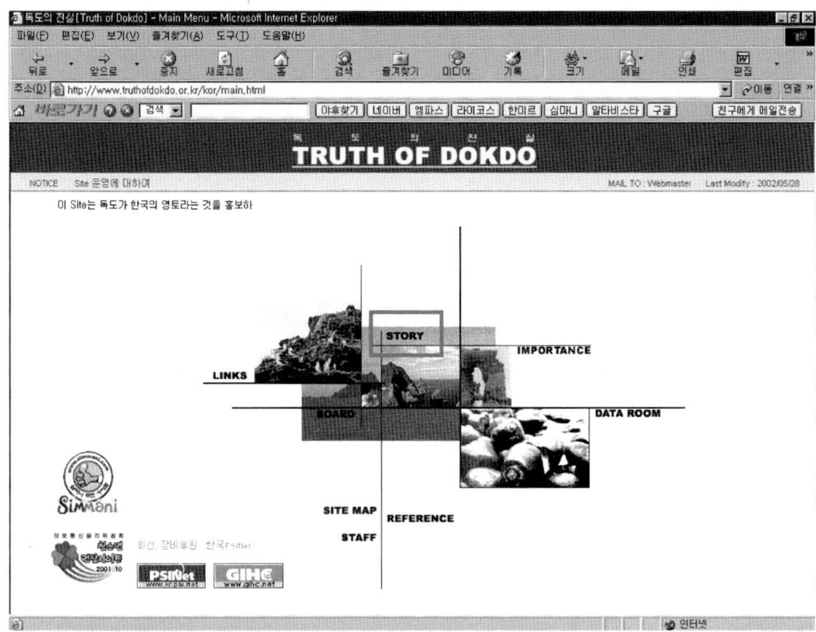

⑧ [독도의 역사]를 클릭한다.

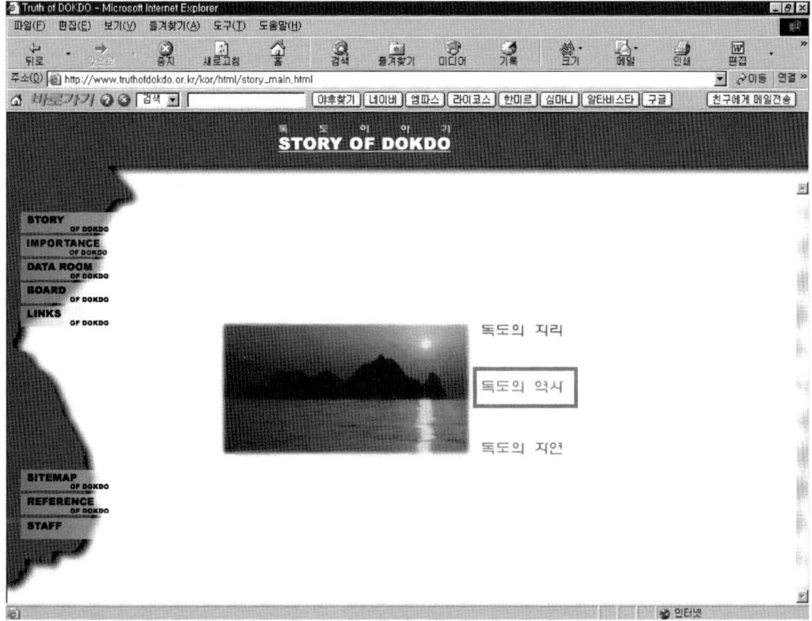

⑨ 독도에 대한 역사적인 자료들이 나타난다.

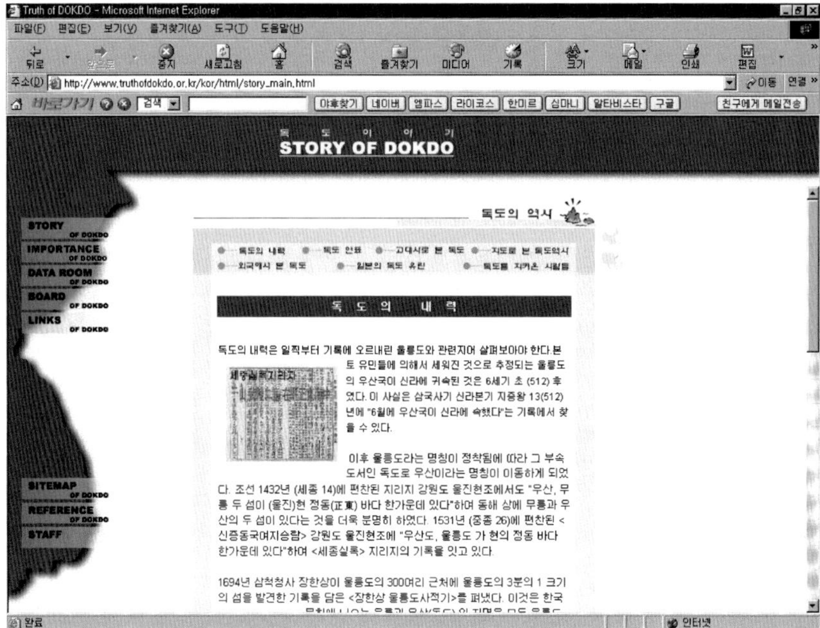

⑩ '뒤로' 이동한 후 [독도의 자연]을 클릭한다.

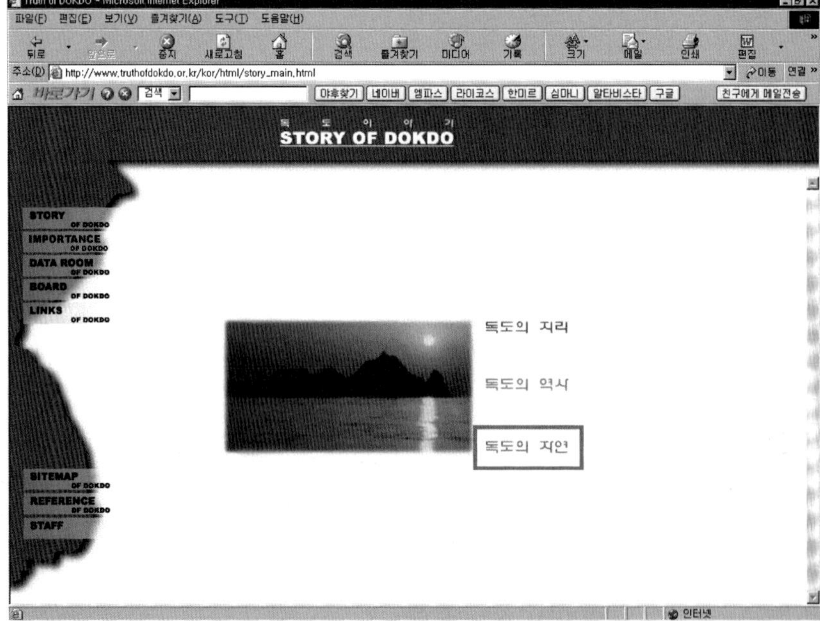

⑪ 독도의 동물, 식물등의 자연환경에 대한 자료들이 나타난다.

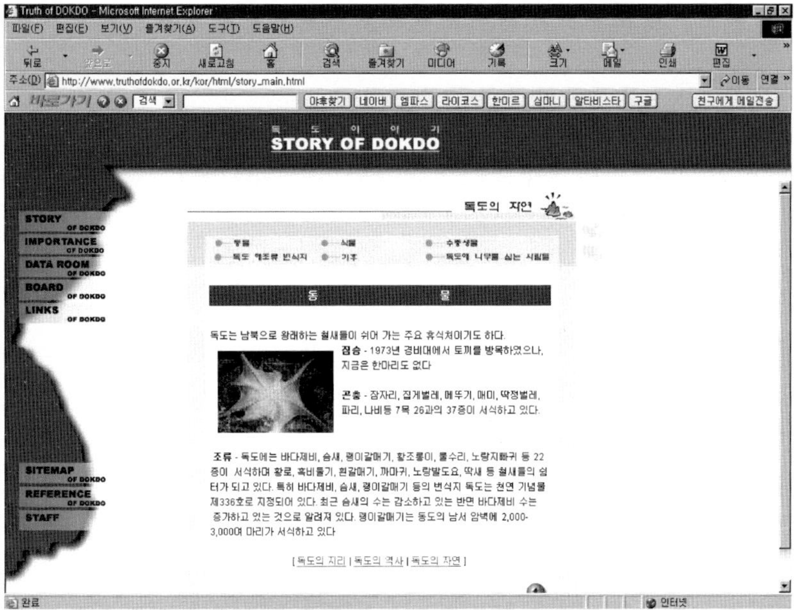

5.3.4 구글 ■ : 우리나라 최초의 우표, 세계 최초의 우표

① 인터넷 익스플로러를 실행한다.

② 주소 표시줄에 'www.empas.com'을 입력한 후 'Enter'를 친다.

③ 구글 홈페이지에서 '최초의 우표'를 입력한 후 'Enter'를 치거나 [구글검색]을 클릭한다.

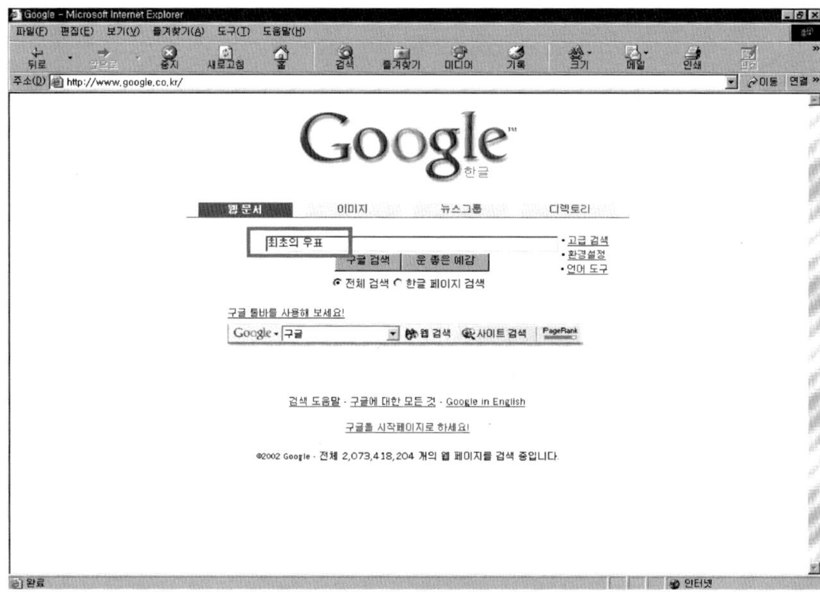

④ 검색된 내용중에서 [우표문화센터]를 클릭한다.

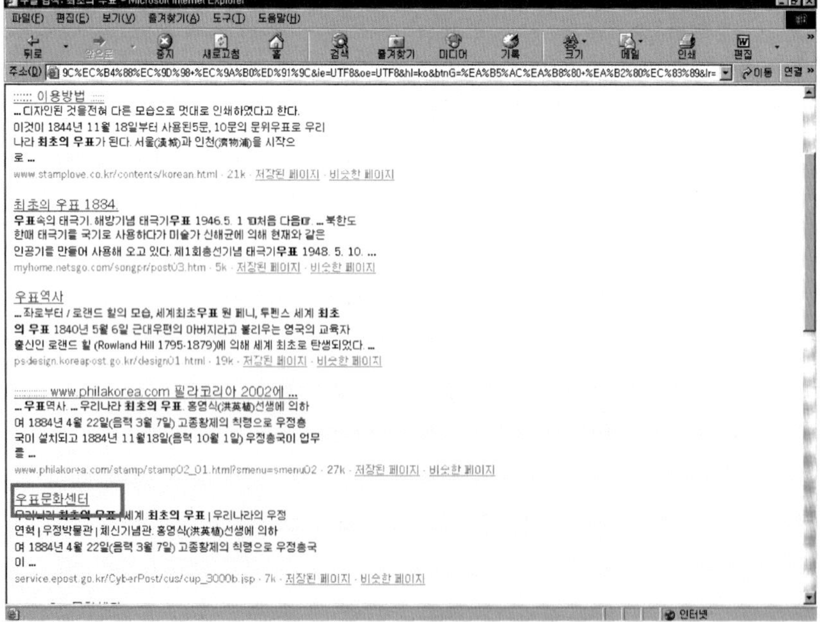

⑤ 우리나라 최초의 우표 '문위우표'에 대한 내용이 나타난다.

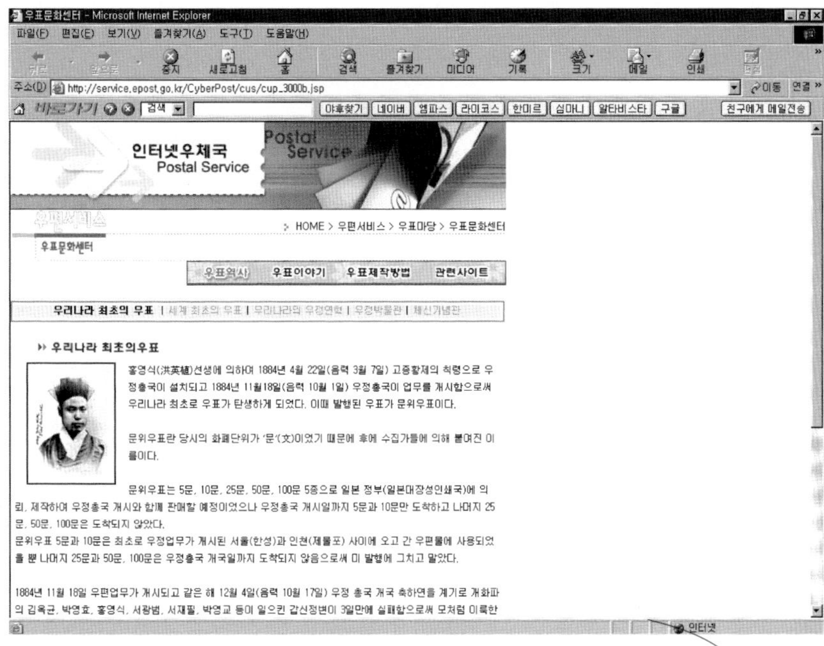

⑥ [세세 최초의 우표]를 클릭하면 세계 최초의 우표에 대한 내용이 나타난다.

■ 저 자 소 개 ■

이 관 형

• 현 청주대학교 교수

인터넷 활용과 실습

• 초판 인쇄	2006년 7월 10일
• 초판 발행	2006년 7월 10일
• 지 은 이	이관형
• 펴 낸 이	채종준
• 펴 낸 곳	한국학술정보㈜
	경기도 파주시 교하읍 문발리 526-2
	파주출판문화정보산업단지
	전화 031) 908-3181(대표)·팩스 031) 908-3189
	홈페이지 http://www.kstudy.com
	e-mail(출판사업부) publish@kstudy.com
• 등 록	제일산-115호(2000. 6. 19)
• 가 격	20,000원

ISBN   89-534-5422-0 93560 (Paper Book)
        89-534-5423-9 98560 (e-Book)